土木工程结构实验

——理论、方法与实践

余世策　刘承斌　编著

ZHEJIANG UNIVERSITY PRESS
浙江大学出版社

内容简介

本书主要介绍了土木工程结构实验主要仪器设备、结构静载实验的程序和方法、结构动载实验的原理和方法，以及土木工程结构基本型实验指导、提高型实验指导和自主创新型实验指导等几个部分。本书内容丰富、重点突出、实用性强，在满足系统性的前提下，更加注重实践性和创新性，同时融入了分层递进式的实验教学理念，将三个层次的实验指导独立开来，更适合于读者按不同的学习要求有选择性地采用。

本书是四年制本科结构工程专业的配套实验指导教程，同时也可以作为高等专科学校、高等职业技术学院的教学用书，以及土建工程检测技术人员的参考用书。

图书在版编目（CIP）数据

土木工程结构实验——理论、方法与实践／余世策，刘承斌编著．—杭州：浙江大学出版社，2009.7（2020.8 重印）
（高等院校理工类系列教材）
ISBN 978-7-308-06889-5

Ⅰ．土… Ⅱ．①余…②刘… Ⅲ．土木工程－工程结构－结构试验－高等学校－教材 Ⅳ．TU317

中国版本图书馆 CIP 数据核字（2009）第 112937 号

土木工程结构实验
——理论、方法与实践
余世策　刘承斌　编著

责任编辑　杜希武
封面设计　刘依群
出版发行　浙江大学出版社
（杭州市天目山路 148 号　邮政编码 310007）
（网址：http://www.zjupress.com）
排　　版　杭州好友排版工作室
印　　刷　临安市曙光印务有限公司
开　　本　787mm×1092mm　1/16
印　　张　12
字　　数　292 千
版 印 次　2009 年 7 月第 1 版　2020 年 8 月第 6 次印刷
书　　号　ISBN 978-7-308-06889-5
定　　价　35.00 元

浙江大学出版社市场运营中心联系方式：（0571）88925591；http://zjdxcbs.tmall.com

前　言

本实验教材是根据浙江大学土木工程本科生专业课《钢筋混凝土实验》、《土木工程自主创新实验》、《结构实验》和研究生专业课《结构动力测试》的实验教学大纲要求编写，是浙江大学土木工程结构实验教学的指导教程。与现有的结构试验教材不同的是，本实验教材更加注重实践性，同时更加鼓励对学生创新意识的培养，因此本教材定名土木工程结构实验而非土木工程结构试验，其用意就在于此。

本教材主要介绍了土木工程结构实验主要仪器设备，结构静载实验的程序和方法，结构动载实验的原理和方法，土木工程结构基本型实验指导、土木工程结构提高型实验指导、土木工程结构自主创新型实验指导等几个部分。本教材对工程结构实验主要仪器设备作了重点介绍，对其中某些教学中用到的仪器设备还介绍了使用方法，便于开展实验时供学生参考，而对某些高端的设备只是作一简单的原理性介绍以开阔学生的视野。为适应独立设课的需要，本教材对实验原理作了介绍，其中包括静载实验也包括动载实验，但本书对原理部分介绍更加有针对性，主要是为开展教学实践服务，因此系统性并不是最重要的考虑因素。

本教材将土木工程结构实验项目分为三个层次，土木工程结构基本型实验是浙江大学土木工程专业结构类实验的必修实验项目，符合实验教学大纲的基本要求；土木工程结构提高型实验是为满足更高层次学生开展的实验项目，可根据情况由学生自由选修或由教师演示；土木工程结构自主创新型实验是具有研究性质的自主性实验项目，可结合土木工程自主创新实验、大学生科技训练计划、大学生结构设计竞赛在教师指导下由学生独立完成。

本教材是浙江大学土木工程结构类实验相配套的实验指导，同时也可以作为其他高等专科学校、高等职业技术学院的教学用书，以及土建工程技术人员的参考用书。

本书由余世策、刘承斌任主编，杭州邦威机电控制工程有限公司的钟绵新高级工程师参加了编写，全书由蒋建群教授审核。本书第二章2.4.3～2.4.4节及2.9～2.10节、第四章、第五章5.5～5.8节、第六章6.6～6.10节由刘承斌编写，第二章2.2节、2.3.3节、2.5.2～2.5.5节由钟绵新编写，其余章节均由余世策编写，最后由余世策统稿。本书在编写过程中承蒙各位老师的热情支持，在此表示感谢。由于编写时间仓促，经验不足，书中错误和不足恐难避免，欢迎广大教师和读者批评指正。

编　者

2009年5月

目　录

第1章　绪　论

1.1　工程结构实验的重要性

实践是检验真理的唯一标准，理论的预言也必须通过实践来证实，而试验是最有效的实践。试验技术能够向人们揭示新的事实，提出新的问题，导致新的假设和新学说的出现。可以这样说："科学的发展，往往都是以技术(包括试验技术)的突破为转机的。"工程结构理论的发展和结构试验也是密不可分的，近代工程结构理论的发展在很大程度上得益于结构试验技术的发展。

新中国成立以后，国家对建筑结构试验十分重视，1956年各有关高校开始设置建筑结构试验课程，各建筑科学研究机构和高等学校也开始建立建筑结构试验室，同时也开始生产一些测试仪器和设备。从那时起，我国便开始拥有一支既掌握一定试验技术又具有一定装备能力的结构试验专业队伍。虽然当时的试验条件和技术水平相对落后，但通过系统的试验研究，为制定我国自己的设计标准、施工验收标准、试验方法标准和结构可靠性鉴定标准，为我国一些重大工程结构的建设做出了贡献。

随着建筑科学的发展，新材料、新结构、新工艺不断涌现，例如轻质、高强、高性能材料的应用；装配式钢筋混凝土和预应力混凝土结构的应用；薄壳、悬索、网架等大跨度结构和高层建筑的应用；特种结构如用于核电站的耐高温、高压的预应力混凝土压力容器，以及海洋石油开发工作平台等新型结构的出现；大板、升板、大模板、滑模、砌块等施工工艺的发展，都离不开科学实验。新材料的应用，新结构的设计，新工艺的施工，往往需要通过多次的科学实验和工程实践才能使理论不断完善。近些年来自然灾害频发，国家对防灾减灾的重视，使得结构抗震、抗风方面的试验研究显得非常重要，国家启动的211建设和985计划等都加大了对实验室建设的力度，这些都促成了我国许多高校和相关研究院所加大对结构试验研究的投入，加强对结构工程相关实验室的建设，加上试验检测技术的日新月异，使得我国结构试验研究的能力与水平得到了很大的提高。

1.2　工程结构实验的目的和任务

建筑结构实验是研究和发展土木工程结构新材料、新体系、新施工工艺以及探索结构计算分析与设计理论的重要手段，在土木工程结构科学研究和技术创新等方面起着重要作用。它的任务是通过对结构物受作用后的性能进行观测，对测量参数(如位移、应力、振幅、频率等)进行分析,从而对结构物的工作性能作出评价,对结构物的承载能力作出正确估计,并为验证和发展结构的计算理论提供可靠的依据。

由此可见,工程结构实验最终归结到试验对象设计技术、加载技术、测试技术和数据处理和分析技术等几大关键技术,工程结构实验就是综合运用各种技术、灵活进行学科交叉,以实验方式得到能反映结构或构件工作性能、承载能力和安全性能的数据,以此为结构的安全使用和设计理论的发展提供重要依据。

1.3 工程结构实验的分类

1.3.1 按实验目的分类

根据不同的实验目的,工程结构实验分为科学研究性实验和生产鉴定性实验。科学研究性实验具有研究、探索和开发的性质,其目的在于验证结构设计的理论,或验证科学的判断、推理、假设及概念的正确性,或者是为了验证某种新材料结构或新型结构体系的可靠性及其计算理论的建立,而进行的有系统的实验研究。生产鉴定性实验是非探索性的,一般是在比较成熟的设计理论基础上进行,其目的是通过实验来检验结构构件是否符合结构设计规范及施工验收规范的要求,并对检验结果作出技术结论。

1.3.2 按实验对象分类

根据实验对象的不同,工程结构实验分为原型实验和模型实验。原型实验的实验对象是实际结构或是按实物结构足尺复制的结构或构件,对于实际结构实验一般均用于生产鉴定性实验,如建筑刚度检测、楼盖承载能力实验、已建高层建筑风振测试等,而足尺实验可以在实验室内进行,也可以在现场进行,通过对足尺结构物进行实验,可以对结构构造、各构件之间的相互作用、结构的整体刚度以及结构破坏阶段的实际工作性能进行全面观测了解。模型实验是依照原型并按一定比例关系复制而成的实验代表物,它具有实际结构的全部或部分特征。模型的设计制作及试验是根据相似理论,用适当的比例和相似材料制成与原型几何相似的实验对象,在模型上施加相似力系,使模型受力后重演原型结构的实际工作,最后按相似理论由模型试验结果推算实际结构的工作,这类实验在震动台实验和风洞实验中最为常见,这类模型要求有比较严格的模拟条件,催生了专门的相似理论和模型设计技术研究领域。

1.3.3 按荷载性质分类

根据荷载性质的不同,工程结构实验分为静力实验和动力实验。静力实验是工程结构实验中最大量最常见的基本形式,因为大部分建筑结构在工作时所承受的荷载以静力荷载为主,静力实验的最大优点是加载设备相对简单,荷载可以逐步施加,还可以停下来仔细观测结构变形的发展,静力实验的缺点是不能反映应变速率对结构的影响,近年来为探索结构抗震性能,区别于一般单调加载的一种控制荷载和控制变形作用于结构的周期性反复静力荷载实验应运而生,这种称为伪静力实验的工程结构形式本质还是静力实验,但通过这种实验可以在一定程度上了解结构的抗震性能。动力实验主要是针对那些在实际工作中主要承受动力作用的结构或构件，为了了解结构在动力荷载作用下的工作性能，一般要进行结构动力实验，通过动力加载设备对结构构件施加动力荷载，来测定结构的动力反应，由于荷载特性的不同，动力实验的加载设备和测试手段与静力有很大的差别，并且要比静力实验复杂得多。

1.3.4 按实验时间分类

根据实验时间的不同，工程结构实验可分为短期荷载实验和长期荷载实验。对于主要承受静力荷载的结构构件实际上荷载是长期作用的，但是在进行结构实验时限于条件、时间和基于解决问题的步骤，不得不采取短期荷载实验，严格来讲，短期荷载实验不能代替长年累月进行的长期荷载实验，这种由于具体客观因素或技术的限制所产生的影响必须加以考虑。对于研究结构在长期荷载作用下的性能，如混凝土徐变、预应力钢筋的松弛、裂缝的开展和刚度退化等就必须要进行长期实验，通过几个月甚至数年的实验获得结构的变形随时间变化的规律。

1.3.5 按实验场合分类

根据实验场合的不同，工程结构实验主要分为实验室实验和现场实验。实验室实验由于可以获得良好的工作条件，可以应用精密和灵敏的仪器设备进行实验，具有较高的准确度，甚至可以人为创造一个适宜的工作环境，以减少或消除各种不利因素对实验的影响，适宜于进行研究性实验，这种实验可以在原型结构上进行，也可以模型实验，并可以将结构一直实验至破坏。现场实验与实验室实验相比由于环境条件的影响，使用高精度的仪器设备进行观测受到了一定限制，相对而言，实验方法简单，精度和准确度较差，现场实验多数用以解决生产鉴定性的问题，研究或检验的对象就是实际的结构物，它可以获得近乎完全实际工作状态下的数据资料。

1.4 本教材的主要内容

配合本科生专业课《钢筋混凝土实验》、《土木工程自主创新实验》、《结构实验》和研究生专业课《结构动力测试》课程教学，主要针对土木工程结构实验编写了本指导教程。本书从优化教学资源的前提出发，提出了分层式的教学理念，将土木工程结构实验分为基本型、提高型和自主创新型三个层次。基本型实验侧重结构实验方法的传授和结构力学机理的初步认识，可满足教学大纲的基本要求；提高型实验则更注重对结构设计原理的深入理解和对实验分析能力的培养，对部分学习能力较强的学生是一个很好的锻炼机会；自主创新型实验是训练和提高大学生综合运用所学专业知识的能力、从实际生活中观察和发现问题的能力、组织合理团队使用实验手段解决问题的能力而设置的设计综合性实验，对培养学生初步的研究能力是非常有好处的。

本书分为七章，第一章为绪论；第二章介绍了结构实验主要仪器设备的原理、构造和使用方法；第三章介绍了结构静载实验的程序和方法，从实验准备工作、测试方案的确定、实验加载程序及实验数据的整理分析各个方面对结构静载实验的主要技术进行了详细的介绍；第四章介绍了结构动力实验的基本原理和实验方法；第五章是土木工程结构基本型实验指导，包括钢筋混凝土梁受弯及受剪实验、钢梁受弯实验、钢屋架静载实验、门式钢架静载实验和回弹法测定混凝土强度实验等内容；第五章为土木工程结构提高型实验指导，包括钢筋混凝土梁受弯性能对比实验、受剪性能对比实验，钢筋混凝土柱受偏压性能对比实验、钢筋混凝土梁受扭性能实验、后张预应力钢筋混凝土梁受弯性能实验、钻芯法测定混凝土强度实验、砌体抗压强度实验、动态应变测量实验、结构实验模态分析和振形动画实验、自由振动法测索力实验等；第七章为土木工程结构自主创新型实验，介绍自主创新型实验的配套实验设备、自主创新实验参考实验项目指导，同时对大学生结构设计竞赛进行了介绍。作为示范，本书中基本型实验记录和报告可供读者参考，提高型实验则要求读者独立设计完成实验报告，自主创新型实验则要求读者根据实验任务书独立设计实验方案，设计并完成实验报告。

第2章 土木工程结构实验主要仪器设备

2.1 概 述

土木工程结构在其服役期间要承受各种各样的作用，如重力荷载、地震作用、风荷载、地基沉降、温度变化等，这些作用可以分为直接作用和间接作用。直接作用通常也称为荷载，主要是结构的自重和作用在结构上的外力；其他引起结构处加变形和约束变形的原因有：地震、温度变化、地基不均匀沉降、其他环境影响以及结构内部的物理、化学作用等，称为间接作用。直接作用即荷载可分为静荷载和动荷载两类。在静荷载作用下的加速度反应很小时可以忽略；而在动荷载作用下，结构的反应呈现随时间推移产生明显变化的特点，使结构产生不可忽略的加速度反应。由于结构承受的荷载中静荷载占主导作用，而且在结构设计中，为简化计算，一般将动荷载等效折算成静荷载考虑，静荷载作用下的结构性能是工程人员最关心的问题，在土木工程结构实验的教学中结构静载实验仍然是最重要的教学内容，总之，结构静载实验分析方法目前仍在结构实验中起着重要的作用，是一种基准实验方法。

结构静载实验，就是通过对结构构件施加静荷载，并采用各种测试方法和手段，对结构构件的各种反应(如位移、应变、裂缝)进行观测和分析，以得到对结构构件强度、刚度、稳定性的正确评估，从而了解结构的工作性能、正常使用性能和承载能力。可见一个完整的工程结构静载实验的要素一般由以下三部分组成：一是研究的实验对象即来源于现实工程的结构或构件包括原型和缩尺的模型，二是施加静载荷的加载系统，三是获得实验数据的传感及数据采集系统。在实验对象选定的前提下，结构静载实验关注的重点就是加载系统和测试系统两大部分。本章介绍土木工程结构实验的主要仪器设备，主要是针对静载实验设备，从加载系统和测试系统入手，加深读者对结构静载实验原理的理解，同时也涉及结构检测和结构动载实验的部分内容。

结构静载实验的加载方法可分为几大类，一种是重物加载，即利用各种物体的自重加于结构上作为荷载；二是气压加载，即利用压缩空气的压力对结构施加荷载；三是机械力加载，即采用卷扬机、绞车、花篮螺栓、倒链葫芦、螺旋千斤顶和弹簧等机具对结构施加机械力；四是液压加载，即用高压油泵将具有一定压力的液压油压入液压加载器的工作油缸，使之推动活塞对结构施加荷载，液压加载是目前工程结构实验中应用最普遍最理想的一种加载方法，因此本章对加载系统的介绍重点就集中在液压加载系统，关于其他几种加载方式，读者可参考结构试验的相关书籍。由于液压加载必须配合相应的加载框架，而加载框架的创新设计对结构静载实验的发展起了重要作用，因此本章将加载框架和液压加载系统分开分别进行介绍。

结构静载实验测试的内容不外乎结构的外界作用(如荷载、支座反力等)和在作用下的反应(如位移、应变、曲率变化、裂缝等)两个方面。要获得这些可靠的数据,必须通过选择正确的量测仪器和量测方法来实现。本章根据测试的内容对相应的量测仪器分节进行介绍,考虑到现代测量仪器发展较快,在对同一类测试仪器的介绍中既包含了传统的仪器,也对新发展的先进仪器作简要介绍。

2.2 加载框架

加载框架又称为反力架,主要用于承受结构实验加载时加在试样上的试验力的反力。由于结构实验的试样是实际的工程结构部件或者是简化了的工程结构部件,受制作工艺的限制,一般不可能做成各向同性,变形后反力的方向与理论方向有较大的差异,有时要求承受反力的加载框架有较强的抗侧向力能力。另一方面,结构试样的形式千变万化,外形和尺寸不可能完全相同,加载框架一般设计成组合式加载框架,试验空间和最大承载力都可以根据实际试验的要求进行调整,通过在加载框架的不同部位布置施加试验载荷的电液伺服作动器或千斤顶,完成结构实验。

结构教学一般选用典型的结构试样完成实验,加载框架可以根据实验大纲的要求简化设计,这样既方便了操作,又可以节省成本。

2.2.1 简易结构实验框架

最简单的结构实验系统的框架组成如图 2.1,该加载框架采用自反力结构,没有反力地基的实验室也可以采用,结构简单,购置成本低,操作方便。液压千斤顶可以配手动液压泵或电动液压泵作为动力源提供所需的液压油,再配上简单的数采系统和计算机就构成了最

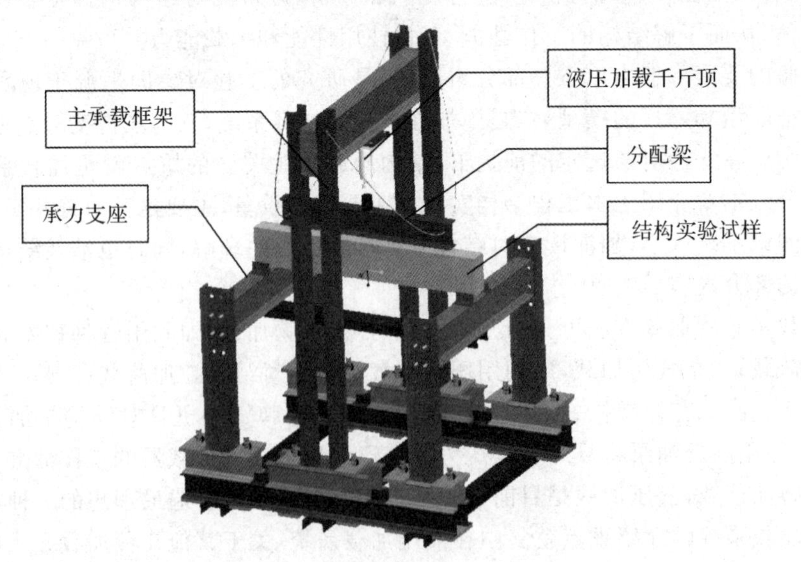

图 2.1 简易结构实验加载框架

简易的结构教学实验系统，配以简单的附件，就可以完成梁、板、桁架等结构的弯曲、剪切等典型的结构教学实验。缺点是加载空间不能调节，功能单一。

2.2.2 丝杠式结构实验加载框架

为了精确地控制实验过程，特别是控制混凝土梁开裂时的加载速度，更仔细地观察裂纹扩展的情况，就需要采用电液伺服加载系统取代液压千斤顶对试样加载，加载框架的构成形式也发生了变化。

最常用的加载框架结构之一如图 2.2 所示，根据主要承力部件的构成形式，该框架称为丝杠式加载框架，丝杠式加载框架的优点是结构简单，可以根据需要任意调整工作空间，成本较低，与反力地基配合可以组合构成多点加载系统，用于复杂结构的试验。缺点是框架刚度较低，既不能承受侧向力，也不能承受大压缩负荷，使用范围受到限制。多套丝杠式加载框架可以组合使用，完成复杂的结构实验，图 2.3 是 3 套加载框架组合，完成节点的试验。

图 2.2 丝杠式结构实验加载框架

2.2.3 框架式结构实验加载框架

为了解决丝杠式加载框架抗侧向力能力差和不能承受压缩反力的问题，可以选用框架结构的加载框架作为反力架，如图 2.4。

框架式反力架的优点是框架刚度大，可以承受侧向负载，缺点是成本高，空间只能有级调节。框架式反力架同样可以组合使用如图 2.5，组合框架可以对实验梁进行两点加载，而不需分配梁。对于复杂的结构实验，可以利用更多的框架进行组合，如图 2.6 所示。

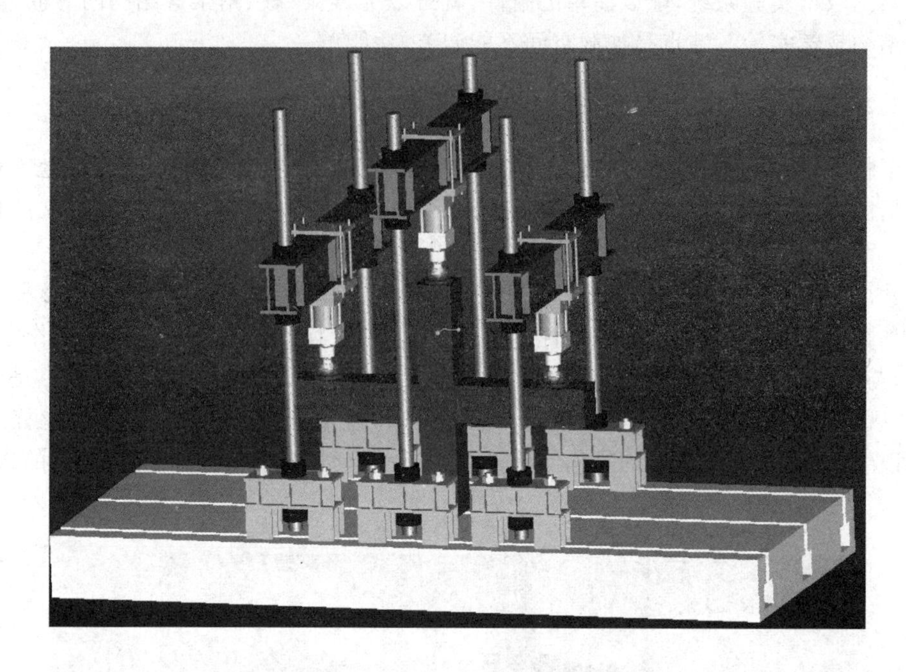

图 2.3　组合丝杠式结构实验加载框架

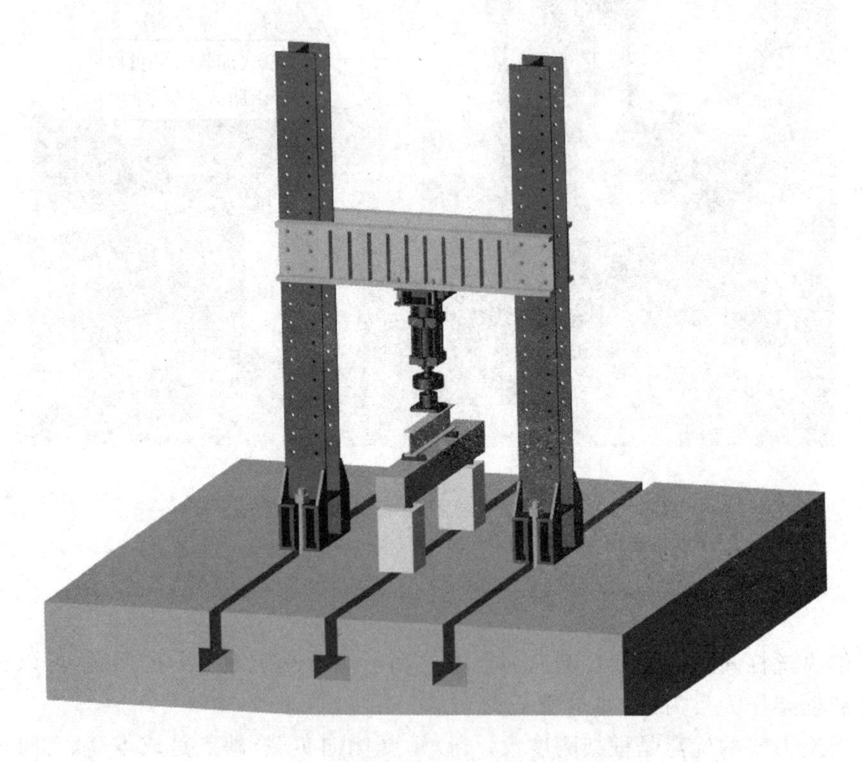

图 2.4　框架式结构实验加载框架

图 2.5　组合框架式结构实验加载框架

图 2.6　复杂节点结构实验组合式加载框架

由于反力地基单点的承载力有限，一般反力槽道式的反力地基的单点抗拔力不会大于20吨，而孔洞式的反力地基的最大抗拔力不会大于50吨，在实际的结构试验中，需要多个框架组合起来变成组合式加载框架使用以增加最大承载力，如图2.7。

2.2.4　球形空间结构实验加载框架

上述实验加载框架有一个共同的缺点，那就是加载方向比较单一，不能适应任意方向的加载实验，而对于空间结构的许点节点而言，能提供任意方向的加载是非常有必要的。图2.8为浙江大学空间结构研究中心自主研发的球形加载装置，该装置的反力球外径8米，内径6米，试件最大外径4米，主轴（顶部）加载点1个。最大压力12000kN，最大拉力8000kN，侧向加载点4个，最大压力6000kN，最大拉力4000kN，该加载框架能满足径线0°～250°、纬线－70°～70°范围内任意方向的加载要求，实验加载方向相当灵活。

图 2.7 最大承载力为 200 吨的组合式加载框架

图 2.8 空间结构球形加载框架

2.2.5 其他形式的实验加载框架

最大负载超过200吨的结构试验，受反力地基最大承载力的限制，一般不使用与反力地基共同工作的加载框架，而采用封闭的自反力框架完成试验。封闭的自反力框架由框架本身承受结构实验加载的反力，地基只承受加载框架自身的重量，施加到试样上的试验力不会传到地基上。传统的大吨位长柱压力试验机、专用的大吨位结构试验机和大型多功能结构试验系统的主机部分就采用了封闭的自反力加载框架。

2.2.5.1 传统的长柱压力试验机

传统的长柱大吨位压力试验机是在常规压力试验机的基础上发展起来的，负载能力一般超过500吨，有的甚至可以达到3000吨以上，图2.9是国内各高校结构实验室通常配备的500吨长柱压力试验机。

长柱压力试验机不仅可以完成常规的混凝土立方体、橡胶支座等的压缩试验，由于它的最大压缩空间可以达4米以上，还经常被用于混凝土柱的压缩试验。加装弯曲支座，可以完成梁、板的弯曲与剪切试验，配上横向剪切装置，可以完成橡胶支座的剪切弹性模量试验，在结构试验中有广泛的应用。

图2.9 500吨长柱压力试验机

由于传统的大吨位压力试验机最初是为检测混凝土立方体试块的抗压强度而设计的，虽然在增加弯曲支座并加大压缩空间后，能满足部分结构试验的要求，但也有无法克服的缺点，这些缺点主要体现在以下几个方面：

1)不能进行双向加载，无法测得钢结构的滞回曲线。

2)无法进行横向加载扩展。

3)油缸下置，试验时活塞带动试样一起移动，试样在试验的过程中不稳定，安全性不好。试样的安装也不方便。

4)结构试验主要依靠在试样上加装位移传感器或贴应变片取得试验数据,传感器和应变片的测量信号需要接入数据采集系统,因此在试样和数采系统之间会有大量的连接线,试验机的加载部件—活塞会带着试样和所有的连线一起运动,影响测量的可靠性。

要解决上述问题,就要改变试验机的加载框架的结构,设计专用的大吨位结构试验机。

2.2.5.2 专用大吨位结构试验机

专用的大吨位结构试验机是针对结构试验的特殊要求专门设计的,和传统的长柱试验机有明显的区别。参见图 2.10。

与传统的长柱压力试验机相比,大吨位结构专用试验机有以下明显优点:

1)采用大吨位电液伺服作动器代替长柱试验机普遍采用的柱式液压缸作为系统的加载元件,并将作动器安装在移动横梁上,使系统具备拉、压双向加载的能力,除了具备长柱压力试验机的所有功能以外,还提供了对结构试样进行拉、压循环加载的能力,能够测得钢结构试样的拉压滞环曲线。

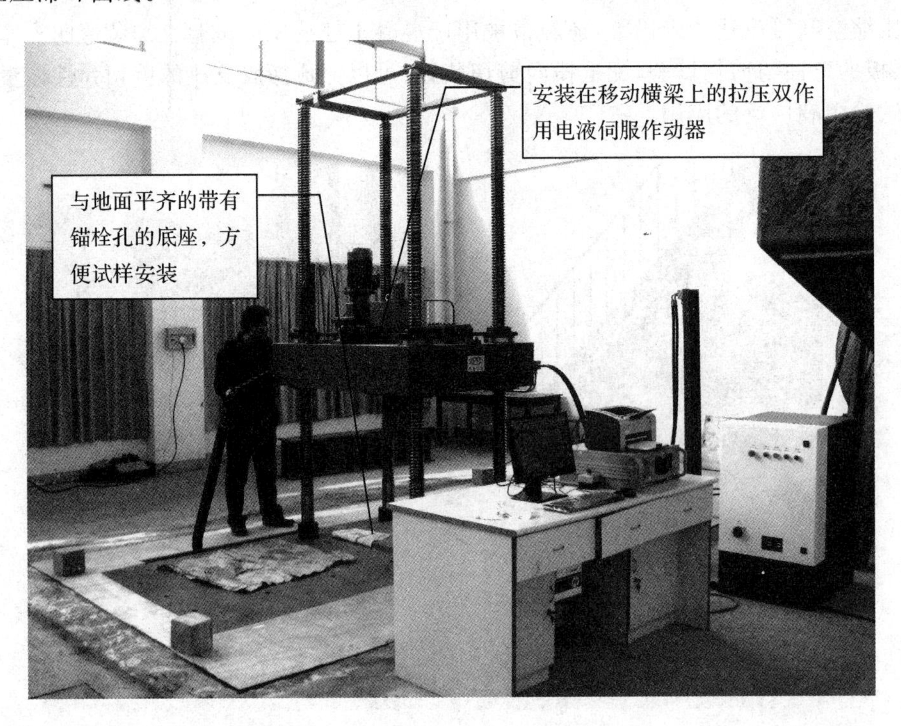

图 2.10 专用大吨位结构试验机

2)设计结构试验专用的大尺寸工作台取代传统长柱试验机的底座,方便了试样的安装,同时,试验过程中,试样本身除了受力变形外,不会和作动器一起运动,方便了测量传感器的安装,同时,安装好的传感器、贴好的应变片与数采系统的连线也不会运动,保证了测量的可靠性。

2.2.5.3 大型多功能结构试验系统

大型多功能结构试验系统是近几年发展起来的一种全新的结构试验系统。系统不仅具有大尺寸的加载空间、自反力结构的高刚度加载框架,而且具备了垂向、横向双向多通道电液伺服协调加载能力,更重要的是,这样的大型多功能结构试验系统由于采用了主动跟动加载技术,保证了垂向加载力和横向加载力的指向性不受试样受力后变形的影响。图 2.11 是香港理工大学1000吨多功能结构试验系统的照片。

图2.11 大型多功能结构试验系统(香港理工大学)

这样的多功能结构试验系统的加载框架结构有以下几个特点：

1)大空间、高刚度、零间隙、自反力；

2)垂向加载空间可调整；

3)可以在加载空间的任意位置同时施加垂向和横向载荷；

4)低摩擦主动跟动装置保证所施加载荷的指向不受试件变形的影响。

图2.12是主动伺服跟动加载装置的工作原理图，主动伺服跟动加载的原理如下：

1)试样在横向加载作动器的作用下产生的水平变形Δ1被试样横向变形检测装置测得后传递给控制系统，控制系统发出指令控制横向制动跟动作动器推动主作动器移动同样的水平位移，保证垂向负载的指向始终垂直向下而不受试样水平变形的影响。

2)水平加载作动器也可以主动跟动以消除因为试样在主加载作动器作用下产生的垂向变形对水平负荷指向的影响。

3)在试验过程中，垂向加载作动器和水平加载作动器的输出负荷、位移以及在试验空间中的位置都处于控制系统的闭环控制之中。

图2.13是上述加载系统的应用实例：浦东国际机场候机楼节点的试验。

试验的加载要求如下：

1)节点底端铰接固定；

2)垂向负荷保持不变；

3)节点上端水平方向的位置保持不变；

4)节点中间往复施加水平梯级载荷，测得各点的应力应变曲线。

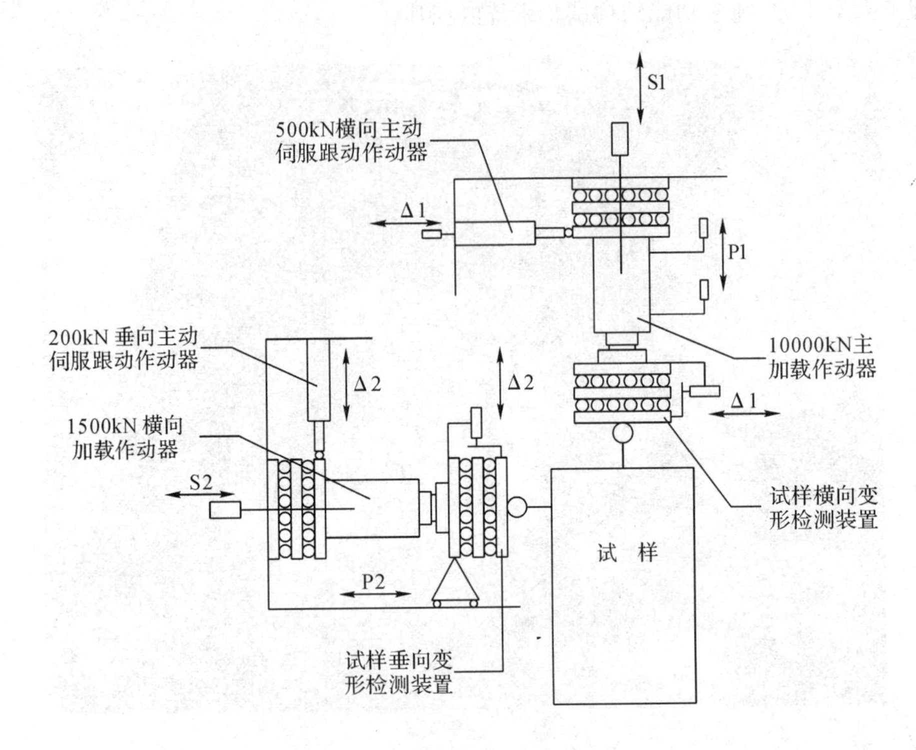

图 2.12　主动伺服跟动加载原理图

图 2.13　多功能结构试验系统应用于节点加载

2.2.6 加载框架小结

加载框架的作用是承受施加在试样上的试验力的反力。对于结构工程教学实验来说，因为试样均为标准试样，所以可根据实验室建设的要求，选用简易结构实验加载框架、丝杠式或框架式加载框架。选用组合式加载框架的目的是为了增加最大垂向加载能力。

由于结构试验的试样种类繁多，建议在实验室内建设反力地基或反力槽道，有条件时还可以建设反力墙，与加载框架共同构成反力架，可以提高框架组合的灵活性，节约加载框架的制作成本。

除了教学实验，结构实验室的重要任务之一是科研试验和实际的工程结构检测实验。尤其是工程实践中的实际结构检测，试样往往是实际结构或实际结构的缩尺模型，加载框架的设计就相对复杂得多，多功能结构试验系统的加载框架就较好地满足了工程结构试验复杂多变的要求。

2.3 液压加载系统

液压加载是目前结构实验中应用比较普遍和理想的一种加载方法。它的最大优点是能产生很大的荷载，实验操作安全方便，与材料试验机相比，它更适用于大型结构构件实验要求荷载点数多、吨位大的情况。根据控制方式的不同，液压加载系统可分为手动控制液压加载系统和电液伺服液压加载系统。

2.3.1 手动控制液压加载系统

手动控制液压加载系统是指由操作人员手动控制加载过程和加载负荷的液压加载装置，主要由液压加载器和液压动力源两个部分组成，优点是成本低，结构简单，操作方便。缺点是加载控制精度低，一般只能单向加载，多通道同时加载时需要多个操作人员同时工作。另外，因为手动控制液压加载系统的加载和负载保持控制精度完全由操作人员决定，普通液压千斤顶还存在摩擦大，响应滞后等问题。因此，手动控制液压加载系统不能应用于多通道协调加载、循环加载、拟动力加载等结构试验领域。

2.3.1.1 液压加载器

液压加载器(俗称千斤顶)是液压加载设备中的一个主要部件。其主要工作原理是用高压油泵将具有一定压力的液压油压入液压加载器的工作油缸，使之推动活塞，对结构施加荷载。下面以国产 QF 型分离式油压千斤顶为例进行介绍。

(一)用途与使用范围

QF 型分离式油压千斤顶是与高压油泵站或手动油泵配套使用的一种液压工具，它除了能实现起升、顶推、扩张、挤压等基本作业，还能实现拉伸、夹紧、校正等功能。该型千斤顶除能垂直使用外，还可在任意方位使用。它具有劳动强度低、活塞升降变换灵活、外形小巧、维修方便、重量轻等特点，外形如图 2.14 所示。

千斤顶可根据要求安装或不安装液控单向阀，安装液控单向阀后，可保证在负载的情况下活塞停留在所需的任意位置上，并在一定时间内自锁、定位、保压等。安装安全阀后，当安全阀所在的油腔压力超过安全阀的调节压力时，安全阀会自动开启喷油，保护千斤顶。装有快速接头的高压软管可方便灵活地将千斤顶与油泵连接，并能远离作业场所操作，避免操作人员进入危险作业环境中作业。千斤顶配备附件后，可满足低高度大行程的目的，扩展应用范围。根据不同的使用要求，可选择配备不同型号的油泵。

（二）使用注意事项

1）为了保证各项基本参数的正确性，应定期对千斤顶进行检查，并分别建立档案，正确记录修理、实验和使用时的技术状况。

2）千斤顶工作介质是由油泵保证，油内不含水及其他混合物，建议采用抗磨液压油。

3）新的或久置的千斤顶，因腔内可能存有空气，开始使用时活塞杆可能出现微小的爬行现象，可将千斤顶空载往复运动2—3次，以排除腔内的空气。长期闲置的千斤顶，密封件可能发生永久变形和老化，重新启用时可能会影响正常使用，必要时更换新的密封件就能恢复正常使用。

4）千斤顶上安全阀在出厂前开启压力已调定，不能随意将压力调高，以免造成千斤顶的损坏。千斤顶遇到类似堵管等意外情况会造成有杆腔的压力超过安全阀的调定压力，安全阀会开启喷油，避免油缸发生涨缸。

5）千斤顶不能超载使用，底平面与被顶升的重物成平行，并与支承垫固定牢靠，在搬运及使用过程中，应避免剧烈震动。

6）千斤顶不宜在腐蚀性和高温的环境中工作。

7）高压软管弯曲半径大于200mm，高压软管要在液压系统没有压力的情况下装、卸，严禁软管在有压力的情况下装、卸。卸下软管后，将软管两端的内、外管接头对接，千斤顶上的两只外管接头装上防护套。

8）千斤顶严禁用一根软管对无杆腔输入压力油，以防止有杆腔增压，造成油缸涨大从而发生永久损坏，甚至造成危险。同样，严禁用一根软管对有杆腔输入压力油。

9）为了防止高压软管老化发生意外，高压软管的使用期自制造日起不应超过三年，同时还需要定期检查软管的外表破损情况，及时更换。严禁将软管强力弯曲、扭转以免损伤软管。

10）千斤顶每两年要进行一次保养，要更换油压千斤顶中所有的密封件、挡圈，以防止因它们的永久变形和老化而导致失效。

图2.14　千斤顶

图2.15　电动油泵站

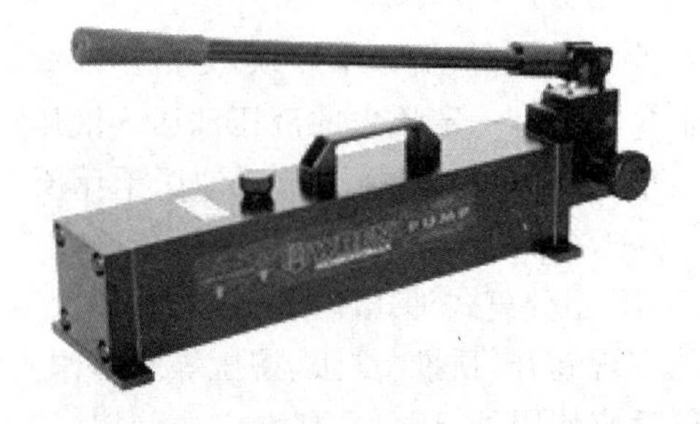

图2.16　手动油泵

2.3.1.2 液压动力源

2.3.2 油泵

液压动力源是向液压加载器提供液压动力的设备,手动控制液压加载系统的液压动力源一般可分为电动油泵站和手动油泵两种。

(一)电动油泵站

图2.15为电动油泵站的外形图,图2.17为电动油泵站的原理图,图2.18为电动油泵站的机构图,其操作方法和注意事项如下:

1)将溢流阀Ⅱ调至开启状态(逆时针旋松),关闭溢流阀Ⅰ,换向阀手柄转到中间位置。

启动电动机(电动机正反转均可)。待油泵站运转正常,达到工作状态后,将换向阀手柄转到右边位置上,然后顺时针旋转溢流阀Ⅱ上的调压螺帽进行压力调节,调节到系统额定压力,换向阀手柄转到中间位置。

2)将装有快换接头的高压软管的油泵站与千斤顶牢固联接,启动电动机,千斤顶上升,换向阀手柄转到中间位置,系统保压。慢慢旋松溢流阀Ⅰ,千斤顶下腔的压力也随之慢慢下降,则重复旋松溢流阀Ⅰ的步骤。如将换向阀转到另一位置,则千斤顶直接下降。

3)高压软管严禁在管内有压力的情况下装卸,拆下高压软管后,油泵站的进、出油口必须用防护套封住,以防杂质进入接头内。

4)高压软管使用时,用力方向与轴向平行,防止擦伤,并注意清洁。

5)快换接头拆装时,用力方向与轴向平行,防止擦伤,并注意清洁。

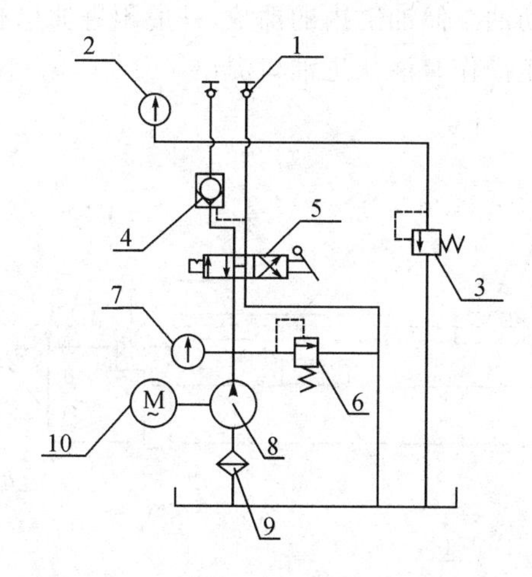

1. 快速接头 2. 压力表Ⅰ 3. 溢流阀Ⅰ 4. 液控单向阀 5. 三位四通换向阀
6. 溢流阀Ⅱ 7. 压力表Ⅱ 8. 轴向柱塞泵 9. 过滤网 10. 电动机

图2.17 电动油泵站原理图

6)间断作业时,可关闭动力源,避免不必要的磨损和发热。

7)本机使用的工作油为抗磨液压油,需经钢丝网过滤后才能使用。可以通过液位计观察油位高度,泵站工作前若发现液面低于液位计最高位置时必须补油,补充油从箱盖上的注油螺孔中注入。注油螺塞平时旋松,在运送过程中必须旋紧,以防漏油。

8)本机工作时,油温不得超过50摄氏度,油温升高时应采取冷却措施。根据使用情况,

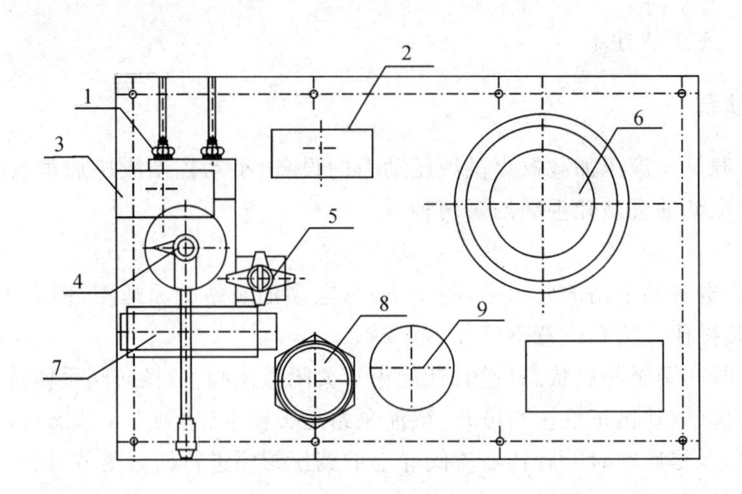

1. 快速接头　2. 压力表Ⅱ　3. 压力表Ⅰ　4. 三位四通换向阀　5. 溢流阀Ⅰ
6. 电动机、轴向柱塞泵　7. 液控单向阀　8. 过滤网　9. 溢流阀Ⅱ

图 2.18　电动油泵站机构图

作定期检查，更换工作油，注意各零件的清洁是保证本机质量和提高所有性能的关键。

(二)手动油泵

图 2.16 为手动油泵的外形图，图 2.19 为 WREN 手动油泵的构造图，其操作方法和注意事项如下：

1)操作前首先检查手动油泵储油缸内的油位，一般距进油口约 1cm，如果有必要可加适量油，确认油未加满，以防止操作时油从进油口溢出。

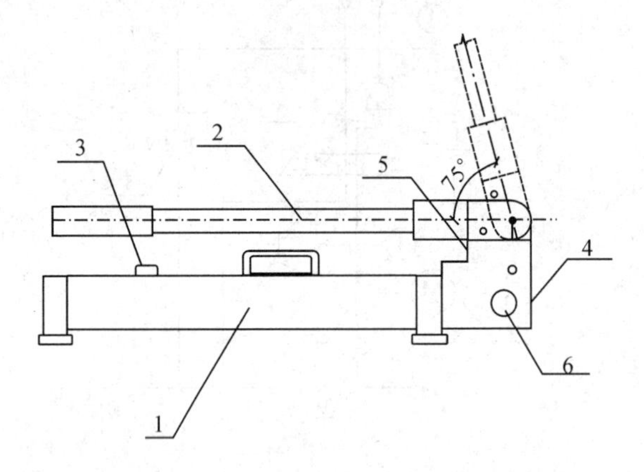

1. 泵体　2. 杠杆　3. 进油阀　4. 油压出口　5. 最大压力调节阀　6. 分流阀

图 2.19　WREN 手动油泵构造图

2)检查出油口与油管是否连接可靠。

3)加载时先将分流阀拧紧(顺时针)，防止油从分流阀流出，然后将进油阀拧松(逆时针)。

4)手握手柄转动杠杆向下施压向千斤顶输送高压油。

5)卸载时先松开分流阀(逆时针)，再将进油阀拧紧(顺时针)。

6)使用完毕时要检查手动油泵，如有漏油现象应及时处理。

2.3.2 电液伺服液压加载系统

电液伺服加载系统采用计算机系统通过伺服阀控制液压加载器对试样加载，实现了加载方式、加载过程和加载负荷的自动控制，既可以完成单通道拟静力加载、又可以完成多通道协调加载，更高级的系统还可以实现多通道拟动力协调加载，加载过程更平稳，载荷保持精度更高，多通道协调加载的同步性更好，代表了加载系统的发展方向。

典型的电液伺服加载系统一般由电液伺服液压源（提供加载动力）、电液伺服作动器和计算机控制器三部分组成。图 2.20 是一种单作动器电液伺服结构试验系统。

图 2.20 单作动器电液伺服结构试验系统

2.3.2.1 电液伺服油源

电液伺服油源是为系统提供加载用液压油的动力单元。因为电液伺服加载系统采用了伺服阀作为闭环控制元件，因此要求油源能够输出温度、压力、流量和清洁度都能满足伺服控制要求的液压压力油，关于电液伺服系统的详细论述见相关参考文献。

图 2.20 中的单作动器电液伺服结构试验系统的伺服油源是最简单的伺服油源，该油源包括了电液伺服的主要组成部分：油泵、电机、油箱、精密过滤器和用于闭环控制的伺服阀，负载适应和小流量伺服控制技术的使用，简化了液压系统设计，减少了能源消耗，甚至可以省略冷却系统，结构紧凑合理，在一般的结构拟静力试验中取代传统的手压泵和电动泵对试样加载，实现了结构试验加载过程中对负荷和试样变形的闭环控制，多套加载系统的组合使用甚至可以完成复杂结构的多点同步协调加载，将逐步取代手动泵等传统的加载方式成为结构试验的主流。图 2.21 是一种此类简单伺服油源的外观照片。

对于大型的结构试验系统来说，电液伺服油源的设计是非常复杂的，不仅需要计算伺服

图 2.21 简单伺服油源的外观照片

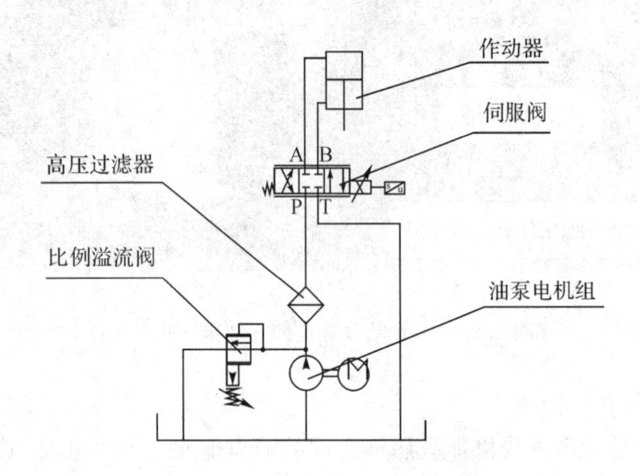

图 2.22 单作动器电液伺服结构试验系统液压原理图

油源的输出流量和工作压力，还需要为伺服油源设计循环过滤系统、冷却系统、低压启动电控柜以及温度、压力、液位、油液清洁度控制、显示、报警系统等复杂的辅助系统，上述辅助系统的合理设计和正常工作是伺服油源稳定工作的保证，需要专业技术人员负责。

常用伺服油源的工作压力一般为 21MPa，但采用直动式伺服阀或比例阀作为闭环控制元件的电液伺服系统油源的最高压力可达 30MPa。具体采用何种油源需根据加载系统对作动器的输出和频响要求决定。另外，某些拟动力加载系统和振动台系统的大流量伺服油源为了提高作动器的工作压力，同时减小伺服阀喷嘴挡板级的压力以及减少控制油路的压力波动，在系统压力为 30MPa 的主压力油路上通过减压阀输出一路压力在 15MPa 左右的控制油路用于大流量伺服阀的控制级。

图 2.23 是香港理工大学 1000 吨多功能结构试验系统电液伺服油源的液压原理图，图 2.24 是外观照片。该油源包括四路液压油输出，分别为主作动器、横向加载作动器、伺服跟动作动器和升降机构与穿销机构供油，属于结构试验系统中比较复杂的液压油源。

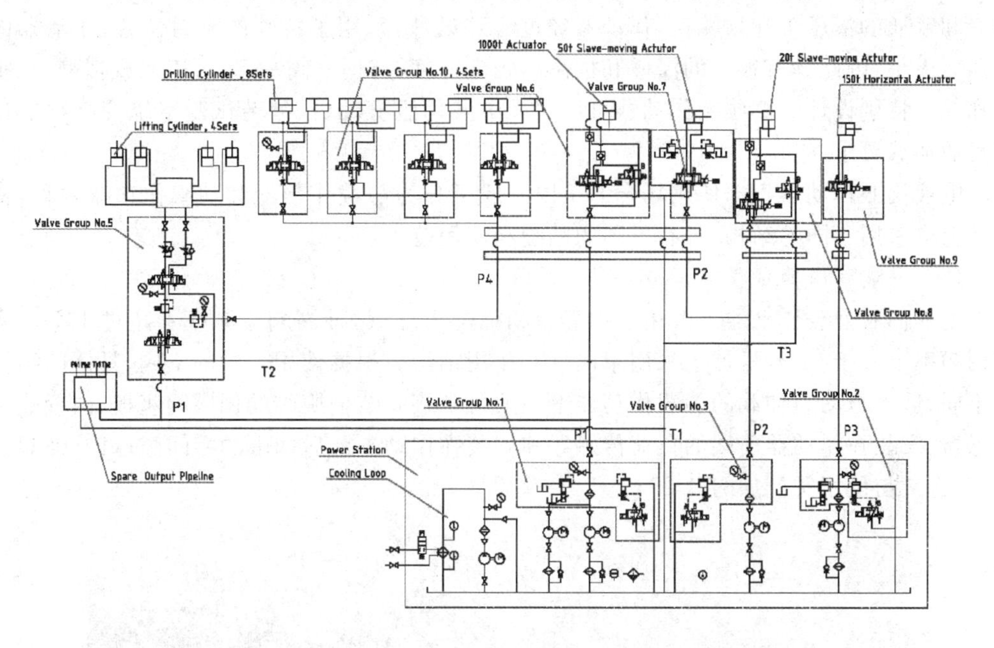

图 2.23　1000 吨多功能结构试验系统液压原理图(香港理工大学)

图 2.24　1000 吨多功能结构试验系统伺服油源照片(香港理工大学)

2.3.2.2 电液伺服作动器

电液伺服作动器是电液伺服加载系统中的执行部件，相当于手动控制液压加载系统中的千斤顶，电液伺服油源的高压油经伺服阀后进入作动器，产生施加在试样上的作用力。控制器可以通过伺服阀控制作动器活塞的位置、施加在试样上的负荷的大小、方向和作用速度。和普通的液压千斤顶相比，作动器经过特殊设计，采用了特殊的密封装置，作动器的内摩擦力极小，因此具有很小的滞缓和极高的响应速度，与伺服阀一起，可以完成拟静力、拟动力加载。特别设计的高频响作动器可以完成电液伺服振动台、疲劳试验系统等高频响试验装置的加载要求。

电液伺服作动器根据使用场合的不同一般可分为静载作动器和动载作动器两种，机械设计上也采用不同的结构，具有不同的频响和使用范围。

(一)电液伺服静载作动器

电液伺服静载作动器一般用于拟静力和拟动力加载，最高响应频率不超过 10Hz，实际使用频率不高于 5Hz，机械上采用单出杆双作用结构。根据使用目的的不同，具体的结构有所不同，适于拟动力加载的静载作动器上一般可直接安装伺服阀的伺服阀座板、内置式位移传感器、安装在作动器前端的负荷传感器和安装在作动器前后两端的零间隙球铰，外观如图 2.25，连接与使用实例如图 2.26。

图 2.25 电液伺服静载作动器外观照片

对于单纯拟静力或循环加载等工况，静载作动器的设计可以更为简单，为防止作动器或试件安装时的损伤伺服阀，作动器上只留有进出油口，伺服阀安装在安全位置，具体使用实例如图 2.27。

(二)电液伺服动载作动器

电液伺服动载作动器也称为高性能作动器，其特点是采用双出杆双作用机械结构，拉压两个腔的活塞面积和活塞杆的重量基本相同，大流量伺服阀直接安装在作动器上，同时，为了保证作动器的响应速度，作动器本体上还安装了进、回油蓄能器和高压滤油器，保证了动载作动器应用于振动台、疲劳试验系统等特殊场合时的响应速度。典型的电液伺服动载作动器的外观如图 2.28。

图 2.26　电液伺服静载作动器的应用(香港理工大学)

图 2.27　不带有伺服阀的拟静力加载作动器(同济大学)

图 2.28　电液伺服动载作动器

在配置了安装在作动器上的伺服阀、进回油蓄能器后，这样的作动器的响应频率可达 50Hz，特殊制作的动载作动器频响可达 100Hz 以上，可以满足绝大多数结构疲劳、振动试验的要求。电液伺服动载作动器的具体应用如图 2.29。

图 2.29　动载伺服作动器应用：桥墩的双向疲劳试验(美国加州大学・圣迭戈分校)

2.3.2.3 计算机控制器

控制器是电液伺服加载系统的核心，控制加载系统按照试验人员设定的加载方式工作。可以根据结构试验的需要为不同的电液伺服加载系统配备不同的控制器，美国 MTS 公司结构试验系统专用控制器 Flex Test GT 控制器的典型组成见图 2.30。

国产结构试验系统控制器一般采用工控 PC 机作为控制器的核心，在工控机内插装专业开发的测控卡完成信号放大、A/D、D/A 和开关量控制，应用软件提供对用户开放的控制界面，实现人机交互操作。杭州邦威机电控制工程有限公司的 POP-M 型多通道结构试验专用控制器的外观照片如图 2.31，最多可同时控制 8 个作动器完成多通道协调加载，具有完善的载荷、位移闭环控制功能和良好的人际界面，如图 2.32。

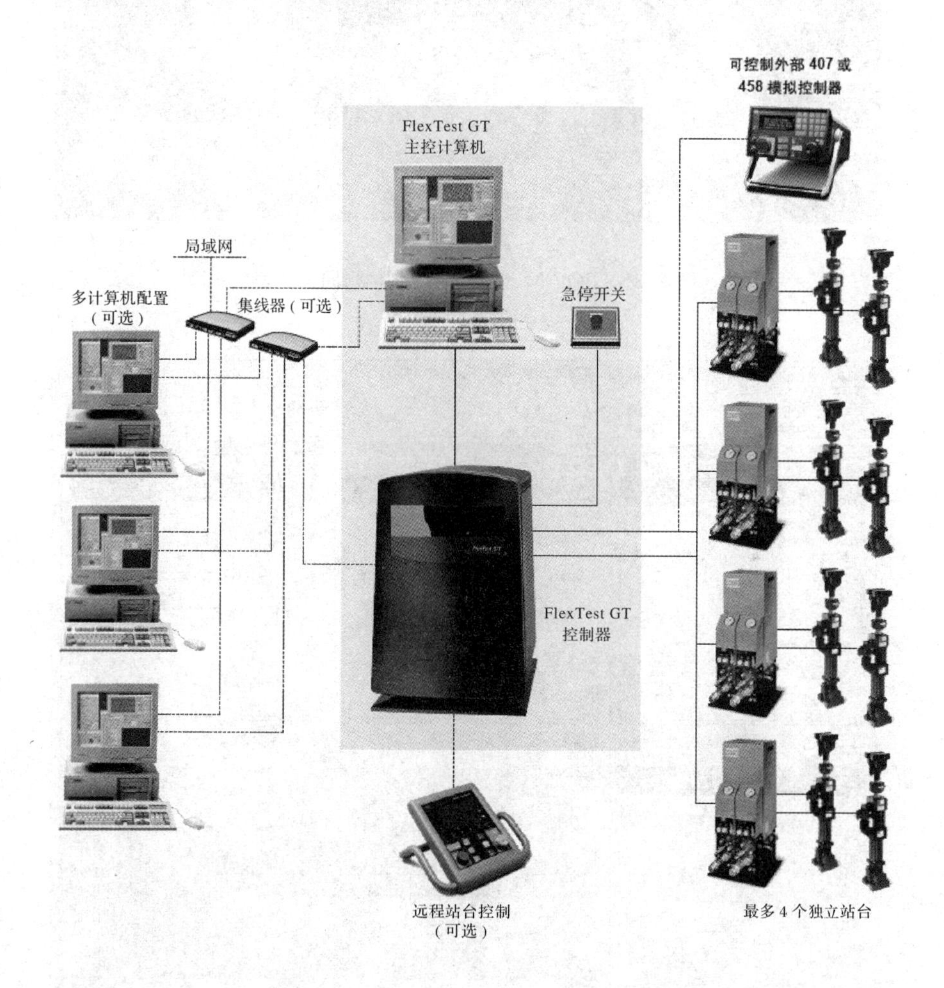

图 2.30 美国 MTS 公司 Flex Text GT 控制器组成示意图

从图 2.32 可以看出，新一代电液伺服结构试验系统控制器的应用软件采用虚拟仪器技术，将各个作动器的负荷、位移、设定加载曲线与实际的负荷曲线都在计算机屏幕上显示出来，实验操作人员可以在控制器界面上方便地设定各个控制器的工作方式和边界条件，完成结构加载试验。

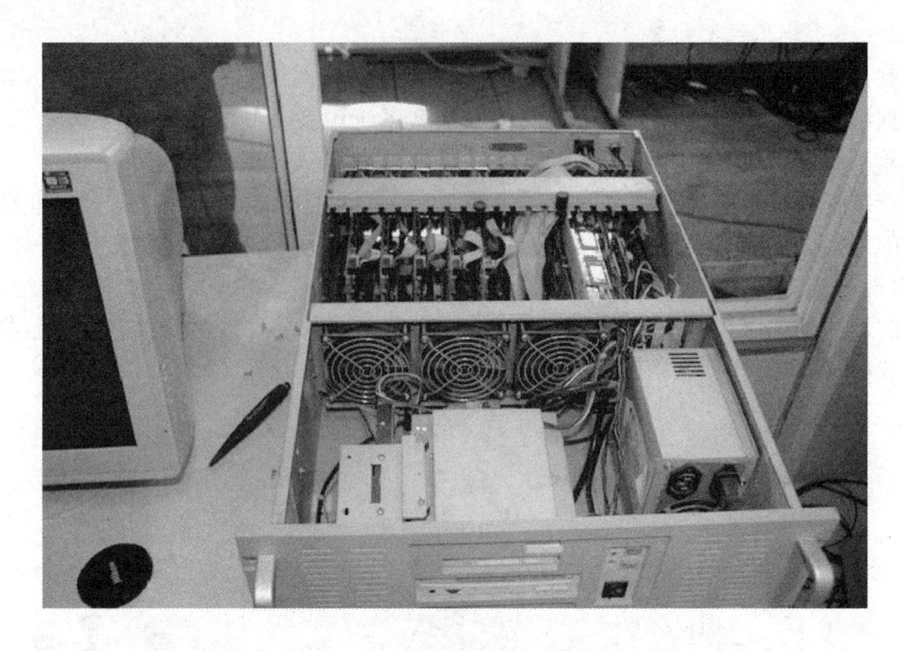

图 2.31　POP-M 型多通道控制器(同济大学)

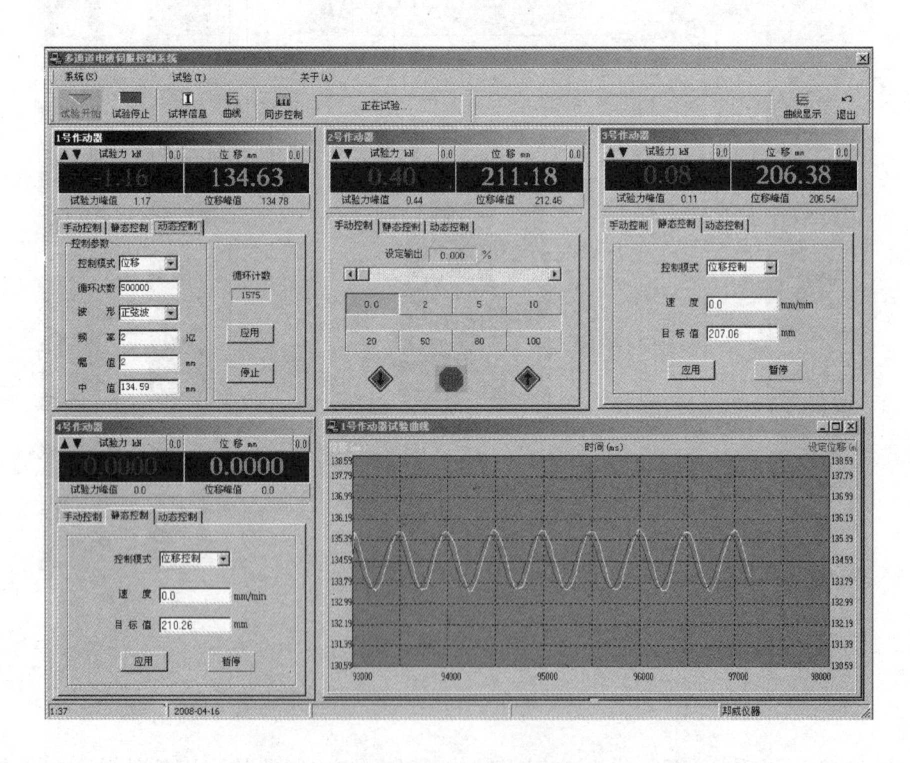

图 2.32　POP-M 多通道控制器应用软件界面

2.4 应变量测设备

2.4.1 手持式引伸仪

建筑结构在较长时间中的变形，由于周围环境、条件的变化，如振动、潮湿、高温等的影响，采用一般的应变仪进行测试几乎是不可能的。手持式引伸仪，结构简单、轻便、量程大，不受环境变化的影响，携带方便，因此特别适用于现场作结构变形的测试。下面以 YB25 型手持式引伸仪为例进行介绍。

2.4.1.1 结构原理

YB25 型手持式引伸仪是一种机械式应变测量仪器，其构造如图 2.33 所示。每台仪器附带有一个标准针距尺，系采用精密低膨胀合金制成，其线膨胀系数为 $1.5\times10^{-6}/℃$，所以当环境温度变化较大时，针距长度可以认为是不变化的，针距长度一般分为 100mm 和 250mm 两种。每次测量前都必须在标准针距尺上标读，然后再在试物上测读，比较两者之间的差数，即为所求变形量。应变值的计算如下：

$$\varepsilon=\frac{\Delta l}{l}\times10^{6}\quad(\text{微应变})\tag{2-1}$$

式中：Δl 为绝对变形量(mm)，l 为粘贴在实验件上的固定小块在未受载时的实际基距(mm)，通常情况下，l 是不与仪器的标准针距尺的基距完全相符的，但为了测试方便可在粘贴固定小块时采用标准针距尺定距，这样即是标准针距尺的基距。

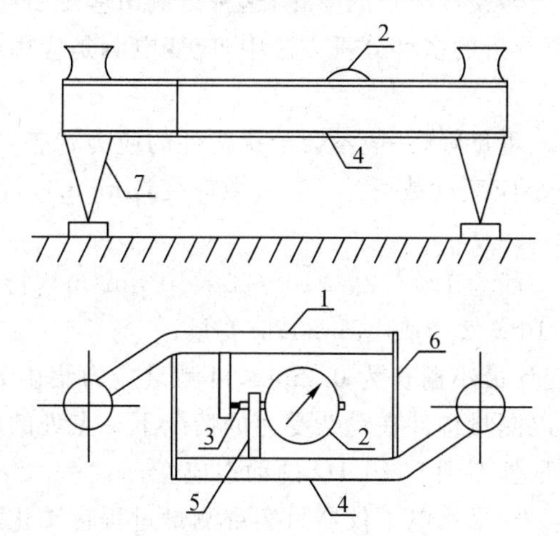

1. 金属支架　2. 位移计(百分表或千分表)　3. 位移计测杆
4. 金属支架　5. 伸缩调整部分　6. 弹性钢片　7. 尖头插足

图 2.33　手持式应变仪构造图

2.4.1.2 仪器构造

仪器由以下几个部分组成：金属支架、位移计(百分表或千分表)、伸缩调整部分等。手持式应变仪构造如图 2.9 所示，金属支架(1)和(4)借助于两个弹性薄钢片(6)相连接而构成一弹性系统，两金属支架可作纵向的平行移动，从而使装固在两金属支架上的尖头插足(7)的距离发生变化(增大或缩小)。位移计(2)安装在金属支架(1)上，本仪器上的位移计采用的是百分表，使用部门如换上千分表，那么测量精度可提高一个数量级，为了换表方便，支架上有一卡表架，只需松开卡表架上的螺钉，就可很方便地将位移计取下或安装上。

伸缩调整部分(5)装固在金属支架(4)上，位移计(2)的测杆末端始终保持同其中的偏心调整块相接触，当两尖头插足(7)之间的距离发生变化时(即两金属支架产生相互平行位移)，其变化量即可从位移计(2)上反映出来。

2.4.1.3 操作规程和注意事项

1)仪器适于测量静态变形，使用时不宜过分用力拉或压以及给冲击力，以免位移计或连接弹簧钢片受损。

2)为了减少人为误差的影响，在测试过程中不宜更换测试操作者和调转测试方向。

3)仪器在使用过程中，切忌用手直接接触仪器的金属支架，应握挂手柄，以减少因人体温度影响所造成的误差。

4)测试时，应轻轻地使尖头插足插入预粘小块的孔洞之中，同时此小块孔洞在加工制作时，应保证其直径大小的一致和有一定的真圆度要求和粘贴面垂直度要求。

5)测读时，由于仪器所处位置不易做到每次都完全一致，容易产生误差，因此每次测读应重复几次，待比较稳定一致时再读数，如在仪器上加读数支点，也是可行的办法。

2.4.2 应变电测系统

在工程结构实验中，因结构受外荷载或受温度及约束等原因影响而产生应变，用量电器量测应变，必须首先将应变转换成电量的变化，这种量测由应变引起的电量变化的方法称为应变电测法。在实验应力分析的多种分析方法中，应变电测是应用最为广泛的一种，其主要优点有：

1)电阻应变片尺寸小、重量轻，一般不会干扰构件的应力状态，安装(如粘贴)方便；

2)测量灵敏度高，最小应变读数可达 10^{-6}(微应变，μm/m)，常温静态应变测量精度可达1%～2%；

3)测量应变量程大，一般为1%～2%(10^4～2×10^4 μm/m)，特殊的大应变电阻应变计可测量10%～25%(10×10^4～25×10^4 μm/m)应变量；

4)常温箔式电阻应变计最小栅长为0.2mm，可测量应力集中处的应变分布，应用电阻应变片组成的应变花，可以测量构件在复杂受力的情况下一点处的应变状态；

5)频率响应快，可测量静态到50万Hz的动态应变；

6)测量中输出为电信号，采用电子仪器易实现测量过程自动化和远距离传递，测量数据可数字显示、自动采集、打印和计算机处理，也可利用无线电发射和接收方式进行遥测；

7)可在高温、低温(－269～1000℃)、高压(几百MPa)下，高速旋转(几万转/分)、强磁强和(或)核辐射等特殊环境中进行结构应力、应变的测量。

其主要缺点和限制有：

1)应变电测方法通常为逐点测量，不易得到构件的全域性应力应变场(分布)；

2)一般只能测量构件表面的应变，对于塑料、混凝土等可安装内埋式应变片的构件，可测量其内部应变；

3)应变片所测应变值是其敏感栅覆盖面积内构件表面的平均应变，对于应力梯度很大的构件表面或应力集中的情况应选用栅长很小的应变片(如栅长为0.2～1mm)，否则测量误差很大；

4)由于黏合剂的不稳定性和对周围环境的敏感性，连续长时间测量会出现漂移；

5)应变片必须牢固地粘贴在试件表面，才能保证正确地传递试件的变形，这种粘贴工作技术性强，粘贴工艺复杂，工作量大；

6)电阻应变片不能重复使用。

目前使用最多的变换元件是电阻式应变片，与其配套的测量仪表是电阻应变仪，下面将重点介绍它们的原理和使用技术。

2.4.2.1　电阻应变片

(一)电阻应变片的构造

电阻应变片是应变电测设备的感应部分，不同用途的电阻应变片，其构造虽不完全相同，但都有敏感栅、基底、黏结剂、盖层、引线组成，其基本构造如图2.34所示，其外形如图2.35所示。

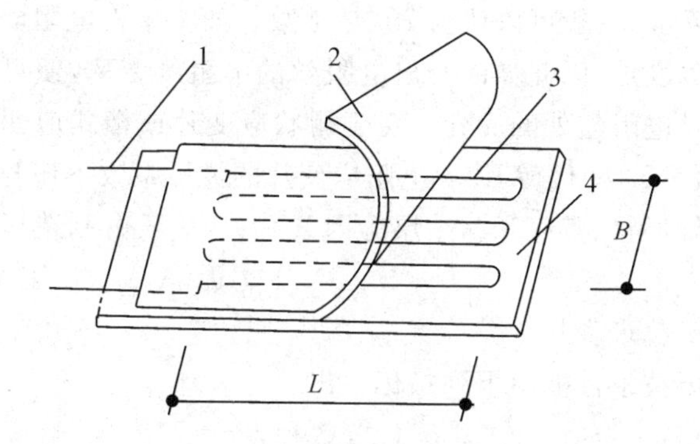

1. 引出线　2. 覆盖层　3. 电阻栅　4. 基底

图2.34　电阻应变片构造图

图2.35　电阻应变片外观图

1)敏感栅:是应变片将应变变换成电阻变化量的敏感部分,是用金属或半导体材料制成的栅状体,敏感栅的形状与尺寸直接影响到应变片的性能。

2)基底和盖层:起定位和保护电阻丝的作用,并使电阻丝和被测试件之间绝缘,基底的尺寸通常代表应变片的外表尺寸。

3)黏结剂:是一种具有一定绝缘性能的黏结材料,用它将敏感栅固定在基底上,或将应变片的基底粘贴在试件的表面上。

4)引线:引线通过测量导线接入应变测量电桥,引线一般都采用镀银、镀锡或镀合金的软铜线制成,在制造应变片时与电阻丝焊接在一起。

(二)电阻应变片的工作原理

电阻应变片的工作原理是基于电阻丝具有应变效应,即金属电阻丝承受拉伸或压缩变形时,电阻也将发生变化,实验结果表明,在一定的应变范围内,电阻丝的电阻改变率$\Delta R/R$与应变$\varepsilon=\Delta l/l$成正比,即

$$\frac{\Delta R}{R}=K_0\varepsilon \tag{2-2}$$

式中,K_0为单丝灵敏系数,一般可以认为K_0是常数。如将单根电阻丝贴在构件的表面上,使它随同构件有相同的变形,因此如能测出电阻丝的电阻改变率,便可求得电阻丝的应变,也就求得了构件在粘贴电阻丝处的应变。对于栅状应变片或箔式应变片,考虑到已不是单根丝,故改用片的灵敏系数K代替K_0。电阻应变片的灵敏系数不但与电阻丝的材料有关,还与电阻丝的往复回绕形状、基底和黏结层等因素有关,一般由制造厂用实验方法测定,并在成品上标明。

(三)电阻应变片的技术指标

电阻应变片的主要技术性能由下列指标给出。

1)应变计电阻阻值:一般有120Ω、350Ω等数种;

2)灵敏系数K:一般康铜丝箔K值2.00~2.20之间,使用时必须把应变仪上的灵敏系数调节器调整至应变片的灵敏系数值,否则应对其结果作修正;

3)机械滞后:包含室温下≤8μm/m和极限工作温度下8μm/m;

4)蠕变:包含室温下≤10μm/m和极限工作温度下≤50μm/m;

5)横向效应系数:纵横应变效应系数之比一般≤2%;

6)灵敏系数的温度系数:工作范围内的平均变化(±%100℃)≤3;

7)热输出:平均热输出系数≤4μm/m/℃;

8)漂移:室温下≤5μm/m和极限工作温度下≤50μm/m;

9)热滞后:每个工作温度下≤50μm/m;

10)绝缘电阻:室温下≥1000MΩ和极限温度下>10MΩ;

11)应变极限:室温下的应变极限≥8000μm/m;

12)疲劳寿命:室温下的疲劳寿命≥10^7;

13)应变计标距L:指应变计敏感丝栅的长度。

(四)电阻应变片的粘贴技术

试件的应变是通过黏结剂将应变传递给电阻应变片的丝栅,因而粘贴质量将直接影响应变的测量结果。这就要求黏结层薄而均匀,无气泡,充分固化,即不产生蠕滑又不脱胶。

应变片的粘贴全由手工操作，要达到位置准确、粘贴可靠、防水防潮三大要求，电阻应变片的粘贴技术包括选片、选黏贴剂、粘贴和防水防潮处理等，其具体要求如下：

1)应变片的筛选：选择应变片的规格和型式时，应注意到试件的材料性质和试件的应力状态。在匀质材料(如钢材)上贴片，一般选用普通型小标距应变片；在非匀质材料(如混凝土)上贴片选用大标距应变片；处于平面应变状态下的应选用应变花。分选应变片时，应逐片进行外观检查，应变片丝栅应平直、片内无气泡、霉斑、锈点等缺陷，基底不能有局部破损，不合格的片应剔除；然后用电桥逐片测定阻值并以阻值分成若干组。同一组应变片的阻值偏差不应超过 0.5Ω。

2)选择黏合剂：黏合剂的类型应视应变片基底材料和试件材料的不同而异。一般要求黏合剂具有足够的抗拉强度和抗剪强度，蠕变小和电气绝缘性能好。目前在匀质材料上粘贴应变片均采用 502 胶；在混凝土上等非匀质材料上贴片常用环氧树脂胶。

3)测点表面处理：为使应变片牢固地粘贴在试件上，应对测点表面进行处理，为贴片而处理的面积应大于应变片基底面积的三倍。处理时首先用磨光机或锉刀清除贴片处的漆层、油污、锈层等污垢，再用 0＃砂布在试件表面打出与应变片轴线成 45°的交叉纹路，贴片前，用蘸有丙酮的药棉或纱布清洗试件的打磨部位，直至药棉上不见污渍为止。待丙酮挥发，表面干燥后，方可进行贴片。

4)应变片粘贴：先在试件上沿贴片方位划出十字交叉标志线，贴片时，在试件表面的定向标记处和应变片基底上，分别涂一层均匀胶层，用手指捏住(或镊子钳住)应变片的引线，待胶层发粘时迅速将应变片放置于试件上，且使应变片基准线对准刻于试件上的标志线。盖上一块聚乙烯薄膜(或玻璃纸)，用拇指将应变片朝一个方向滚压，手感由轻到重，挤出气泡和多余的胶水，保证黏结层尽可能薄而均匀，且避免应变片滑动或转动。必要时加压 1～2 分钟，使应变片粘牢。经过适宜的干燥时间后，轻轻揭去薄膜，观察粘贴情况，如在敏感栅部位有气泡，应将应变片铲除，重新清理重新贴片，如敏感栅部位粘牢，只是基底边缘翘起，则只要在这些局部补充粘贴即可。在混凝土或砌体等表面贴片时，一般应先用环氧树脂胶作找平层，待胶层完全固化后再用砂纸打磨、擦洗后方可贴片。应变片粘贴后要待黏结剂完全固化后才可使用，黏结剂固化前，应将应变片引线拉起，使它不与试件接触。

5)导线的连接与固定：连接应变片和应变仪的导线，一般可用聚氯乙烯双心多股铜导线或丝包漆包线。导线与应变片引线的连接最好用接线端子片作为过渡，接线端子片用 502 胶水固定于试件上，导线头和接线端子片上的铜箔都预先挂锡，然后将应变片引线和导线焊接在端子片上。也可把应变片引出线直接缠绕在导线上，然后上锡焊接，并在焊锡头与试件之间用涤纶绝缘胶带隔开。不论用何种方法连接都不能出现“虚焊”。最后，用压线片或胶布将导线固定在试件上。

6)应变片的粘贴质量检查：用兆欧表量测应变片的绝缘电阻，观察应变片的零点漂移，漂移值小于 5$\mu\varepsilon$(3 分钟之内)认为合格；将应变片接入应变仪，检查其工作的稳定性。若漂移值过大，工作的稳定性差，则应铲除重贴。

7)防水和防潮处理：粘贴好的应变片，如长期暴露于空气中，会因受潮降低粘结牢度，减小绝缘电阻，严重的会造成应变片剥离脱落。因此应敷设防潮保护层。防潮措施必须在检查应变片质量合格后立即进行，防潮的简便方法是用松香石蜡或凡士林涂于应变片表面，使应变片与空气隔离达到防潮目的。防水处理一般都采用环氧树脂胶。

2.4.2.2 电阻应变仪

(一)电阻应变仪的原理

电阻应变仪是把电阻应变量测系统中放大与指示(记录、显示)部分组合在一起的量测仪器,主要是由振荡器、测量电路、放大器、相敏检波器和电源等部分组成,把应变计输出的信号进行转换、放大、检波以至指示或记录。

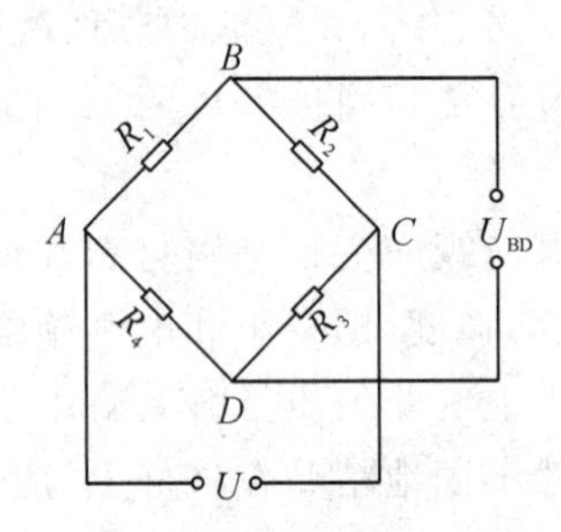

图 2.36 电阻应变仪构造图

电阻应变仪的测量电路,一般均采用惠斯登电桥,把电阻变化转换为电压或电流输出,并解决温度补偿等问题。电桥由四个电阻组成,如图 2.36 所示,图中四个桥臂 AB、BC、CD 和 DA 的电阻分别为 R_1、R_2、R_3 和 R_4。在对角节点 A、C 上接电压为 E 的直流电源后,另一对角节点 B、D 为电桥输出端,输出端电压为 U_{BD},且

$$U_{BD}=U_{AB}-U_{AD}=I_1R_1-I_4R_4 \tag{2-3}$$

由欧姆定律知

$$E_1=I_1(R_1+R_2)=I_4(R_4+R_3) \tag{2-4}$$

故有

$$I_1=\frac{E}{R_1+R_2},\ I_4=\frac{E}{R_4+R_3} \tag{2-5}$$

代入式(2-4)经整理后得出

$$U_{BD}=E\frac{R_1R_3-R_2R_4}{(R_1+R_2)(R_3+R_4)} \tag{2-6}$$

当电桥平衡时,$U_{BD}=0$,于是由上式得电桥的平衡条件为

$$R_1\cdot R_2=R_3\cdot R_4 \tag{2-7}$$

若电桥的四个臂为粘贴在构件上的四个应变片,其初始电阻都相等,即 $R_1=R_2=R_3=R_4=R$,且在构件受力前电桥保持平衡,即 $U_{BD}=0$。

1)全桥电路

全桥电路由四个工作片组成,构件受力后,各应变片的电阻改变分别为 ΔR_1、ΔR_2、ΔR_3 和 ΔR_4,则由公式(2-6)得电桥输出端电压为

$$\Delta U_{BD}=E\frac{(R_1+\Delta R_1)(R_3+\Delta R_3)-(R_2+\Delta R_2)(R_4+\Delta R_4)}{(R_1+\Delta R_1+R_2+\Delta R_2)(R_3+\Delta R_3+R_4+\Delta R_4)} \tag{2-8}$$

简化上式时,略去 $\Delta R_i(i=1,2,3,4)$ 的高次项,可得

$$\Delta U_{BD}=\frac{E}{4}(\frac{\Delta R_1}{R}-\frac{\Delta R_2}{R}+\frac{\Delta R_3}{R}-\frac{\Delta R_4}{R}) \tag{2-9}$$

由公式(2-2),上式可写成

$$\Delta U_{BD}=\frac{E}{4}K(\varepsilon_1-\varepsilon_2+\varepsilon_3-\varepsilon_4) \tag{2-10}$$

上式表明,由应变片感应到的$(\varepsilon_1-\varepsilon_2+\varepsilon_3-\varepsilon_4)$,通过电桥可以线性地转变为电压的变化$\Delta U_{BD}$。只要对这个电压的变化量进行标定,就可用仪表指示出所测量的$(\varepsilon_1-\varepsilon_2+\varepsilon_3-\varepsilon_4)$。从上式可见,电桥的邻臂电阻变化的符号相反,成相减输出,对臂符号相同,成相加输出。

2)半桥电路

半桥电路由两个工作片和两个固定电阻组成,当为半桥测量时,R_3 和 R_4 不产生应变,即 $\varepsilon_3=\varepsilon_4=0$,式(2-10)即变为:

$$\Delta U_{BD}=\frac{E}{4}K(\varepsilon_1-\varepsilon_2) \tag{2-11}$$

3)1/4 桥电路

1/4 桥电路常用于测量应力场里的单个应变,即用一个工作片测量应变,必须用另一个补偿应变片来进行温度补偿,这种接线方式对输出信号没有放大作用。

通过电桥把应变片感应到的应变转变为电压(或电流)信号,由于这一信号非常微弱,所以要进行放大,然后把放大了的信号用应变表示出来,这就是电阻应变仪的工作原理。电阻应变仪按测量应变的频率可分为静态电阻应变仪、静动态电阻应变仪、动态电阻应变仪和超动态电阻应变仪。

(二)静态电阻应变仪的使用方法

下面以国产 TS3860/61 型静态电阻应变仪为例来介绍静态电阻应变仪的构造和使用方法。

TS3860/61 型静态电阻应变仪是一种新型的数字式应变仪。该机采用恒流激励,电子开关切换技术,从而克服了常规应变仪用手动开关或继电器机械触点开关切换通道的弊端(接触电阻变化对测量的影响)。该仪器采用数字化设计,可由计算机控制,亦可脱机工作。外部控制时,通过自备的 RS232 串口与计算机通讯,在 Win95/98/2K/XP 操作平台上运行。一台计算机可控制多达 240 个测点,实现自动平衡、自动监视、图表显示,应变化计算、绘图、文件处理等多项功能。该系列有每台 12 点和 24 点两款机型,具有体积小、重量轻、外观新颖、操作简便、性能稳定、应用软件丰富等特点。

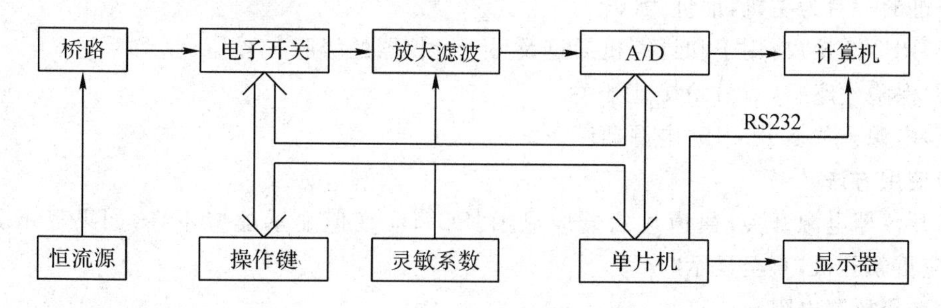

图 2.37　TS3860/3861 型电阻应变仪原理图

TS3860/61 型静态电阻应变仪由精密恒流源、多路切换开关、前置放大器、低通滤波器、A/D 转换器、单片机、显示电路和电源等部分组成，整体方框图如图 2.37 所示。本机桥路激励采用恒流源模式，电子开关切换测点，电路新颖，工作合理，桥路平衡采用初值扣除的方法，测量前将每个测点桥路不平衡值即初始值显示存贮，在随后测量中将该点初值扣除，实现了自动平衡的功能。

为简化操作，本机仅用 5 只按钮实现通道选择、数据发送、初值显示、测量值显示等基本功能，操作简单，使用方便。对于桥路形式，应变片阻值及灵敏系数等使用频率较低的功能采用硬件方式，具有一目了然，不易出错的特点。当使用计算机控制时，一切功能均由菜单显示，鼠标点击，具备虚拟仪器的特点。

a)功能面板

图 2.38 为 TS3860/61 型静态电阻应变仪的前后面板，前面板各部分功能如下：

1)通道号显示器：显示当前测量通道 1～12CH 或 1～24CH。

2)应变值显示器：显示各桥路初始值及实际应变值。

3)通道选择按钮：按左按钮通道号减少，按右按钮通道号增加。

4)“自动”按钮：在联机状态下操作该键相应指示灯亮，请求向计算机发送测量的数据，数据被接收后该灯熄灭。脱机工作时操作该按钮无效。

5)“初值”按钮：操作该键相应指示灯亮，显示该测点的初始值(即桥路不平衡值)。

6)“测量”按钮：操作该键相应指示灯亮，显示该测点的实际应变值。若应变片还未感受到应力时，则显示为 0。

7)桥路电阻选择开关：用于选择与应变片相应的桥路电阻值，分四种 120，240，350，500Ω。

8)灵敏系数开关：用于设置应变片的灵敏系数 1—0—0～9—9—9。

后面板各部分功能如下：

9)桥路形式开关：用于选择半桥(含公共补偿片组成的半桥即 1/4 桥)，全桥。一旦选定则对于 TS3860 每 8 点为同一状态，由三只开关控制，对于 TS3861 每 6 点为同一个状态，由二只开关控制。

10)控制方式开关：在联机状态下，与计算机直接相联的一台设置为主机，其余扩展的仪器设置为副机。脱机工作时该开关无效。

11)地址选择开关：在联机状态下，当多台仪器串联使用时，设定该仪器的地址号。和计算机通迅的一台为主机，地址为“00”。

12)RS232 接口：用于和计算机通迅及另一台仪器的级联。

13)保险丝座。　　14)接地开关。

15)电源开关。　　16)电源插座。

b)使用方法

打开仪器电源开关，通道显示器应显示“SC”，应变值显示器应不亮，如果显示其他状态，则应重新开机，直至显示“SC”。

1)选择桥路电阻

根据应变片的阻值拨入相应的代码，“1”表示 120Ω，“2”表示 240Ω，“3”表示 350Ω，“4”表示 500Ω。

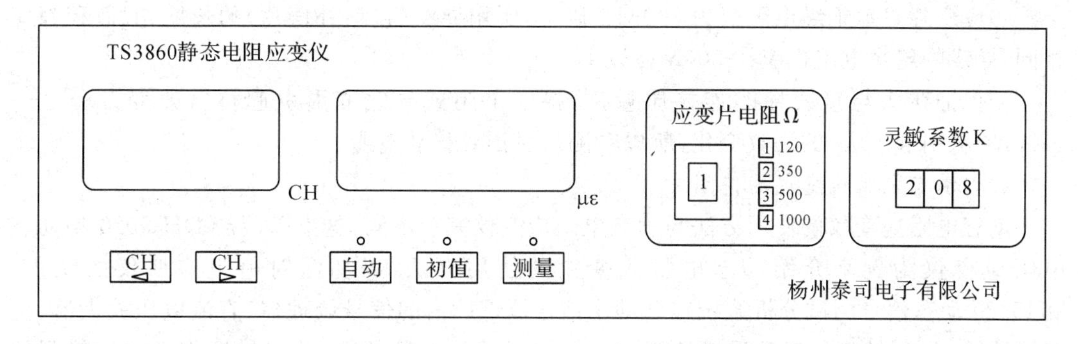

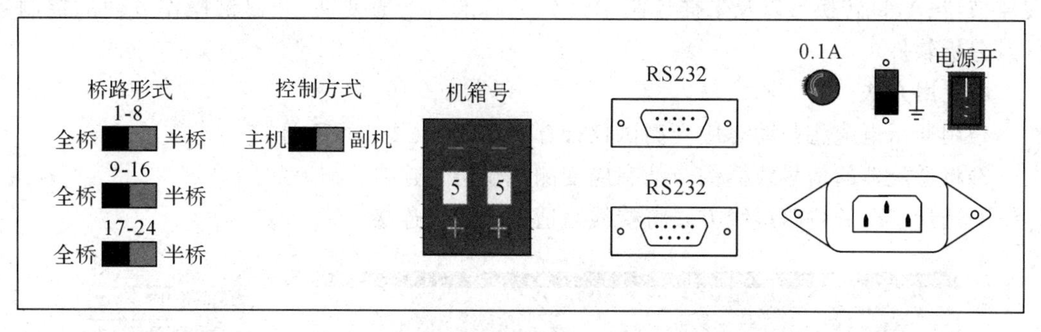

图 2.38　TS3860/61 型静态电阻应变仪的前后面板

2)设置灵敏度系数 K

对照应变片灵敏系数(由应变片生产厂提供)拨入相应的数值。例如:应变片灵敏系数 K=2.08,开关应设置为“2—0—8”。

3)选择桥路形式半桥或全桥

在后面板上选择桥路形式,对照盖板上的接线图进行接线,当使用半桥公共补偿片时,应将所有测点的“B”端用导线连接。出厂时所有 B 点已由导电条连接。各接线端子的功能如下:

“A”端相当于桥压正极,“B”端桥路输出,“C”端相当于桥压负值(所有“C”端内部已连接),“D”端桥路输出(指全桥),“E”端接地端,如应变片引线为屏蔽层接至“E”端(TS2860 型没有“E”端)。当选用半桥(公共补偿片)时,补偿片的连接导线与工作片的连接导线长度、截面积相同。

4)显示初始值

各测点接线完毕,按“初值”钮,仪器显示该点桥路的初始值,按通道选择钮,使每个测点桥路的初始值都显示一遍,显示的同时也存贮各路初值。

5)测量

仪器预热半小时后,按“测量”钮,当应变片未检测到应力时各测点应显示全零,仪器已将初值自动扣除,某测点扣零后仍有数字,可重复操作 4)～5)步使其显示在±2 字以内,若某测点开路(未形成桥路或有断线时),则仪器显示闪烁。

c)注意事项

1)应采用相同的应变片来构成应变桥,以使应变片具有相同的应变系数和温度系数。

2)补偿片应贴在与实验相同的材料上,与测量片保持同样的温度。

3)测量片和补偿片不受强阳光曝晒,高温辐射和空气剧烈流动的影响。

4)应变片对地绝缘电阻应为 500MΩ 以上,所用导线(包括补偿片)的长度、截面积都应相同,导线的绝缘电阻也应在 500MΩ 以上。

5)保证线头与接线柱的连接质量,若接触电阻或导线变形引起桥臂改变万分之一(10mΩ)将引起 50$\mu\varepsilon$ 的读数变化,所以在测量时不要移动电缆。

(二)动态电阻应变仪的使用方法

动态电阻应变仪的使用方法与静态电阻应变仪完全不同,这里以国产 DH-5920 型动态电阻应变仪为例来介绍动态电阻应变仪的使用方法,以加深对电阻应变仪的认识。DH5920 动态信号测试分析系统包含动态信号测试所需的信号调理器、直流电压放大器、抗混滤波器、A/D 转换器以及采样控制和计算机通讯的全部硬件,并提供操作方便的控制软件及分析软件。

a)使用方法

1)用通讯电缆将与动态应变测试仪计算机 1394 火线口可靠连接;

2)将适配器的信号线插头与动态应变测试仪可靠连接;

3)选择正确的桥路接线方式将接线与适配器正确连接。

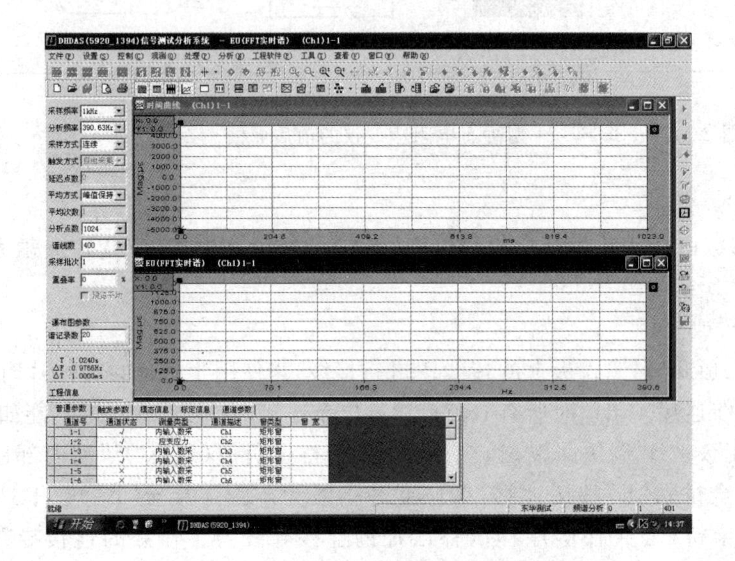

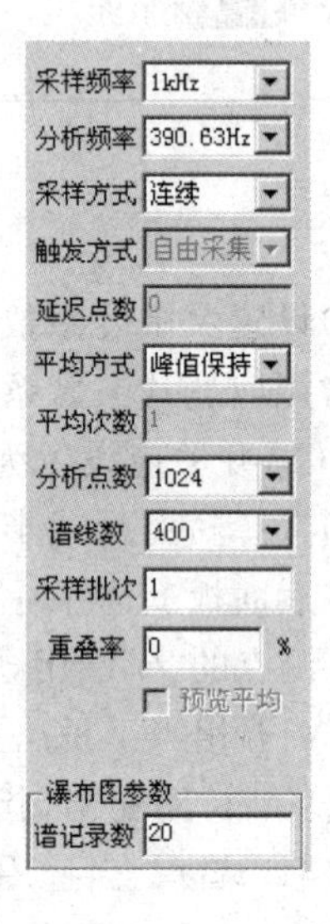

图 2.39 动态信号测试分析系统软件用户界面

4)首先启动计算机,启动完后,打开仪器电源(注:与计算机相连的仪器电源最后打开),

直至动态应变测试仪面板上面的采样指示灯和等待指示灯熄灭,最后运行动态信号测试分析系统软件;

5)打开动态信号测试分析系统软件。界面如图 2.39:

6)首先对数据采集参数进行设置。点击菜单项“查看/系统参数栏”,则打开系统参数设置窗口,一般位于主窗口的最左边。

7)运行参数的设置。选择菜单项“设置/运行参数”弹出“运行参数选择”窗口进行参数设置。

8)通道参数的设置。“通道参数”用来控制各个通道的数据采集。选择菜单项“查看/通道参数栏”即可打开或关闭“通道参数栏”，它一般位于程序主窗口的最下部。通道参数栏包含四个设置页面，分别为“普通参数”、“触发参数”、“模态信息”、“标定信息”、“通道参数”。普通参数页面如图 2.40。

普通参数 | 触发参数 | 模态信息 | 标定信息 | 通道参数

通道号	通道状态	测量类型	通道描述	窗类型	窗 宽
1-1	√	内输入数采	Ch1	矩形窗	
1-2	√	应变应力	Ch2	矩形窗	
1-3	√	内输入数采	Ch3	矩形窗	
1-4	√	内输入数采	Ch4	矩形窗	
1-5	×	内输入数采	Ch5	矩形窗	
1-6	×	内输入数采	Ch6	矩形窗	

图 2.40 普通参数页面

9)新建绘图窗口。选择菜单项“窗口/新建窗口”打开一个新的绘图窗口，系统会为该窗口设置一个默认的显示通道。如果不是用户希望该窗口要显示的，则可以通过“信号选择”来选择显示通道。

10)在绘图窗口单击右键选择“信号选择”弹出窗口如图 2.41。选择需要观察的通道，双击即进入已选信号，在已选信号中双击已选通道将从列表中删除。

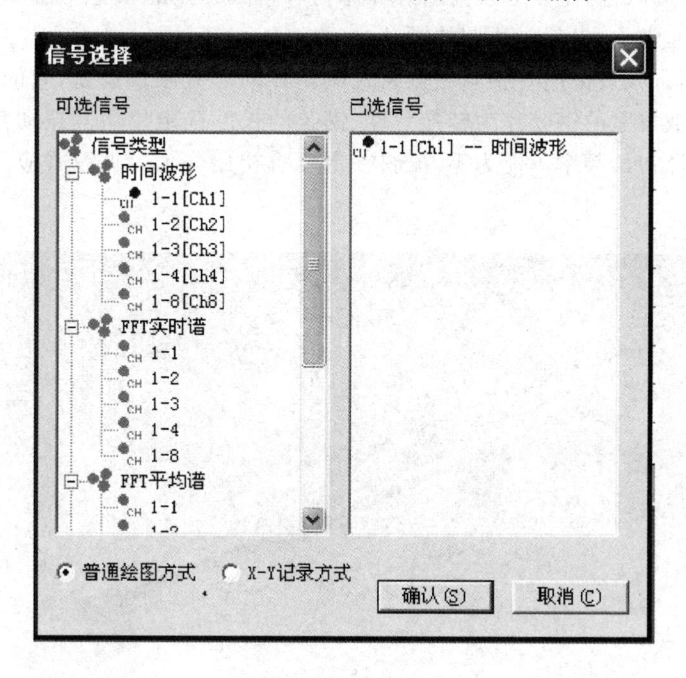

图 2.41 信号选择窗口

11)采样前的准备——平衡与清零。正式开始采样前，一般需要对通道(主要是进行应力应变测量的通道)进行平衡。可以通过控制工具栏上的平衡按钮和清零按钮来实现。

12)采样。完成前面的工作以后，点击控制工具栏上的“启动采样”按钮，即可开始采样。

13)保存测试数据。当采样结束，需要保存该测试项目的数据时，选择菜单项“文件/保存”即可保存当前测试数据。

b)注意事项

1)交换 Vi+和 Vi—的连接,可以改变输出信号的极性;

2)所有连线必须牢固可靠;

3)连接导线电阻应尽量低,每组应变计的连线长度也应相等;

4)当测量时,一定要将信号源、适配器、数据采集、屏蔽线构成完整的屏蔽体,并保证其良好的接地。测量前应重新设置各项参数,以提高测量可靠性;

5)应 变调理器共模电压应不超过±10V(DC 或 AC 峰值)。否则,放大器的 CMR 将下降,影响测量精度;

6)不参与测量的通道,应将适配器去掉,同时满刻度设为 10000mV,输入方式设为 GND,已防引起干扰和导致电源功率增大。

7)采样前应将其他在运行的程序关闭,采样过程中禁止启动其他应用程序,否则将引起丢失现象。

2.4.3 振弦式应变计

应变片由于其方便性和测量精度高,在各类结构的局部变形量测中得到广泛的应用。但是,应变片也有局限性,主要表现为对外界恶劣环境的影响很敏感,在风、振动扰动下,应变片的读数变化非常大,也就是所谓的“漂”。

目前,许多测试人员采用一种叫做振弦式应变计的应变测量设备,它的工作原理是:振弦式应变计是以被拉紧的钢弦作为转换元件,钢弦的长度确定以后其振动频率仅与拉力相关。振弦式应变计初始频率不能为零,振弦一定要有初始张力。振弦式应变计测量应变的精度为±2$\mu\varepsilon$。

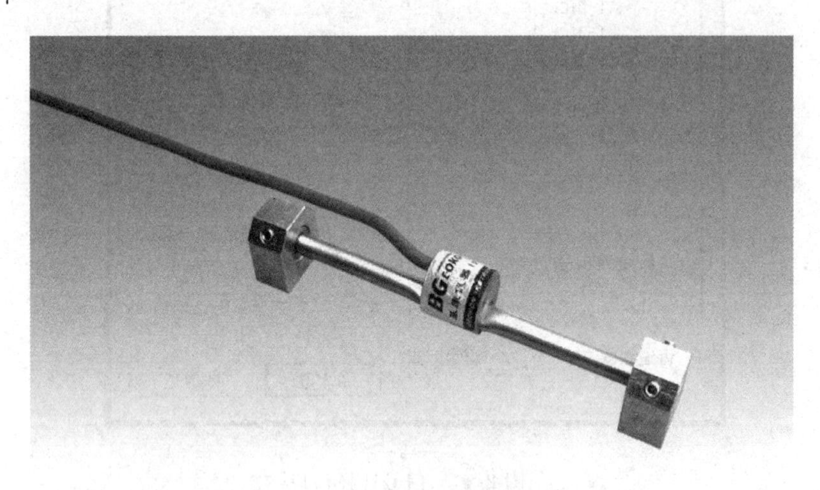

图 2.42 振弦式表面应变计

振弦式应变计的测量仪器是频率计,由于测量的信号是电流信号,所以频率的测量不受长距离导线的影响,而且抗干扰能力较强,对测试环境要求较低,因此特别适用于长期监测和现场测量。它的缺点是:这类应变计安装较复杂,温度变化对测量结果有一定的影响。图 2.42 是 BGK-4000 振弦式表面应变计的外观图。

2.4.4 光纤传感器

结构特性信息包括应力、应变、温度、裂缝等的实时获取是结构健康检测的重要前提，所以，采用先进的信息传感器提供可靠的结构信息已逐渐成为必然。

光纤传感技术是伴随着光导纤维及光通讯技术的发展而逐步形成的。这是20世纪70年代末发展起来的一门崭新技术。1993年加拿大多伦多大学的研究人员首先在卡尔加里的钢桥上布置光纤传感器进行应变监测，并取得成功。光纤传感器具有良好的耐久性，抗电磁干扰强，以及精度高、体积小、质量轻、多路传输、分布式测量、耐高温等优点，集传感与传输于一体，并与光纤传输系统联网可实现传感系统的实时遥控和遥测的独特优点。

光纤传感器的原理主要是基于白光多光束干涉，传感信号为波长式调制。图2.43是FS2000系列光纤光栅信号解调器，图2.44是光纤传感器的外观图。

图2.43 FS2000系列光纤光栅信号解调器

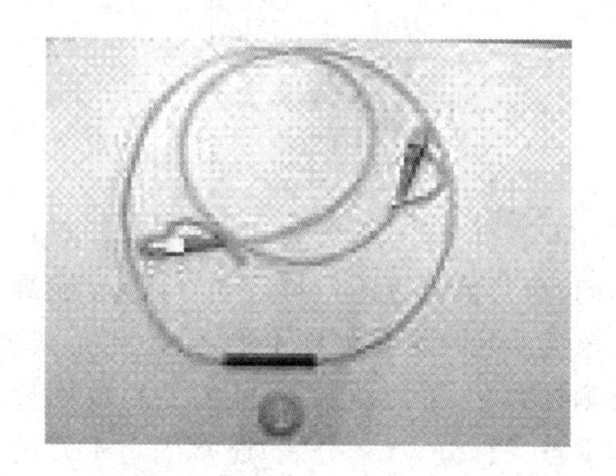

图2.44 光纤光栅传感器

2.5 位移量测设备

2.5.1 机械式百分表(千分表)

机械百分表(千分表)是测量位移的仪表，利用齿轮放大原理而制成，其构造如图2.45所示。其基本原理为测杆上、下移动，通过齿轮传动，带动指针转动，将测杆轴线方向的位移量转变为百分表(千分表)的读数。工作时将测杆的测头紧靠在被测量的物体上，物体的变形将引起测头的上下移动，测杆上的平齿便推动小齿轮以及和它同轴的大齿轮共同转动，大齿轮带动指针齿轮，于是大指针相随转动。把百分表的圆周边等分成100个小格(千分表分成1000个小格)，百分表指针每转动一圈为1mm，每格代表1/100mm(在千分表上每格代表1/1000mm)。大指针转动的圈数可由量程指针予以记忆，百分表的量程一般为5～10mm，千分表则为3mm左右。

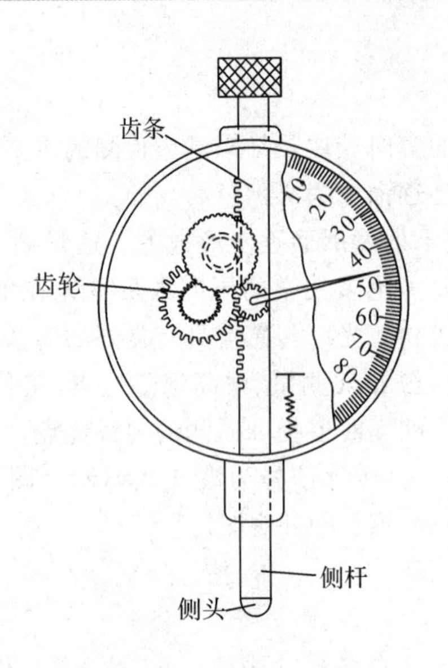

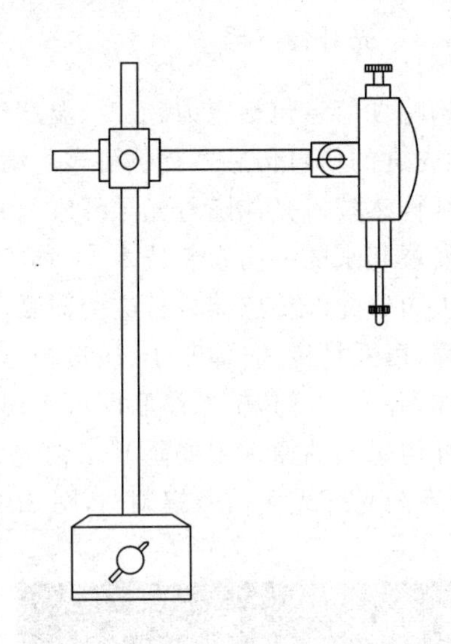

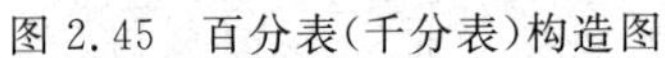

图 2.45　百分表(千分表)构造图

图 2.46　万用表座

安装百分表(千分表)时应注意三点,一是百分表(千分表)测杆的方向(亦即测头的位移方向)应与被测点的位移方向一致,才能真实地测出被测物体的变形量,否则,测量的结果仅是该变形量在测量方向上的分量;二是安装百分表(千分表)时应选取适当的预压缩量,以确保测杆有上、下活动量,不能将测杆放到量程的极限值;三是测量前应转动刻度盘使指针对准零点。百分表(千分表)通常固定于万用表座上,如图 2.46 所示,置于相对固定点。或用其他专门夹具固定,夹具的刚度应足够,固定后不得有任何的弹性变形或位移产生。夹紧程度要适当,不能有妨碍仪表工作的情况发生。

2.5.2　滑线变阻式位移计

滑线变阻式位移计是结构实验中应用最多、价格最便宜的是电测位移计。下面将具体介绍其基本原理、使用方法和注意事项。

2.5.2.1　基本原理

滑线变阻式位移计的基本工作原理是采用一般静、动态电阻应变仪常用的应变电桥原理,当任何机械量转为直线位移的变化量 ΔL,推动机械传动机构,使双触头在可变电阻上产生一个相应的 ΔR 的变化,为了测试出 ΔR 的微小变化量,由位移传感器中特制的双线密绕的无感电阻组成了外桥电阻,组成为应变电桥,从而实现了机械量换成电量的目的,这种机械量(位移)转换成为电量的关系,可用通用的电阻应变仪关系式表达,即

$$\varepsilon=\frac{\Delta R}{R}/K \tag{2-12}$$

式中:ε——应变值($\times10^{-6}$);

R——电桥桥臂电阻(Ω);

ΔR——因外位移引起的电阻变化量(Ω);

K——使用仪器的灵敏系数。

根据导体电阻阻值(R')的关系式

$$R'=P\frac{L}{F} \tag{2-13}$$

式中:R'——可变电阻丝的电阻(Ω);

P——电阻丝的电阻率(Ω·mm^2/m);

L——电阻丝的长度(m);

F——电阻丝的截面积(mm^2)。

从式(2-12)、(2-13)中,不难看出,被测位移量的大小和 ΔR 和 K 成正比,而与桥臂电阻阻值 R_1R_2 成反比,为此位移传感器只要进行适当的选择可变电阻丝 R'的直径、长度和电阻率,以及桥路电阻 R_1R_2 就可确定输出灵敏度 $S(\mu\varepsilon/mm)$,其工作原理见图 2.47 所示。

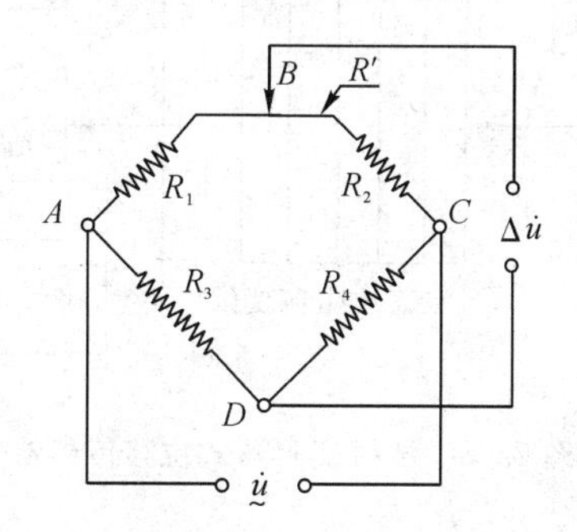

图 2.47　滑线变阻式位移传感器工作原理图

它的线路结构是采用差动变电阻式应变电桥,该传感器是采用半桥接线方法,例如当测杆受外位移,而带动活动触头向右移动时 R_1 增加 ΔR_{11},而 R_2 亦即减少 $\Delta R_2+\Delta R_{12}$。不难可知,将 $\Delta R_{11}=\Delta R_{12}$、$\Delta R_1=\Delta R_2=\Delta R$ 代入应变电桥有关公式可得:

$$\Delta\dot{u}\approx\frac{1}{4}\dot{u}_0\ \frac{\Delta R_1+\Delta R_{11}-(-\Delta R_2+\Delta R_{12})}{R}\approx\frac{1}{4}\dot{u}_0\ \frac{2\Delta R}{R}\approx\frac{1}{2}\dot{u}_0\ \frac{\Delta R}{R}=\frac{1}{2}\dot{u}K\varepsilon \tag{2-14}$$

从(2-14)式中可以看出,这样组桥方法,不仅可以达到温度自动补偿的目的,而且还可以提高应变电桥的输出灵敏度,比半桥单臂变化接法提高了一倍,并可以做到输出灵敏度规一化,利用这一接桥特点和组桥原理,可以用一般应变电测的组桥方法,选用二只或二只以上的同型号传感器可组成复合传感器,根据被测对象进行位移的自动组合,灵敏度相同的从而达到减少测点和计算分析工作量,为提高测试工作效率和精度提供了方便。

2.5.2.2　使用方法

传感器只要用普通常用的磁性吸铁架或万能百分表安装架把下轴套固定牢固,并与被测结构物(试件)表面垂直,接触量的大小可由被测试件变位方向而定,初始值的大小可以通过传感器的面板刻花尺的示值而决定,面板上的刻度尺仅作为粗较传感器输出灵敏度之用,但不可作为定量之用。

传感器上有 3m 长的三芯屏蔽话筒线,作为接到放大器的输入线,传感器输出端焊片上分别用钢印打上 1(红线)、2(黑线)、3(蓝线)三点,若为单点半桥静态测量,则把屏蔽线编号(2)接电阻应变仪的(B)点;(1)接(A)点;(3)接(C)点;若接动态应变仪,则相应接到电桥盒的(1)(2)(3)三点上,此时轴向里移动时,应变方向为正,反之为负。传感器可根据不同位移的测试要求,进行不同的组合,可接成全桥等。具体适用方式参考图 2.48。

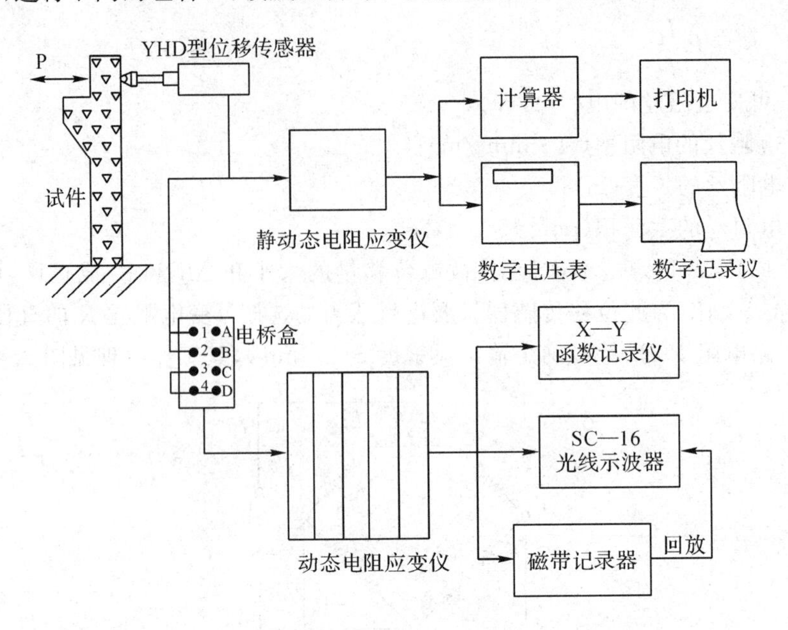

图 2.48 滑线变阻器式位移传感器

2.5.2.3 注意事项

滑线变阻器式传感器在一般正常使用情况下,不需要进行特殊的保养,按照说明书要求正常使用即可。为了更好地发挥传感器的作用,需要注意以下事项:

1)传感器要保持清洁,特别是测杆部分,不能沾上灰尘或油污,否则会影响传动机构的灵活性,在使用后应用白纱布擦去灰尘,并加上少量的钟表油(不宜加重油或厚油),加油量不宜过多,只要润滑即可。传感器不使用时宜放入表盒中,存放在室内干燥处。

2)由于本传感器选用电阻丝材比较细,为此不要随便抽拉或任意冲击,以免引起丝材的过早损伤及传动机构的灵活性变差,从而影响使用精度。

3)传感器在出厂标定时已包括导线电阻,当传感器与应变仪之间距离增加,因而连接长导线的电阻值将会带来误差。当引出线>20m 时,将要作一般常规的修正(请参考有关应变仪说明书)。

4)传感器在出厂标定时,是按 量程的位移量作为零点;此时应变仪完全可以调平衡,由于此种传感器输出灵敏度高,当使用全量程时,应变仪尚不能调平衡,这是正常的,如作为静态测试则可用读数桥的初读数来指零平衡;如为动态测试,一方面可扩大应变仪预调平衡范围,另一方面可在测量桥臂上并联上适当的大电阻,使桥路达到原始平衡。

5)由于本传感器输出灵敏度高,当使用到大量程时,要注意不要使放大器输入信号达到饱和,而影响输出位移的线性度,从而带来测量误差。

2.5.3 差动变压器式位移计

差动变压器式位移计是一种新型的位移计,其外观如图 2.49 所示。差动变压器的工作原理类似变压器的作用原理,传感器由衔铁、一次绕组和二次绕组、外壳等部分组成。一、二

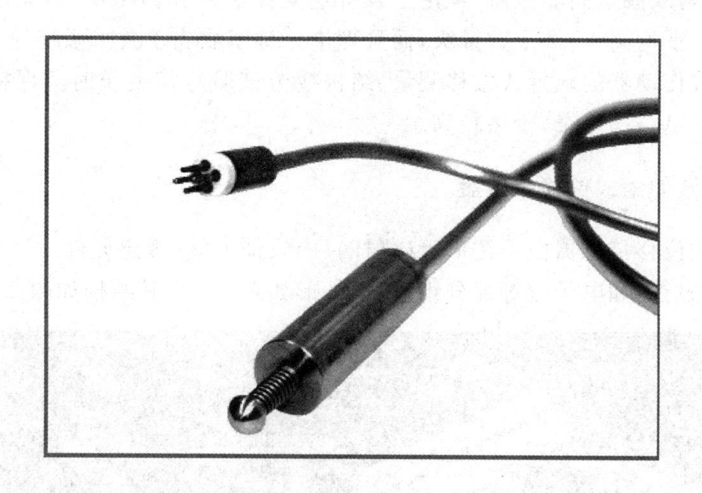

图 2.49　差动变压式位移计

次绕组间的耦合能随衔铁的移动而变化，即绕组间的互感随被测位移改变而变化。由于在使用时采用两个二次绕组反向串接，以差动方式输出，所以把这种传感器称为差动变压器式电感传感器，通常简称差动变压器。其结构示意与电路原理图如图 2.50。

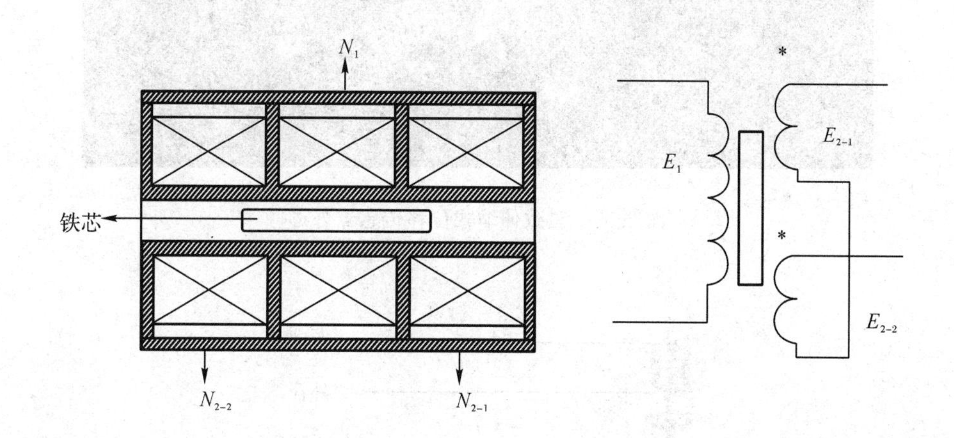

图 2.50　差动变压器的结构与电气原理示意图

差动变压器式位移传感器由同心分布在线圈骨架上一初级线圈 N_1，二个级线圈 N_{2-1} 和 N_{2-2} 组成，线圈组件内有一个可自由移动的杆装磁芯(铁芯)，当铁芯在线圈内移动时，改变了空间的磁场分布，从而改变了初次级线圈之间的互感量 M，当初级线圈供给一定频率的交变电压时，次级线圈就产生了感应电动势，随着铁芯的位置不同，次级产生的感应电动势也不同，这样，就将铁芯的位移量变成了电压信号输出。为了提高传感器灵敏度改善线性度，实际工作时是将两个次级线圈反串接，故两个次级线圈电压极性相反，于是，传感器的输出是两个次级线圈电压之差，其电压差值与位移量呈线性关系。

差动变压器式位移传感器的优点是可以在水中、油中、辐射、高低温等较恶劣的环境下工作;因为铁芯与线圈之间非接触,理论上没有重复性误差和回零误差,无故障工作时间比其他类型传感器平均高1—2个数量级,而且理论分辨率取决于数采系统的 AD 精度,因此,特别适用于动载作动器的内置式位移测量、结构疲劳试验等需要长时间保持零点稳定的应用场合。其缺点是结构复杂,价格较高。

2.5.4 磁致伸缩式位移传感器

磁致伸缩式位移传感器由不锈钢管(测杆)、磁致伸缩线(敏感元件——波导丝)、可移动磁环(内有永久磁铁)和电子舱等部分组成,其外形如图2.51,其结构如图2.52。

图2.51 磁致伸缩式位移传感器外形

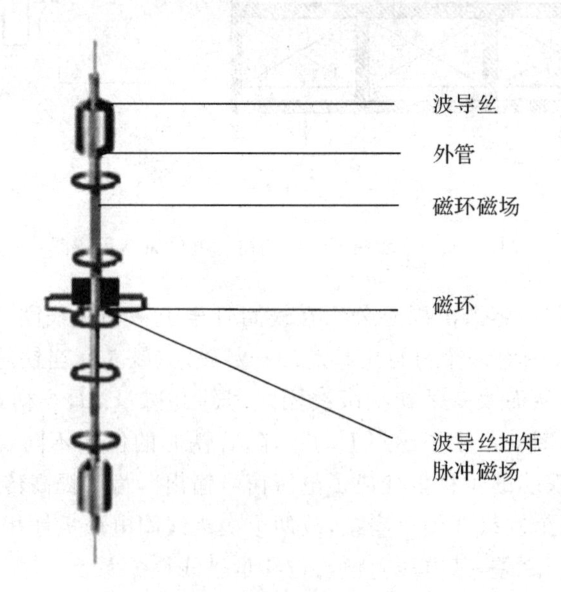

图2.52 磁致伸缩传感器结构示意图

磁致伸缩式位移传感器的工作原理如下:测量时传感器电子舱的电子部件产生一电流脉冲,此电流同时产生一磁场沿波导丝向下运动;在传感器测杆外配有一个磁环,磁环和测杆分别固定在需要测量相对位移的两个部件上,由于磁环内有一组永久磁铁,因此产生一个磁场。当电流产生的磁场与磁环的磁场相加形成螺旋磁场时,产生瞬时扭力,使波导丝扭动并产生张力脉冲,这个脉冲以固定的速度沿波导丝传回,在线圈两端产生感应电流脉冲称为返回脉冲,通过测量起始脉冲与返回脉冲之间的时间差实现磁环位置的精确测量。参见图2.53。

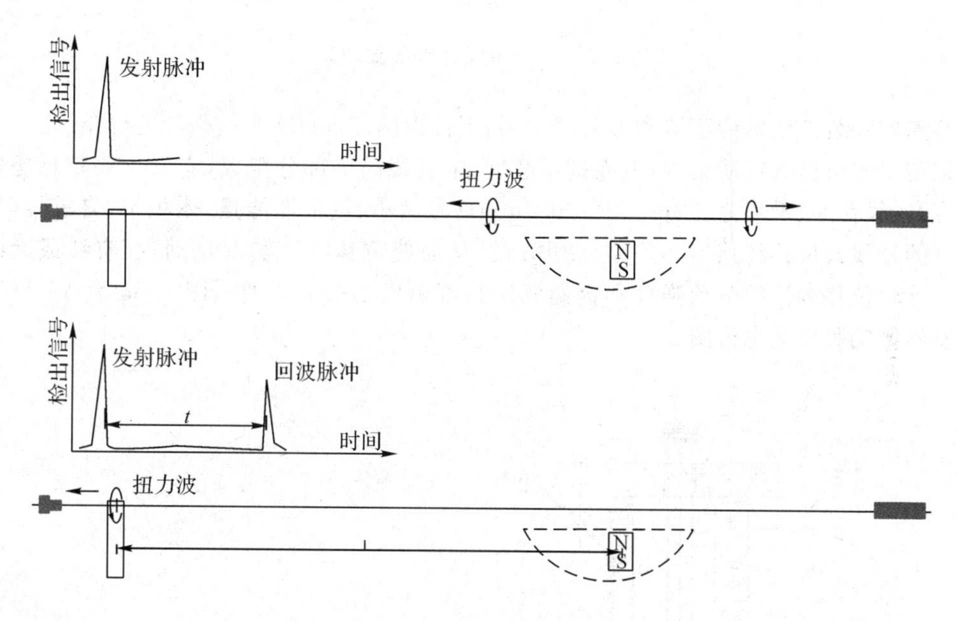

图2.53 磁致伸缩位移传感器测量原理示意图

磁致伸缩位移传感器的优点是测量精度高,相对运动部件之间无摩擦,使用寿命长,缺点是零点位置会因为脉冲计数的原因产生微小的累积误差(相对于LVDT型高精度传感器而言,但比一般滑线变阻型位移传感器要高得多),因此,一般不适用于高性能作动器的使用场合,但在拟静力加载作动器等对绝对零位要求不是特别高的领域内得到了广泛的应用。缺点是价格较高。

2.5.5 光电转换式位移计

一般有光栅尺和光电编码器两种形式,分辨率高,抗干扰能力强,价格低廉。通过计数方式测量位移的测量方式使得量程可以做到需要的任意长度。缺点是安装精度要求较高,缺乏零点记忆能力(可以通过加装电子线路的方式解决),抗震能力差,主要应用在机床、试验机等应用领域。图2.54为两种典型的光电编码器。

2.5.6 应变式位移计

应变式位移计的基本原理是建立在电阻应变电桥的原理基础上,传感器的设计是选用弹性十分好的弹性元件作为感受机构,把直接感受的被测位移(角位移)量,经过特殊的粘贴应变计工艺,接线组桥后接到数采系统进行放大显示和记录分析,作为传感器还需要保护外

图 2.54　典型的光电编码器外观

壳和特殊的安装支架供传感器和安装固定用，下面以国产 YHD 型位移计进行介绍。

该传感器由机械传动结构，表面指示装置，电气线路等部分组成，它的主要特点是输出灵敏度高、线性好、量程范围宽（1.0～2000mm）、温漂小、抗湿性能强、体积小、自重轻（如最新研发的拉线式位移传感器），安装使用方便，从而使位移测试实现自动化（有线或无线传输），为减轻位移测试的劳动强度和提高测试精度提供了极大方便。图 2.55 为 YHD 型位移传感器结构和应变电桥图。

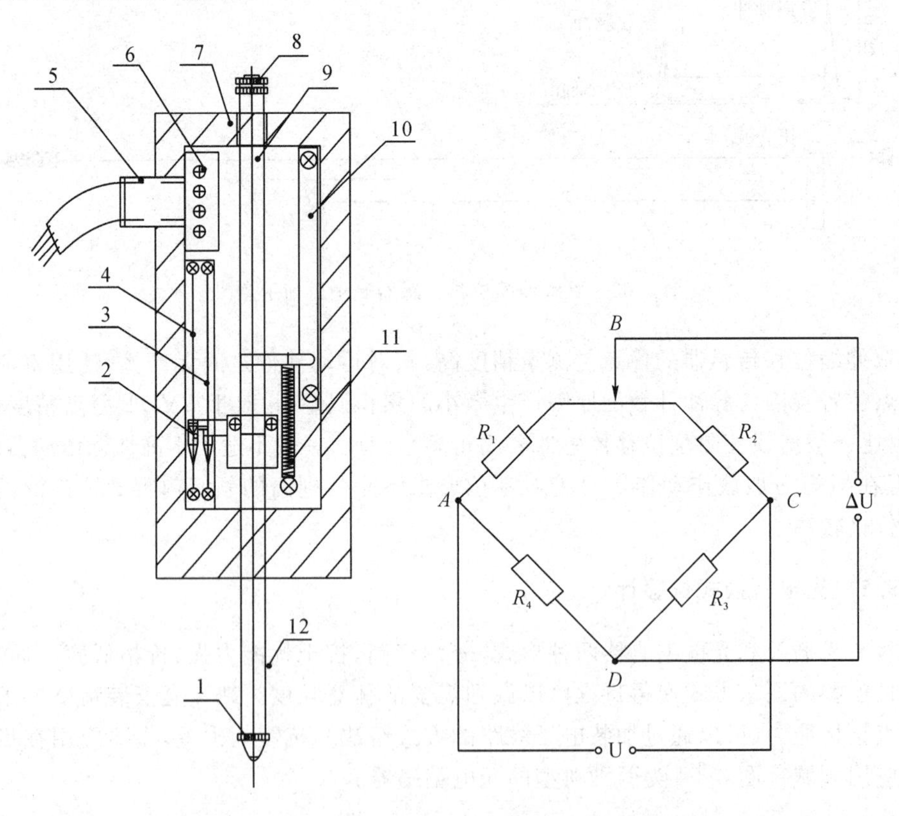

1. 量头　2. 双触头　3. 敏感电阻丝（高阻）　4. 公用导线　5. 引出引线　6. 桥路电阻
7. 外壳　8. 量片　9. 活动轴焊　10. 导向槽　11. 弹簧（恒力）　12. 安装轴颈

图 2.55　YHD 型位移传感器结构与应变电桥原理图

2.5.7 激光位移计

自20世纪60年代激光产生以后，其高方向性和高亮度的优越性就一直吸引着人们不断探索它在各方面的应用，其中，工业生产中的非接触、在线测量是非常重要的应用领域，它可以完成许多用接触式测量手段无法完成的检测任务。普通的光学测量在大地测绘、建筑工程方面有悠久的应用历史，其中距离测量的方法就是利用基本的三角几何学。在80年代末90年代初，人们开始激光与三角测量的原理相结合，形成了激光三角测距器。它的优点是精度高，不受被测物的材料、质地、形状、反射率限制。从白色到黑色，从金属到陶瓷、塑料都可以测量。

激光三角法位移测量的原理是，用一束激光以某一角度聚焦在被测物体表面，然后从另一角度对物体表面上的激光光斑进行成像，物体表面激光照射点的位置高度不同，所接受散射或反射光线的角度也不同，用CCD光电探测器测出光斑像的位置，就可以计算出主光线的角度，从而计算出物体表面激光照射点的位置高度。当物体沿激光线方向发生移动时，测量结果就将发生改变，从而实现用激光测量物体的位移，激光位移计的原理如图2.56所示。过去，由于成本和体积等问题的限制，其应用未能普及。随着近年来电子技术的飞速发展，特别是半导体激光器和CCD等图像探测用电子芯片的发展，激光三角侧距器在性能改进的同时，体积不断缩小，成本不断降低，正逐步从研究走向实际应用。

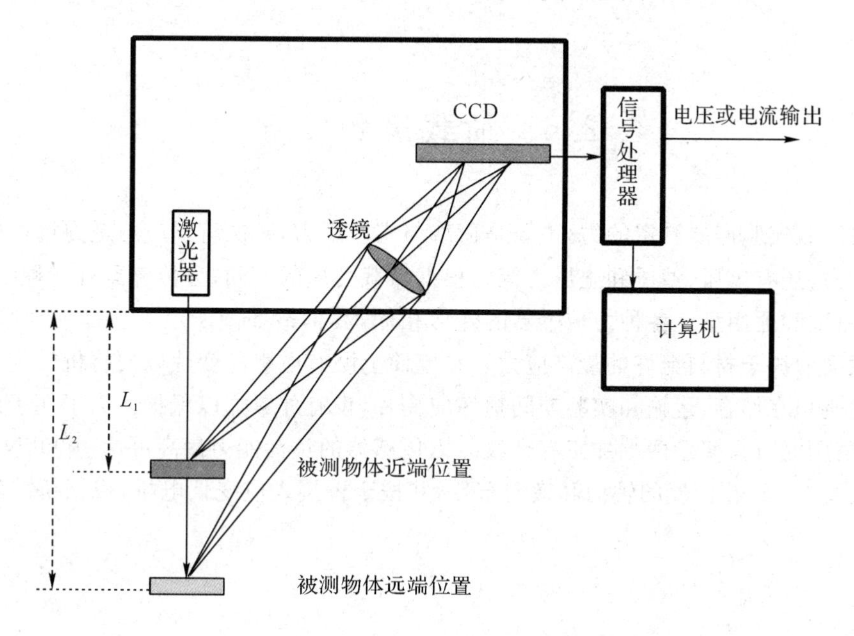

图2.56 激光位移计原理图

2.5.8 全站仪

全站仪，即全站型电子速测仪。它是随着计算机和电子测距技术的发展，近代电子科技与光学经纬仪结合的新一代既能测角又能测距的仪器，它是在电子经纬仪的基础上增加了电子测距的功能，使得仪器不仅能够测角，而且也能测距，并且测量的距离长、时间短、精度高。全站型电子速测仪是由电子测角、电子测距、电子计算和数据存储单元等组成的三维坐标测量系统,测量结果能自动显示,并能与外围设备交换信息的多功能测量仪器。由于全站型电子速测仪较完善地实现了测量和处理过程的电子化和一体化,所以人们也通常称之为全站型电子速测仪或称全站仪。图 2.57 为几种全站仪的外形。

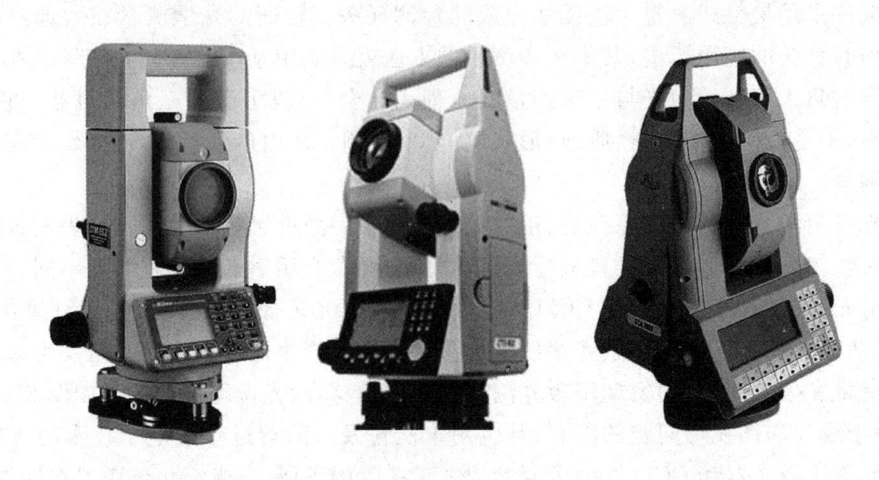

图 2.57　几种全站仪外观

2.6　荷载量测设备

结构静载实验需要测定的力,主要是荷载与支座反力,其次有预应力施力过程中钢丝或钢绳的张力,还有风压、油压和土压力等。根据荷载性质的不同,力传感器有三种型式,即拉伸型、压缩型和通用型。各种力传感器的外形相同,其构造如图所示。它是一个厚壁筒,壁筒的横截面取决于材料允许的最高应力。在壁筒上贴有电阻应变片以便将机械变形转换为电量。为避免在储存、运输和实验期间损坏应变片,设有外罩加以保护。为了便于设备或试件联接,使用时可在筒壁两端加工有螺纹。力传感器的负荷能力最高可达 1000kN。

若按图 2.58,在筒壁的轴向和横向布片,并按全桥接入应变仪电桥,根据桥路输出特性可求得:

$$\Delta U_{BD}=\frac{E}{4}K\varepsilon\cdot 2(1+\nu) \tag{2-15}$$

式中:$2(1+\nu)=A$,A 为电桥桥臂输出放大系数,以提高其量测灵敏度。

力传感器的灵敏度可表示为每单位荷重下的应变,因此灵敏度与设计的最大应力成正比,与力传感器的最大负荷能力成反比。因而对于一个给定的设计荷载和设计应力,传感器的最佳灵敏度由桥臂系数 A 的最大值和 E 的最小值来确定。

力传感器的构造极为简单,可根据实际需要自行设计和制作。但应注意,必须选用力学性能稳定的材料作筒壁、选择稳定性好的应变片及黏合剂。传感器投入使用后,应当定期标定以检查其荷载—应变的线性性能和标定常数。典型的力传感器外形如图 2.59。

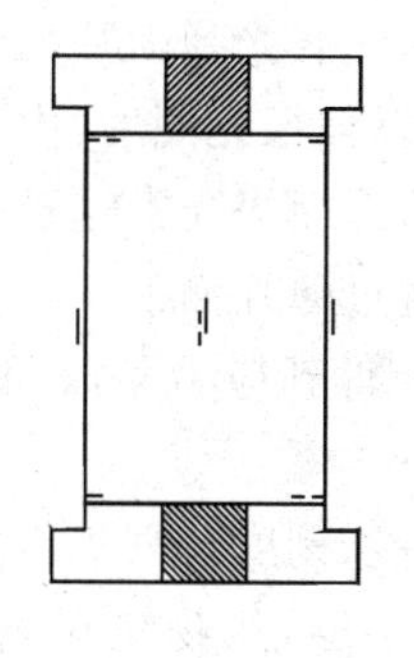

图 2.58　力传感器构造图

2.59　力传感器外形图

2.7　裂缝测宽设备

2.7.1　裂缝测宽的原理

钢筋混凝土结构实验中裂缝的产生和发展，是结构反应的重要特征，对确定开裂荷载，研究破坏过程和对预应力结构的抗裂及变形性能研究等都十分重要。

目前最常用于发现裂缝的简便方法是借助放大镜用肉眼观察，在实验前用纯石灰水溶液均匀地刷在结构表面并等待干燥，然后画出方格网，以构成基本参考坐标系，便于分析和描绘墙体在高应变场中的裂缝发展和走向，用白灰涂层，具有效果好，价格低廉和使用技术要求不高等优点。待试件受外载后，用印有不同裂缝宽度的裂缝宽度检验卡(如图 2.60 所示)上的线条与裂缝对比来估计裂缝的宽度。

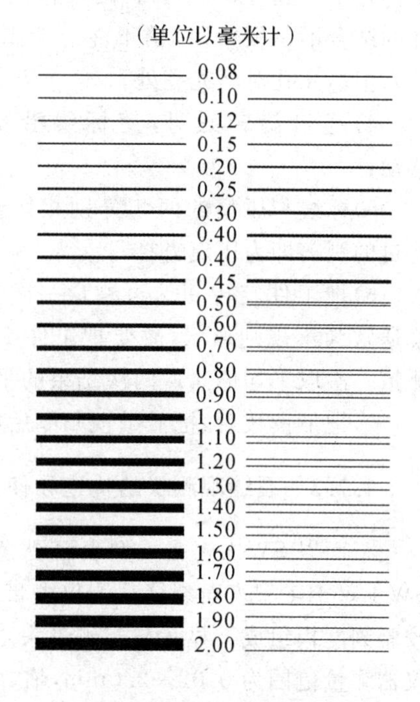

图 2.60　裂缝宽度检验卡

对于要求较高的抗裂实验，还可以采用如下新技术测试。

1)脆漆涂层。脆漆涂层是一种喷漆，在一定拉应变下即开裂，涂层的开裂方向正交于主应变方向，从而可以确定试件的主应力方向。脆漆涂层有很多优点，可用于任何类型结构的表面，而不受结构的材料、形状及加荷方向的限制，但脆漆层的开裂强度与拉应变密切相关，只有当试件开裂应变低于涂层最小自然开裂应变时脆漆层才能用来检测混凝土的裂缝。

2)声发射技术。这种方法是将声发射传感器埋入试件内部或放置于混凝土试件表面，利用试件材料开裂时发出的声音来检测裂缝的出现。这种方法在断裂力学实验和机械工程中得到广泛应用。

3)光弹贴片。光弹贴片是在试件表面牢固地粘贴一层光弹薄片，当试件受力后，光弹片同试件共同变形，并在光弹片中产生相应的应力。若以偏振光照射，由于试件表面事先已经加工磨光，具有良好的反光性(加银粉增其反光能力)，因而当光穿过透明的光弹薄片后，经过试件表面反射，又第二次通过薄片而射出，若将此射出的光经过分析镜，最后可在屏幕上得到应力条纹，根据应力条纹的变化可得到裂缝的相关参数。

4)读数显微镜观测法。读数显微镜是由物镜、目镜、刻度分划板组成的光学系统和由读数鼓轮、微调螺丝组成的机械系统组成。试件表面的裂缝，经物镜在刻度分划板上成像，然后经过目镜进入肉眼。

2.7.2 读数显微镜的使用方法

下面以 JC4-10 型读数显微镜为例介绍读数显微镜的使用方法。

1)先把读数显微镜进行调零(注意要轻轻旋转旋钮，因为读数显微镜是高精度仪器且成本高，用力过大会导致精度降低)；

2)然后将打上压痕的元件置于水平工作台面上；

3)把读数显微镜置于元件上(当显微镜与工件置于一起时，手不要抖动，因为显微镜与工件的结合不是很紧固，稍不注意会造成读数误差)，把透光孔对向光亮处；

4)通过旋转螺母，使标线沿 X 轴左右移动；

5)标线与压痕的两侧分别相切，此时标线走过的距离即为压痕直径；

6)把工件旋转 90°，再测量一次(但由于压痕通常为不规则形状，故要把工件旋转 90°，再测量一次取平均值)，取两次结果的平均值，即得到孔的最终直径。

图 2.61 读数显微镜外形

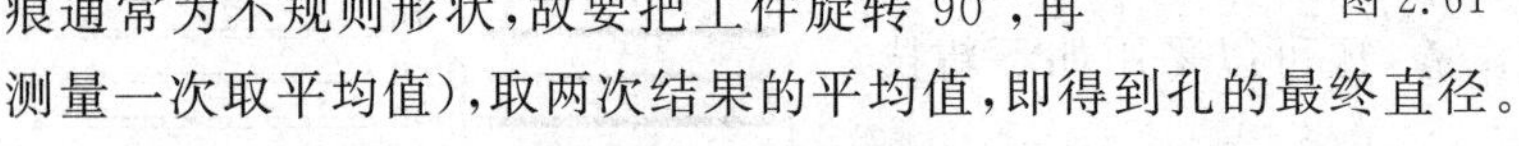

7)记下读数后，把显微镜归零后收放到指定位置。

2.7.3 裂缝观测仪的构造和使用方法

下面以 SW-LW-101 型表面裂缝宽度观测仪为例介绍裂缝观测仪的构造和使用方法。SW-LW-101 型表面裂缝观测仪由带刻度线的 LCD 显示屏、显微测量头、VPS 连接电缆和校验刻度板组成。显示屏与测量头之间通过连接电缆相连，构成 25 倍的放大显示系统。该仪器测量范围为 0.02～2.0mm，估算精度为 0.02mm。其使用方法和注意事项如下：

1)使用前先用测量仪测量校验板上的刻度线，校验放大数是否正常，校验时将测量头的两尖脚对准校验刻度板上下边缘的两条基准线，在屏幕上即可看到标准刻度线，调整测量头的位置，使放大后标准刻度的图像与屏幕上刻度线重合，若误差不超过 0.02mm，则说明仪器放大倍数属正常范围，可以正常使用。

2)使用时将测量的两尖脚紧靠被测裂缝，即可在 LCD 显示屏上看到被放大的裂缝，微调测量头的位置使裂缝尽量与刻度基线垂直，根据裂缝所占刻度线的多少判读出裂缝的宽度，测量时观测方向尽可能与显示屏垂直。

3）连接显示屏与测量头时，应将电缆插头上的箭头标志朝上插入插头，若插入不畅，可左右旋转插头，切勿用力过猛，以免损坏插针。

4）仪器出厂前都经过严格校验，一般不需自行调节显微镜头。当放大后的1mm图像与屏幕1mm刻度的误差超过0.02mm时，应将仪器送厂家校验。

5）测量镜头部分只能用橡皮吹或软毛刷进行清洁，长期不用请务必取出电池。

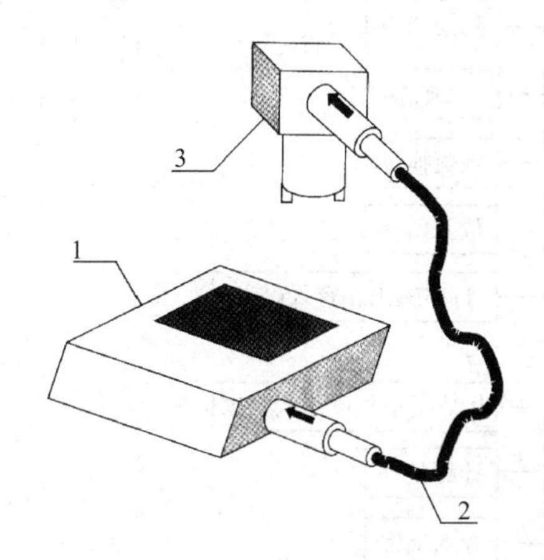

1. LCD显示屏　2. VPS连接电缆　3. 显微测量头

图2.62　裂缝观测仪构造

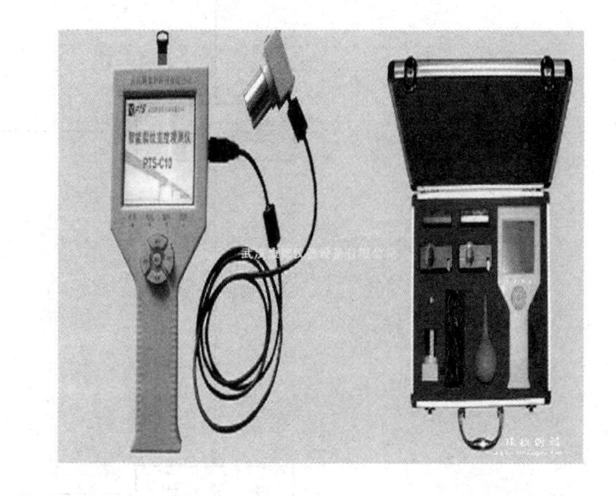

图2.63　裂缝观测仪外形

2.8　数据采集系统

数据采集系统通常由传感器、数据采集仪和计算机（控制与分析器）三个部分组成。

传感器包括前几节所述的应变、位移、荷载传感器等，其作用是感受各种物理量，并把这些物理量转变为电信号。数据采集仪的作用是对所有的传感器通道进行扫描，把扫描得到的电信号进行数字转换，转换成数字量，再根据传感器特性对数据进行传感器系统换算（如把电压数换算成应变等），然后将这些数据传送给计算机，或者将这些数据打印输出、存入磁盘。计算机的作用是控制整个数据采集过程。试验结束后，对数据进行处理。

数据采集系统及流程如图所示。

数据采集系统可以对大量数据进行快速采集、处理、分析、判断、报警、直读、绘图、储存、试验控制和人机对话等。采样速度可高达每秒几万个数据或更多。目前国内数据采集系统的种类很多，按其系统组成的基本结构模式大致可分为如下几种：

1）大型专用系统。能将采集、分析和处理功能融为一体，是一种专门化、多功能分析系统。

2）分散式系统。由智能化前端机、主控计算机或微机系统、数据通信及接口等组成。其特点是前端可靠近测点，消除了长导线引起的误差，并且稳定性好、传输距离长、通道多，实用性强。

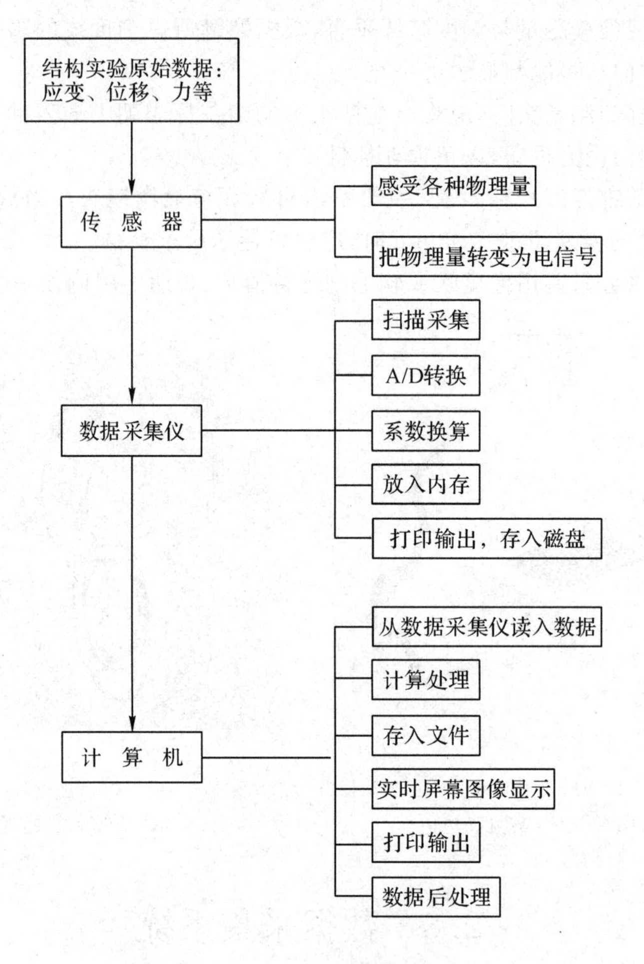

图 2.64　数据采集系统及流程

3)小型专用系统。这种系统以单片机为核心,小型、便携、用途单一、操作方便、价格低,适用于现场试验时的测量。

4)组合式系统。是一种以数据采集仪和微型计算机为中心,按试验要求进行配置组合成的系统,它适用性广、价格便宜,是一种比较容易普及的形式。

数据采集系统进行数据采集的过程是由数据采集程序控制的。各种数据采集系统所用的数据采集程序有:

1)生产厂商为该采集系统编制的专用程序,常用于大型专用系统。

2)固化的采集程序,常用于小型专用系统。

3)利用生产厂商提供的软件工具,用户自行编制的采集程序。

2.9　虚拟仪器

目前的测试仪器大都是以软硬件独立存在,但虚拟仪器的出现打破了这一现象。虚拟仪器(Virtual Instruments ,简称 VI) ,是美国国家仪器公司(National Instruments Corpration 简称 NI)基于“软件即是仪器”的核心思想于 1986 年提出的全新概念。即在以计算机为核心的硬件平台上,测试功能由用户自定义、由测试软件实现的一种计算机仪器系统。其实质是利用计算机显示器的显示功能来模拟传统仪器的控制面板,以多种形式表达输出结果;利用 I/O 接口设备完成信号的采集与控制;利用计算机强大的软件功能实现信号数据的运算、分析和处理,从而完成各种测试功能的一个计算机测试系统。它是融合电子测量、计算机和网络技术的新型测量技术,在降低仪器成本的同时,使仪器的灵活性和数据处理能力大大提高,是对传统仪器概念的重大突破。

“虚拟”主要包含两方面的含义:第一、虚拟仪器的面板是虚拟的。传统仪器面板上的各种“器件”所完成的功能由虚拟仪器面板上的各种“控件”来实现,如由各种开关、按键、显示器等实现仪器电源的“通”、“断”;被测信号“输入通道”、“放大倍数”等参数设置;测量结果的“数值显示”、“波形显示”等。第二、虚拟仪器测量功能是由软件编程来实现的。在以 PC 机为核心组成的硬件平台支持下,通过软件编程来实现仪器的测试功能,而且可以通过不同测试功能的软件模块的组合来实现多种测试功能。

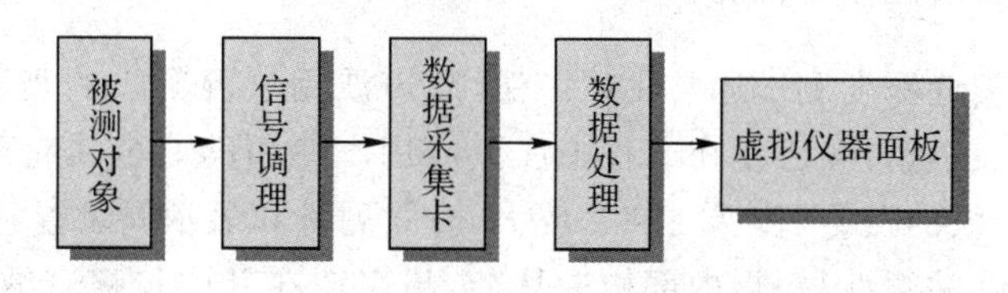

图 2.65　常用的虚拟仪器方案

虚拟仪器是基于计算机的仪器。计算机和仪器的密切结合是目前仪器发展的一个重要方向。粗略地说这种结合有两种方式:一种是将计算机装入仪器,其典型的例子就是所谓智能化的仪器。随着计算机功能的日益强大以及其体积的日趋缩小,这类仪器功能也越来越强大,目前已经出现含嵌入式系统的仪器。另一种方式是将仪器装入计算机。以通用的计算机硬件及操作系统为依托,实现各种仪器功能。虚拟仪器主要是指这种方式。下面的框图反映了常见的虚拟仪器方案。

虚拟仪器的主要特点有:

尽可能采用了通用的硬件,各种仪器的差异主要是软件。

可充分发挥计算机的能力,有强大的数据处理功能,可以创造出功能更强的仪器。

用户可以根据自己的需要定义和制造各种仪器。

虚拟仪器实际上是一个按照仪器需求组织的数据采集系统。虚拟仪器的研究中涉及的基础理论主要有计算机数据采集和数字信号处理。目前在这一领域内,使用较为广泛的计算机语言是美国 NI 公司的 LabVIEW。

虚拟仪器的起源可以追溯到 20 世纪 70 年代,那时计算机测控系统在国防、航天等领域已经有了相当的发展。PC 机出现以后,仪器级的计算机化成为可能,甚至在 Microsoft 公司的 Windows 诞生之前,NI 公司已经在 Macintosh 计算机上推出了 LabVIEW2.0 以前的版本。对虚拟仪器和 LabVIEW 长期、系统、有效的研究开发使得该公司成为业界公认的权威。

普通的 PC 有一些不可避免的弱点。用它构建的虚拟仪器或计算机测试系统性能不可能太高。目前作为计算机化仪器的一个重要发展方向是制定了VXI标准，这是一种插卡式的仪器。每一种仪器是一个插卡，为了保证仪器的性能，又采用了较多的硬件，但这些卡式仪器本身都没有面板，其面板仍然用虚拟的方式在计算机屏幕上出现。这些卡插入标准的VXI机箱，再与计算机相连，就组成了一个测试系统。VXI仪器价格昂贵，目前又推出了一种较为便宜的PXI标准仪器。

目前已经有多种虚拟仪器的软件开发工具，大体可分为两类：文本式编程语言，如C、VC＋＋、VB、Labwindows/CVI等。图形化编程语言，如LabVIEW、HPVEE等。其中LabVIEW应用最广。

2.10 结构检测仪器

2.10.1 混凝土裂缝深度检测仪

混凝土结构的裂缝深度测试通常用超声法，超声波用于混凝土的测试，国外始于20世纪40年代，随后发展迅速，今已经在工程中广泛应用。使用的非金属超声波探测仪的组成部分，主要包括超声波的发生、传递、接收、放大、时间测量和显示等装置。

由于混凝土为弹粘塑性材料，内部构造复杂，超声波在其中传播衰减较大，为了能检测较大的距离，探测仪采用较低的频率和较大的功率。工作频率在1MHz以下，10～500kHz较适用于普通混凝土，为了减少各种干扰和失真，以50～100kHz以内较好。

检测裂缝的原理主要是声波在传播过程中遇到裂缝时，不同介质产生反射、折射、绕射、衰减以及介质应力与声速所具有的相关性。

对于垂直裂缝的检测，如图2.66所示，发、收探头放置在对称于裂缝的混凝土表面上，彼此相距为d，测得裂缝尖端的声时t_1；然后以相同距离d将探头置于附近无裂缝的混凝土表面，测得传播的声时t_2，可知：

$$t_2 \cdot v = d \tag{2-16}$$

$$t_1 \cdot v = AO + BO \tag{2-17}$$

式中：v——混凝土中的声速，根据三角形关系可得裂缝深度。

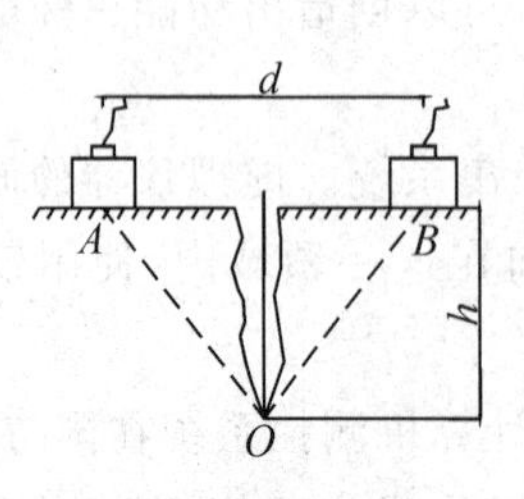

图2.66 垂直裂缝量测

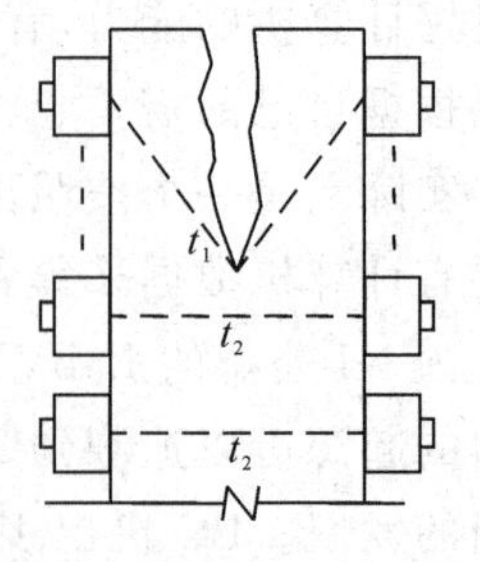

图2.67 垂直裂缝的对测法

条件允许时也可采用如图2.67所示的对测法。两探头相对，从裂缝顶部开始，逐渐向尖端移动扫描，当测得声速为混凝土声速时，即为裂缝的终止。

2.10.2 混凝土钢筋检测仪

混凝土钢筋检测仪主要用于混凝土结构中钢筋位置、钢筋分布及走向、保护层厚度、钢筋直径的探测；结构中铁磁体(如电线、管线)走向及分布进行探测。主要有以下几个方面：

1)混凝土结构施工质量验收检测；

2)对在建结构的安全性和耐久性进行评估；

3)对旧有结构进行评估、改造时对配筋量的检测；

4)对楼板或墙体内的电缆、水暖管道等分布及走向进行探测。

2.10.2.1 工作原理

仪器通过传感器向被测结构内部局域范围发射电磁场，同时接收在电磁场覆盖范围内铁磁性介质(钢筋)产生的感生磁场，并转换为电信号，主机系统实时分析处理数字化的电信号，并以图形、数值、提示音等多种方式显示出来，从而准确判定钢筋位置、保护层厚度、钢筋直径。主要由以下几个方面组成：主机、信号传感器及数据传输线等(如图 2.68)。

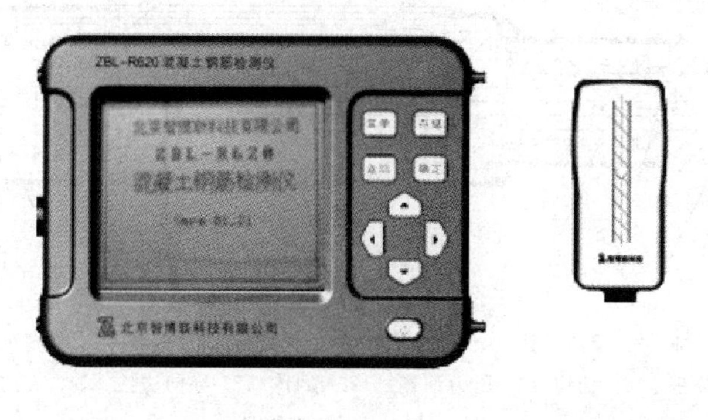

(a) 主机　　(b) 信号传感器

图 2.68 钢筋检测仪构造

2.10.2.2 操作步骤

1)连接传感器；

2)开机；

3)基本参数设置；

4)复位；

5)判定钢筋位置；

6)确定钢筋走向；

7)测量保护层厚度；

8)测量钢筋直径；

2.10.2.3 注意事项

1)扫描面应比较平整，无较高的突起物。如果表面过于粗糙而无法清理时，可以在扫描面上放置一块薄板，在测量结果中将薄板的厚度减掉。

2)扫描前必须将传感器远离铁磁性物质进行系统复位操作。

3)扫描过程中尽量使传感器保持单向匀速移动。

4)扫描方向应垂直于钢筋走向,否则可能会造成误判。

5)钢筋直径测量必须选择相邻钢筋干扰小的部位,先准确判定钢筋位置及走向。

2.10.3 回弹仪

回弹法主要用于评定混凝土抗压强度,是各种表面硬度法中应用较好的一种方法,它具有仪器简单、使用方便、测试速度快和试验费用低等优点,在一定条件下能满足结构混凝土强度的测试要求,误差在±15%以内。回弹仪的构造原理如图 2.69,其工作原理如图 2.70 所示,一个标准质量的重锤,在标准弹簧弹力带动下,冲击一个与混凝土表面接触的弹击杆,由于回弹力的作用,重锤又回跳一定距离,并带动滑动指针在刻度上指出回弹值 N。N 是重锤回弹距离与起跳点原始位置距离的百分比值,即

$$N=\frac{x}{L}\cdot 100 \tag{2-18}$$

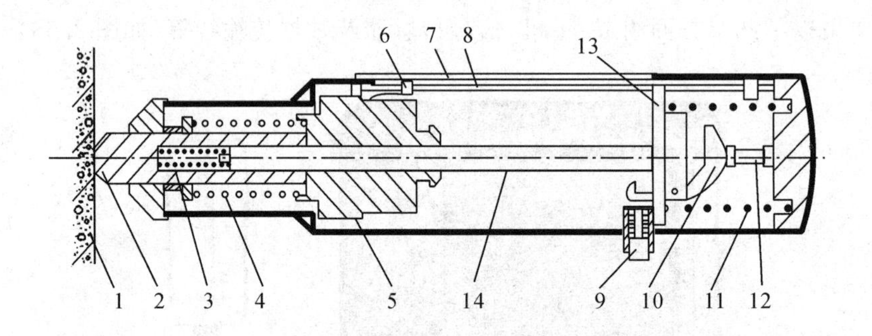

1. 试件　2. 弹击杆　3. 缓冲弹簧　4. 弹击拉簧　5. 弹击锤　6. 指针　7. 刻度尺　8. 指针导杆　9. 按钮　10. 挂钩,11. 压力弹簧　12. 顶杆　13. 导向法兰　14. 导向杆

图 2.69　回弹仪构造

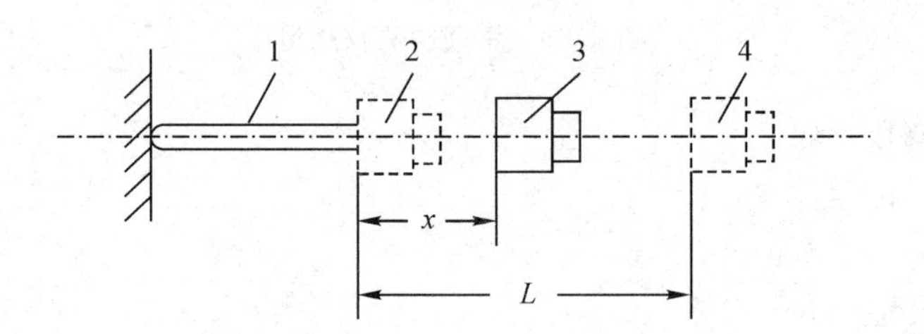

1. 弹击杆　2. 重锤弹击时的位置　3. 重锤回跳最终位置　4. 重锤发射前位置

图 2.70　回弹仪工作原理

混凝土强度越高,表面硬度也越大,N 值就越大。通过事先建立的混凝土强度与回弹值的关系曲线 f_{cu}—N 可以根据 N 求的 f_{cu}值。

使用时,先让弹击杆伸出套筒,然后垂直于测点表面,再把它徐徐压缩回套管内,当后盖螺栓触动挂钩后,重锤即发射冲击弹击杆,接着被回弹并带动指针指示出回弹值。

我国已制定《回弹法检测混凝土抗压强度技术规程》JGJ/T23,使用时应遵照执行。

回弹仪对混凝土检测的影响因素较多,除了仪器状态和操作技术之外,被测结构的状况

对测试结果影响也很大，诸如水泥品种、骨料品种和粒径、构件质量、密实度、表面情况、龄期、硬化程度、养护条件、碳化深度、温度、湿度和应力状态等都有影响。因此，《规程》规定中型回弹仪只适用于龄期14～365天，C10～C50级、自然养护的普通混凝土，不适用于内部有缺陷或遭化学腐蚀、火灾、冻害的混凝土和其他品种混凝土。而且，必须具备测强曲线(换算表)才能使用。测强曲线除了全国曲线外，一般各地区或单位还建立本地区曲线或专用曲线，曲线的地区范围越小，测试结果越可靠。对于龄期大于一年的服役结构，由于各方面因素更加复杂，《规程》的换算表不能机械地套用，宜与其他检测方法(如钻芯法)相结合建立专用的率定曲线，以提高测试结果的准确性。

此外，测点处的刚度和测试面、测试方向、测区、测点的选择等，也都会有影响，都应该在试验时加以注意。

测区要求选在混凝土浇筑的两侧面，并对称、均匀分布、间距不大于2m。每一试样测区数不少于10个。这样测试结果较有代表性，并方便仪器水平方向进行测试。当受条件限制而采用非侧面和非水平方向测试，结果均应加以修正。测区处的刚度应足够，保证测试时不颤动。

为了减小不均匀的影响，每一测区内应有16个测点，然后去掉最大和最小值各3个，以10个平均值作为试验结果。测点在测区内应均匀分布，间距不小于3cm。

混凝土碳化形成的碳酸钙使表面硬度变大。试验表明，当碳化深度超过0.4mm时即对试验结果有明显影响，应进行碳化修正。碳化深度测定常采用钻孔法，洒入1%酚酞酒精溶液检测，不呈现紫红色反应的厚度即碳化深度。

总之，混凝土回弹法测强影响因素很多，而且每一个因素都可能给测试结果造成很大的影响，只有严格按规程操作，才能取得可靠结果。

中型回弹仪，除了单独用于普通混凝土测强外，还有用于超声回弹综合法测强，也可用于质量对比性试验和匀质性检测。回弹仪除中型外，还有：

重型：HT-3000型，冲击能量29.4J，用于大体积普通混凝土结构的检测；

轻型：HT-100型，冲击能量0.98J，用于轻质混凝土和砖的检测；

特轻型：HT-28型，冲击能量0.28J，用于砌体砂浆的检测。

这些回弹仪也必须有专用的强度与回弹值关系曲线配套使用。

第3章 结构静载实验程序和方法

3.1 实验准备工作

3.1.1 调查研究、收集资料

准备工作首先要把握信息，这就要进行调查研究，收集资料，充分了解本项实验的任务和要求，明确目的，使规划实验时心中有数，以便确定实验的性质和规模，实验的形式、数量和种类，正确地进行实验设计。

3.1.2 实验大纲的制订

实验大纲是在取得了调查研究成果的基础上，为使实验有条不紊地进行，取得预期效果而制订的纲领性文件，内容一般包括：

1)概述　简要介绍调查研究的情况，提出实验的依据及实验的目的意义与要求等。必要时，还应有理论分析和计算。

2)试件的设计及制作要求　包括设计依据及理论分析和计算，试件的规格和数量，制作施工图及对原材料，施工工艺的要求等。

3)试件安装与就位　包括就位的形式(正位、卧位和反位)、支承装置、边界条件模拟、保证侧向稳定的措施和安装就位的方法及机具等。

4)加载方法与设备　包括荷载种类和数量，加载设备装置，荷载图式及加载制度等。

5)量测方法和内容　主要说明观测项目、测点布置和量测仪表的选择、标定、安装方法及编号图、量测顺序规定和补偿仪表的设置等。

6)辅助实验　结构实验往往要做一些辅助实验，如材料性质实验和某些探索性小试件和小模型、节点实验等。本项应列出实验内容，阐明实验目的、要求、实验种类、实验个数、实验尺寸、制作要求和实验方法等。

7)安全措施　包括人身和设备、仪表等方面的安全防护措施。

8)实验进度计划

9)实验组织管理　一个实验，特别是大型实验，参加实验人数多，牵涉面广，必须严密组织，加强管理。包括技术档案资料、原始记录管理、人员组织和分工、任务落实、工作检查、指挥调度以及必要的交底和培训工作。

10)附录　包括所需器材、仪表、设备及经费清单，观测记录表格，加载设备、量测仪表和标定结果报告和其他必要文件、规定等。记录表格设计应使记录内容全面，方便使用；其内容除了记录观测数据外，还应有测点编号、仪表编号、实验时间、记录人签名等栏目。

总之，整个实验的准备必须充分、规划必须细致、全面。每项工作及每个步骤必须十分明确。防止盲目追求实验次数多，仪表数量多，观测内容多和不切实际的提高量测精度等，而给实验带来害处和造成浪费，甚至使实验失败或发生安全事故。

3.1.3 试件准备

实验的对象并不一定就是研究任务中的具体化结构或构件，一般根据实验的目的要求，它可能经过这样或那样的简化，可能是模型，也可能是某局部（如节点或杆件），但无论如何均应根据实验目的与有关理论，按大纲规定进行设计与制作。

在设计制作时应考虑到试件安装和加载量测的需要，在试件上作必要的构造处理，如钢筋混凝土试件支承点预埋钢垫板、局部截面加强及加设分布筋等；平面结构侧向稳定支承点配件安装，倾斜面上加载面增设凸肩以及吊环等，都不要疏漏。

试件制作工艺，必须严格按照相应的施工规范进行，并做详细记录。按要求留足材料力学性能实验试件，并及时编号。试件在实验之前，应仔细检查、测量各部分实际尺寸、构造情况、施工质量、存在缺陷（如混凝土的蜂窝麻面、裂纹）、结构变形和安装质量，还应检查钢筋位置、保护层的厚度和钢筋的锈蚀情况等。这些情况都将对实验结果有重要影响，应做详细记录存档。

检查考察之后，进行表面处理，例如去除或修补一些有碍实验观测的缺陷，钢筋混凝土表面的刷白，分区划格。刷白的目的是为了便于观测裂缝；分区划格是为了荷载与测点准确定位，记录裂缝的发生和发展过程以及描述试件的破坏形态。观测裂缝的区格尺寸一般取10～30cm，必要时也可缩小。

此外，为方便操作，有些测点的布置和处理，如手持式应变仪脚标的固定，应变计的粘贴、接线等也应在这个阶段进行。

3.1.4 材料物理力学性能测定

结构材料的物理力学性能指标，对结构性能有直接的影响，是结构计算的重要依据。实验中的荷载分极，实验结构的承载能力和工作状况的判断与估计，实验后数据处理与分析等都需要在正式实验之前，对结构材料的实际物理力学性能进行测定。

测定的项目，通常有强度、变形性能、弹性模量、泊松比、应力—应变曲线等。测定的方法有直接测定法和间接测定法。直接测定法就是将在制作结构或构件留下的小试件，按有关标准方法在材料实验机上测定。间接测定法，通常采用非破损实验法，即用专门仪器对结构或构件进行实验，测定与材性有关的物理量推算出材料性质参数，而不破坏结构、构件。目前一般多采用直接测定法。

3.1.5 实验设备与实验场地的准备

实验计划应用的加载设备和量测仪表，实验之前应进行检查、修整和必要的率定，以保证达到实验的使用要求。率定必须有报告，以供资料整理或使用过程中修正。

实验场地，在试件进场之前必应加以清理和安排，包括水、电、交通或准备好实验中防风、防雨和防晒设施，避免对荷载和量测造成影响。

3.1.6 试件安装就位

按照实验大纲的规定和试件设计要求，在各项准备工作就绪后即可将试件安装就位。保证试件在实验全过程都能按计划模拟条件工作，避免因安装错误而产生附加应力或出现安全事故，是安装就位的中心问题。

简支结构的两支点应在同一水平面上，高差不宜超过实验跨度的 1/50。试件、支座、支墩和台座之间应密合稳固，为此常采用砂浆坐缝处理。超静定结构，包括四边支承的和四角支承板的各支座应保持均匀接触，最好采用可调支座。若带测定支座反力测力计，应调节至该支座所承受的试件重量为止。也可采用砂浆坐浆或湿砂调节。扭转试件安装应注意扭转中心与支座转动中心的一致，可用钢垫板等加垫调节。嵌固支承，应上紧夹具，不得有任何松动或滑移可能。卧位实验，试件应平放在水平滚轴或平车上，以减轻实验时试件水平位移的摩阻力，同时也防试件侧向下挠。试件吊装时，平面结构应防止平面外弯曲、扭曲等变形发生；细长杆件的吊点应适当加密，避免弯曲过大；钢筋混凝土结构在吊装就位过程中，应保证不出裂缝，尤其是抗裂实验结构，必要时应附加夹具，提高试件刚度。

3.1.7 加载设备和量测仪表安装

加载设备的安装，应根据加载设备的特点按照大纲设计的要求进行。有的与试件就位同时进行，如支承机构；有的则在加载阶段加上许多加载设备。大多数是在试件就位后安装。要求安装固定牢靠，保证荷载模拟正确和实验安全。

仪表安装位置按观测设计确定。安装后应及时把仪表号、测点号、位置和接仪器上的通道号一并记入记录表中。调试过程中如有变更，记录亦应及时做相应的改动，以防混淆。接触式仪表还应有保护措施，例如加带悬挂，以防振动掉落损坏。

3.2 实验观测方案的制订

观测方案是根据受力结构的变形特征和控制截面上的变形参数来制定的。因此要预先估算出结构在实验荷载作用下的受力性能和可能发生的破坏形状。观测方案的主要内容包括：确定观察和测量的项目、选择量测区段和布置测点位置等。

3.2.1 确定观察和测量的项目

结构在实验荷载作用下的变形可分为两类：一类是反映结构整体工作状况的变形，如构件的挠度、转角、支座偏移等。另一类反映的是结构局部工作状况的变形，如构件的应变、裂缝、钢筋相对于混凝土的滑移等。

在确定实验的观测项目时，首先应考虑整体变形，因为结构的整体变形概括了结构总的工作性能。结构任何部位的异常变形或局部破坏都能在整体变形中得到反映。不仅可以了解结构的刚度变化，而且还可以区分结构的弹性和非弹性性质，因此结构整体变形是观察的重要项目之一。其次是局部变形量测，如钢筋混凝土结构的裂缝出现可直接说明其抗裂性能，而按制截面上的应变大小和方向则说明设计是否合理，计算是否正确。在非破坏性实验中实测应变是推断结构应力状态和极限强度的主要指标。在结构处于弹塑性阶段时,应变、曲率、转角或位移的量测结果,又是判定结构延性的主要依据。

总的来说,实验本身能充分说明外部作用与结构变形的相互关系,但观测项目和测点布置必须满足分析和推断结构工作状态的需要。

3.2.2 测点布置

用仪器对结构或构件进行内力和变形等各种参数的量测时,测点的布置有以下几条原则:1)在满足实验目的的前提下,测点宜少不宜多,以便使实验工作重点突出;2)测点的位置必须有代表性,便于分析和计算;3)为了保证量测数据的可靠性,应布置一定数量的校核性测点;4)测点的布置对实验工作的进行应该是方便的、安全的。

3.2.2.1 整体变形测量的测点布置

结构的整体变形,主要有平面内的挠度和侧向的位移转角等。结构整体变形的量测,要视实验的目的和要求而定。如有时只需要量测结构控制截面上的最大挠度,有时则要求量测挠度变形曲线,对应于两种情况的测点布置原则如下:

1)任何构件的挠度或侧向位移,指的都是构件截面上中轴线上的变形。因而实验时挠度测点的布置必须对准中轴线或在中轴线两侧对应位置上布置测点。

2)构件的跨中最大挠度,指的是扣除实验时产生的支座沉降后的跨中挠度,因而梁式构件的挠度测点不得小于3个点。实测跨中挠度为跨中位移量减去两个支座的平均位移量,其他测点的挠度按具体位置扣除支座的影响。

3)量测梁式构件挠度曲线时,测点数目不得少于5个点,即在支座和跨中布置测点外,还应在$L/4$跨处再增设两个测点,对于屋架和桁架等结构,测点应布置在下弦杆的跨中或最大挠度节点的位置上,当有侧向推力作用时,还应在跨度方向的支座两端沿水平方向布置测点,以测量结构的水平位移。对于悬壁式结构构件,应在自由端和支座处布置测点,以量测自由端的位移、支座沉降及支座截面转动产生的角位移。对于柱、框架及足尺房屋结构等,其整体位移和变形曲线,基础转角或杆件间的相对转角等,一般应沿与主轴力成正交的两个方向布置测量仪表,以便测量截面两个方向的变形。

在实验过程中仪表应独立设置在固定的不动点上,防止与承力架、脚手架等相互影响,干扰变形的量测。结构或构件临近破坏前的极限变形发展很快,一般应采用自动跟踪和自动记录的仪器,以便得到荷载—变形的全过程曲线,反映结构工作的全貌。

3.2.2.2 局部应变测量的测点布置

量测结构构件应变时,对于受弯构件,应先在弯矩最大的截面上沿高度布置测点,每个截面不宜少于两个测点,当需要量测沿截面高度的应力、应变分布规律和截面上中性轴的位置时,因截面上应力应变不是直线规律分布,则布置的测点数不宜少于5个,应变计可采用等距离布置或外密里疏的布置形式。同时在受拉主筋上也应布置测点。对于轴心受压或轴心受拉构件,应在构件被测的截面两侧或四侧沿轴线方向相对布置测点,每个截面不应少于两个测点,当只布置两个测点时,测点应布置在截面尺寸较小的相对侧面上。对于偏心受压或偏心受拉构件,被测截面上测点不应少于两个,与轴心受压或轴心受拉构件相同,如需量测截面应力、应变分布规律时,测点布置与受弯构件相同。对于双向受弯构件,应在构件被测截面边缘布置不少于4个测点。对于同时受剪力和弯矩作用的构件,当需要量测应力大小和方向及剪应力时，应布置45°或60°的平面三向应变花测点，主应力和剪应力可根据应变花量测的应变值，用应变分析法或应变图解法求得。对于纯扭构件，测点应布置在构件被测截面的两长边方向的侧面对应部位上，与扭转轴线成45°方向，测点数量应根据实验目的确定。布置应变测点时，有些结构可以利用结构的对称性来布点，不仅可以节省应变计，还减少了大量测试工作和分析工作。

3.2.2.3　结构构件的裂缝量测

结构构件的裂缝测量是混凝土结构实验所特有的。根据国家标准《混凝土结构设计规范》规定，裂缝控制等级为一级的结构构件是严格要求不出现裂缝的构件，在荷载短期效应组合下，受拉边缘混凝土不产生拉应力；裂缝控制等级为二级的结构构件，是一般要求不出现裂缝的构件，在荷载长期效应组合下，受拉边缘混凝土不应产生拉应力，在荷载短期效应组合下受拉边缘混凝土的拉应力不应超过某一限值。由于受拉区混凝土的拉应力测定不易准确，且其抗拉极限强度离散性较大，因此抗裂实验应直接测定实验结构构件的开裂荷载值，即出现第一条裂缝时的荷载值，进而评价结构构件的抗裂性能。

垂直裂缝的观测位置应在结构构件的拉应力最大区段及薄弱环节，一般指弯矩最大处或截面尺寸变化处；斜裂缝的观测位置应在主拉应力最大区段，一般是在弯矩和剪力均较大的区段及截面宽度、高度等外尺寸改变处。

结构构件开裂后应立即对裂缝的发生及发展情况进行详细观测，应量测正常使用荷载作用下最大裂缝宽度值及各级荷载作用下的主要裂缝宽度、长度及裂缝间距和位置，并应在构件上标出，对破坏过程要作详细记录。

为了较准确地判断裂缝宽度，在实验持荷时间结束时，一般应选三条目估较大的裂缝宽度用读数显微镜量测，取其中最大值为最大裂缝宽度，以免误判。垂直裂缝的宽度应在结构构件的侧面相应于主筋高度处量测，通常应在下排钢筋水平处量测，而不应在构件底面量测，斜裂缝的宽度应在斜裂缝与箍筋或弯起钢筋交汇处量测。对于无箍筋和弯起钢筋的构件，则应在斜裂缝最宽处量测，最大裂缝宽度应在使用状态短期实验荷载值持续作用30min结束时量测。实验完毕后，应根据试件上的裂缝状况绘出裂缝展开图。

3.3　实验荷载和加载方法

结构静载实验的荷载，按作用的形式有集中荷载和均布荷载；按作用的方向分有垂直荷载、水平荷载和任意方向的荷载，有单向作用和双向反复作用荷载等。根据实验目的的不同，要求实验时能正确地在试件上呈现上述荷载。

3.3.1　加载图式和等效荷载

实验荷载在实验结构构件上的布置形式（包括荷载类型和分布情况）称为加载图式。为了使实验结果与理论计算结果便于比较，加载图式应与理论计算简图相一致，如计算简图为均布荷载，加载图式也应为均布荷载；简图为集中荷载，则加载图式也应按简图的集中荷载大小、数量及作用位置布置。如因条件限制而无法实现或为方便加载，也应根据实验的目的要求，采用与计算简图等效的荷载图式。

等效荷载是指加在试件上，使试件产生的内力图形与计算简图相近，控制截面的内力值相等的荷载。采用等效荷载时必须注意，除控制截面的某个效应与理论计算荷载相同外，该截面的其他效应和非控制截面的效应则可能有差别，所以必须全面验算因加载图式改变对实验结构构件的各种影响；必须特别注意结构构造条件是否会因最大内力区域的某些变化而影响承载性能。在实验加载时，由于结构构件的自重对实验控制截面的内力也会产生影响，此使便可采用等效荷载的方法扣除结构自重的影响。

图 3.1a 为某受弯简支梁受弯构件的设计内力图。要测定内力 M_{max} 和 V_{max}，因受加载条件的限制，无法用均布荷载施加至破坏，必须采用集中荷载，若按图 3.1b 二分点一集中荷载加载形式，则 V_{max} 虽相同，但 M_{max} 不相等；采用图 3.1c 的四分点二集中荷载加载方法，结构二者均可相等；当采用 3.1d 的八分点四集中荷载加载方法，效果则更趋近理论要求。集中荷载点越多，结果越接近理论计算简图。可见，至少要用四分点二集中荷载以上偶数集中荷载加载形式，才是本例的等效荷载。

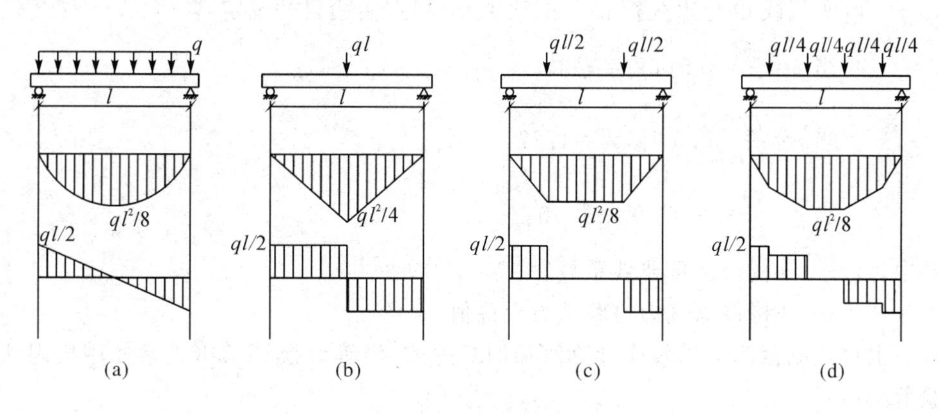

图 3.1　等效荷载示意图

3.3.2　实验荷载的计算

3.3.2.1　极限状态的定义和分类

极限状态是指结构或构件能够满足设计规定的某一功能要求的临界状态，超过这一状态，结构或构件便不再满足设计要求。《建筑结构可靠度设计统一标准》GB50068 和《混凝土结构设计规范》GB50010—2002 均将结构功能的极限状态分为两大类：

1)承载能力极限状态：这种极限状态对应于结构或构件达到最大承载力、出现疲劳破坏或不适于继续承载的变形。

2)正常使用极限状态：这种极限状态对应于结构或构件达到正常使用或耐久性能的某项规定限值。

同时还规定结构构件应按不同的荷载效应组合设计值进行承载力计算及稳定、变形、抗裂和裂缝宽度验算。因此在进行混凝土结构实验前，首先应确定相应于各种受力阶段的实验荷载值：

1)当进行承载力极限状态实验时，应确定承载力的实验荷载值。

2)对构件的刚度、裂缝宽度进行实验时，应确定正常使用极限状态的实验荷载。

3)当实验混凝土构件的抗裂性时，应确定构件的开裂实验荷载值。

3.3.2.2 实验荷载的计算

由于研究性实验并不一定是针对某一具体工程的实际荷载来进行实验，因此没有给定的荷载值。这时应根据构件实测强度和构件的实际几何参数按下式进行计算：

$$S_u^C = R(f_C^0, f_S^0, a^0, \cdots) \tag{3-1}$$

式中，f_C^0, f_S^0, a^0——分别为混凝土抗压强度、钢材抗拉强度和截面几何尺寸的实测值。控制截面上的正常使用极限状态短期效应计算值按下式计算：

$$S_S^C = \frac{R(f_C^0, f_S^0, a^0, \cdots)}{\gamma_0 \gamma_\mu [\gamma_u]} \tag{3-2}$$

式中，γ_μ——荷载分项系数的平均值，采用以下简化公式计算：

$$\gamma_\mu = 1.4 - \frac{0.186}{\rho + 0.93} \tag{3-3}$$

式中，ρ——可变荷载 Q 与永久荷载 G 的比值，应根据实验目的确定：

当 $\rho = \frac{Q}{G} = 0$ 时，$\gamma_\mu = 1.20$；

当 $\rho = \frac{Q}{G} = 0.5$ 时，$\gamma_\mu = 1.27$；

当 $\rho = \frac{Q}{G} = \infty$ 时，$\gamma_\mu = 1.40$。

式中，γ_0——结构构件重要性系数。

$[\gamma_u]$——构件承载力检验系数允许值。

最后根据控制截面上的效应计算值和加载图式，经等效换算求出正常使用极限状态下的实验荷载值。

开裂实验荷载计算值可根据开裂内力计算值和实验加载图式换算得出。正截面抗裂实验的开裂内力计算值按下列公式计算：

(1)轴心受拉构件：

$$N_{cr}^C = (f_{tk}^0 + \sigma_{PC}) A_0^0 \tag{3-4}$$

(2)受弯构件：

$$M_{cr}^C = (\gamma f_{tk}^0 + \sigma_{PC}) W_0^0 \tag{3-5}$$

(3)偏心受拉和偏心受压构件：

$$N_{cr}^C = \frac{f_{tk}^0 + \sigma_{PC}}{\frac{e_0}{W_0^0} \pm \frac{1}{A_0^0}} \tag{3-6}$$

式中：σ_{PC}——结构构件实验时，在抗裂验算边缘的混凝土预压应力设计值；

γ——受拉区混凝土塑性影响系数；

N_{cr}^C——轴心受拉、偏心受拉和偏心受压构件正截面开裂轴向力计算值；

M_{cr}^C——受弯构件正截面开裂弯矩计算值；

A_0^0——由实际几何尺寸计算的构件换算截面面积；

W_0^0——由实际几何尺寸计算的换算截面受拉边缘的弹性抵抗矩；

f_{tk}^0——混凝土抗拉强度实测值；

e_0——轴心力对截面的偏心距。

3.3.3 加载程序

荷载种类和加载图式确定后，还应按一定的程序加载。一般结构静载实验的加载程序均分为预载、正常使用荷载(标准荷载)、破坏荷载三个阶段。图 3.2 就是一种典型的静载实验加载程序。对于非破坏性实验只加至正常使用荷载即标准荷载，实验后试件仍可使用。对破坏性实验，当加到正常使用荷载后，不卸载即可直接进入破坏阶段实验。

分级加(卸)载的目的，主要是为了方便控制加(卸)载速度和观测分析各种变化，也为了统一各点加载的步调。

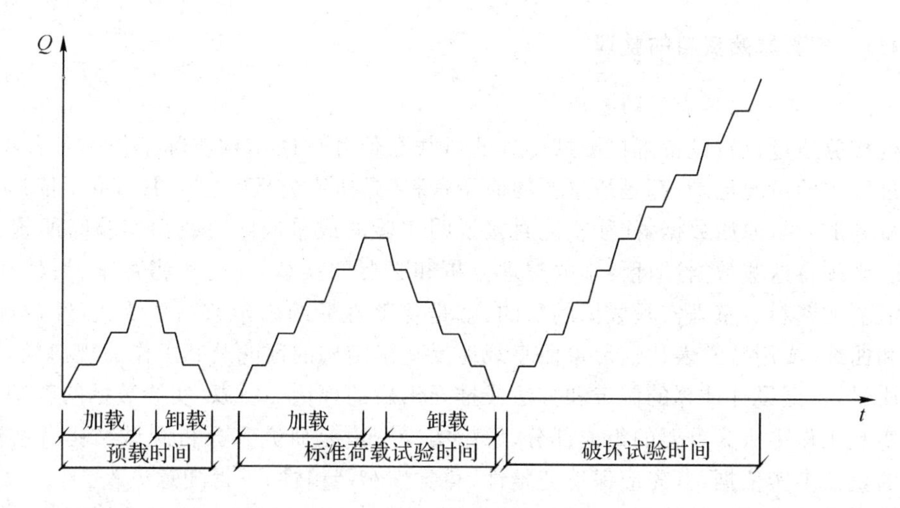

图 3.2 静载试验加载程序

3.3.3.1 预载

在正式实验前应对结构预加实验荷载，其目的在于：

1)使试件各部接触良好，进入正常工作状态，荷载与变形关系趋于稳定。

2)检验全部实验装置的可靠性。

3)检验全部观测仪表工作正常与否。

4)检查现场组织工作和人员的工作情况，起演习作用。

总之，通过预载实验可以发现一些潜在问题，并在正式实验开始之前加以解决，对保证实验工作顺利进行具有重要意义。预载一般分三级进行，每级取标准荷载值的 20%，然后亦分级卸载，2～3 级卸完。为防止构件在预加载时产生裂缝，预加载的荷载量不宜超过实验结构构件开裂荷载计算值的 70%。

3.3.3.2 正常使用荷载实验与破坏实验加载

正常使用荷载以内，每级宜取正常使用荷载计算值的 20%，一般分五级加至正常使用荷载；超过正常使用荷载后，每级宜取正常使用荷载计算值的 10%；需要做抗裂实验的结构构件，加载至开裂荷载的 90%后，每级取正常使用荷载计算值的 5%，一直加至出现第一条裂缝为止，作用在实验结构构件上的实验设备的重量和构件自重视为第一级荷载或第一级荷载的一部分；每级荷载加完后持续时间不应少于 10min，且宜相等，其目的是使结构构件的变形得到充分的发展，其使量测结构具有可比性，在正常使用荷载作用下宜持续 30min。

3.3.3.3 卸载

凡间断性加载实验或仅做刚度、抗裂和裂缝宽度检验的结构、构件和测定残余变形及预载之后，均须卸载，让结构、构件有个恢复弹性变形的时间，卸载一般可按加载级距，也可放大 1 倍或分二次卸完。

3.4 实验结果的整理分析

3.4.1 实验原始资料的整理

3.4.1.1 实验原始资料的整理

结构实验通过仪器设备直接测试得到的荷载数值和反映结构实际工作的各种参数，以及实验过程中的情况记录，都是最重要的原始资料，是研究分析实验结果的重要依据。实验过程中得到的大量原始数据，往往不能直接说明实验的成果或解答我们实验时所提出的问题，为此，必须将这些数据进行科学的整理分析和必要的换算，经过去粗存精、去伪存真，才能获得需要的资料。整理实验数据的目的，就是将整理后的原始数据系统化，经过计算，绘成图表和曲线，或用数学表达式形象而直观地反映出结构的性能及其工作的规律性，用以检验结构质量，验证设计计算的假定和方法或推导出新的理论。所以，实验数据的整理与分析是科学实验工作中极为重要的组成部分，原始实验资料是研究和分析测试结构及解决有争议问题的重要事实依据，首先应保持完整性、科学性和严肃性，不得随意更改。

根据实验得出的各种数据，应经过运算、换算、统一计量单位。特别是控制部位上安装的关键性仪表读数，如最大挠度控制点、最大侧移控制点及控制截面上的应变读数等，应在实验时当场整理、校核，及时通报，并与理论计算结果比较，以便掌握和控制实验的全过程。但其他数据的整理需在实验后进行，整理中应注意读数值的反常情况，如有仪表指示值与理论计算相差很大，甚至有正负号颠倒的情况，要注意对这些现象出现的规律性进行分析，应判断出其原因是由于实验结构本身性能有突变(如发生裂缝、节点松动、支座沉降或局部应力已达到屈服等)所致，还是由于仪表本身安装不当而造成，在没有足够的根据和理由判断出原因以前，绝不能轻易地弃舍任何数据，待以后分析时再作判断处理。

3.4.1.2 变形量测的实验结果整理分析

结构构件的挠度是指构件本身的挠度值。由于在实验时受到支座沉降、结构构件自重和加载设备重力、加载图式和预应力反拱等因素的影响，而要得到结构构件在各级荷载下的短期挠度实测值，应考虑上述各项的影响，对所测的挠度值进行修正。这里以简支结构构件的跨中挠度修正方法为例，其修正后的跨中挠度计算公式为：

$$a_{s,i}^{0}=(a_{q,i}^{0}+a_{g}^{c})\psi \tag{3-7}$$

$$a_{q,i}^{0}=u_{m,i}^{0}-\frac{1}{2}(u_{l,i}^{0}+u_{r,i}^{0}) \tag{3-8}$$

$$a_{g}^{c}=\frac{M_{g}}{M_{b}}a_{b}^{0} \text{ 或 } a_{g}^{c}=\frac{V_{g}}{V_{b}}a_{b}^{0} \tag{3-9}$$

式中：$a_{s,i}^{0}$——经修正后的第 i 级实验荷载作用下的构件跨中短期挠度实测值；

$a_{q,i}^{0}$——消除支座沉降后的第 i 级实验荷载作用下的构件跨中短期挠度实测值；

a_{g}^{c}——构件自重和加载设备重力产生的跨中挠度值；

$u_{m,i}^{0}$——第 i 级外加实验荷载作用下构件跨中位移实测值(包括支座沉降)；

$u_{l,i}^{0}, u_{r,i}^{0}$——第 i 级外加实验荷载作用下构件左、右端支座沉降实测值；

M_g, V_g——构件自重和加载设备重力产生的跨中弯矩值和端部剪力值；

M_b, V_b——从外加实验荷载开始至构件出现裂的第一级荷载为止的加载值产生的跨中弯矩值和端部剪力值；

a_{b}^{0}——从外加实验荷载开始至构件出现裂缝的前一级荷载为止的加载值产生的跨中挠度实测值；

ψ——用等效集中荷载代替均布荷载进行实验时加载图式的修正系数按表 3-1 取用。当实验与实际荷载的加载图式相同时，取 $\psi=1.0$。

表 3-1　加载图式修正系数

名称	加载图式	修正系数 ψ
均布荷载	L	1.00
二集中力四分点等效荷载	L/4　L/2　L/4	0.91
二集中力三分点等效荷载	L/3　L/3　L/3	0.98
四集中力八分点等效荷载	L/8　L/4　L/4　L/4　L/8	0.97

得到跨中挠度实测值后，需要将理论计算结果与实验结果进行比较，按下式计算结构构件的变形校验系数：

$$\xi_a=\frac{a_{s,i}^{c}}{a_{s,i}^{0}} \tag{3-10}$$

式中：ξ_a——结构构件的变形校验系数；

$a_{s,i}^{c}$——在第 i 级实验荷载下的构件短期挠度计算值；

$a_{s,i}^{0}$——在第 i 级实验荷载下的构件短期挠度实测值。

结构构件变形校验系数 ξ_a 反映了刚度的理论计算结果与实验结果的符合程度，当 $\xi_a=1$ 时，说明符合良好；当 $\xi_a<1$ 时，说明计算结果比实验结果小，偏于不安全；当 $\xi_a>1$ 时，说明计算结果比实验结果大，偏于安全。

当按实配钢筋确定的构件挠度值进行检验，或仅作刚度、抗裂或裂缝宽度检验的构件，应满足下式要求：

$$a_s^0\leqslant 1.2a_s^c；且\ a_s^0\leqslant[a_s] \tag{3-11}$$

式中：a_s^c——在正常使用的短期检验荷载作用下按实配钢筋确定的构件的短期挠度计算值；

$[a_s]$——在正常使用的短期检验荷载作用下构件的短期挠度允许值。

3.4.1.3 抗裂实验与裂缝量测的实验结果整理分析

对于钢筋混凝土结构构件的抗裂实验,需要首先取得开裂荷载实测值。对于正载面开裂荷载实测值的确定,常用的方法有三种:

1)放大镜观察法。当在加载过程中观察到第一次出现裂缝时,应取前一级荷载值作为开裂荷载;当在规定持荷时间内第一次出现裂缝时,应取本级荷载值与前一级荷载值的平均值作为开裂荷载;当在规定持荷时间结束后第一次出现裂缝时,应取本级荷载值作为开裂荷载。

2)荷载—挠度曲线判别法。测定实验结构构件控制截面处的挠度,取其荷载—挠度曲线上斜率首次发生变化时的荷载值为开裂荷载实测值。

3)采用连续布置应变计法。在结构构件受拉区的最外层表面沿受拉主筋方向在拉应力最大区段的全长范围内连接搭接布置应变计,监测应变值的发展,取第一个应变计发生突变时的荷载值作为开裂荷载实测值。斜裂缝开裂荷载实测值的确定有放大镜观察法和垂直斜裂缝方向连接布置应变计两种方法。

得到开裂荷载实测值后,需要将理论计算结果与实验结果进行比较,按下式计算结构构件的抗裂校验系数:

$$\xi_{cr}=\frac{S_{cr}^{c}}{S_{cr}^{0}} \tag{3-12}$$

式中:ξ_{cr}——结构构件的抗裂校验系数;

S_{cr}^{c}——结构构件的开裂内力计算值;

S_{cr}^{0}——结构构件的开裂内力实测值。

结构构件抗裂校验系数 ξ_{cr} 反映了抗裂的理论计算结果与实验结果的符合程度,当 $\xi_{cr}=1$ 时,说明符合良好;当 $\xi_{cr}<1$ 时,说明计算结果比实验结果小,偏于安全;当 $\xi_{cr}>1$ 时,说明计算结果比实验结果大,偏于不安全。

对正常使用阶段允许出现裂缝的构件,构件的裂缝宽度检验应满足正式的要求:

$$W_{s,\max}^{0}\leqslant[W_{\max}] \tag{3-13}$$

式中,$W_{s,\max}^{0}$——在正常使用短期检验荷载作用下,受拉主筋处最大裂缝宽度的实测值;

$[W_{\max}]$——构件检验的最大裂缝宽度允许值,该允许值一般要小于设计要求的最大裂缝宽度限值,如设计要求最大裂缝宽度限制为 0.2mm、0.3mm、0.4mm 时,构件检验的最大裂缝宽度允许值分别为 0.15mm、0.20mm、0.25mm。

3.4.1.4 构件内力和应力的实验结果处理

1)弹性构件截面内力计算

受弯矩和轴力等作用的构件,按材料力学平截面假定,其某一截面上的内力和应变分布如图 3.3 所示。根据三个不在一条直线上的点可以唯一决定一个平面,只要测得构件截面上三个不在一条直线上的点所在的应变值,即可求得该截面的应变分布和内力值。对矩形截面的构件,常用的测点布置和由此求得的应变分布和内力计算公式见表 3-2。

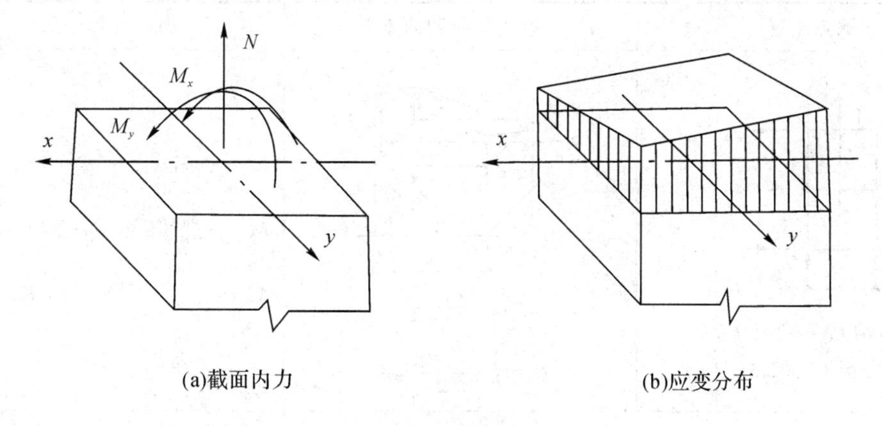

(a)截面内力 (b)应变分布

图 3.3 构件截面内力和应变分析

表 3-2 截面测点布置与相应的应变分布、内力计算公式表

测点布置	应变分布和曲率	内力计算公式
只有轴力N和弯矩M_x 两个测点(1,2)	$\varphi_x = \frac{\varepsilon_1 - \varepsilon_2}{b}$	$N = \frac{1}{2}(\varepsilon_1 + \varepsilon_2) \cdot Ebh$ $M_x = \frac{1}{12}(\varepsilon_1 - \varepsilon_2) \cdot Ebh^2$
只有轴力N和弯矩M_y 两个测点(1,2)	$\varphi_y = \frac{\varepsilon_1 - \varepsilon_2}{b}$	$N = \frac{1}{2}(\varepsilon_1 + \varepsilon_2) \cdot Ebh$ $M_y = \frac{1}{12}(\varepsilon_2 - \varepsilon_1) \cdot Ebh^2$

测点布置	应变分布和曲率	内力计算公式
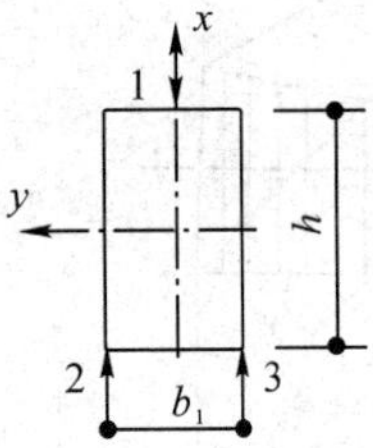 只有轴力N和弯矩M_x,M_y 三个测点(1,2,3)	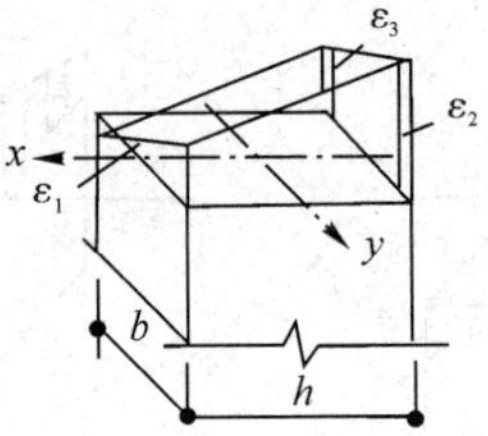 $\varphi_x=\frac{\varepsilon_2-\varepsilon_3}{b}$ $\varphi_y=\frac{1}{h}(\frac{\varepsilon_2+\varepsilon_3}{2}-\varepsilon_1)$	$N=\frac{1}{2}(\varepsilon_1+\frac{\varepsilon_2+\varepsilon_3}{2})\cdot Ebh$ $M_x=\frac{1}{12b_1}(\varepsilon_2-\varepsilon_3)\cdot Ebh^2$ $M_y=\frac{1}{12}(\frac{\varepsilon_2+\varepsilon_3}{2}-\varepsilon_1)\cdot Ebh^2$
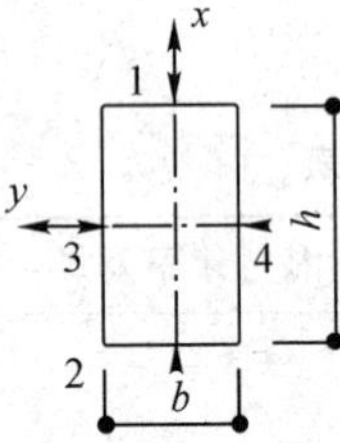 只有轴力N和弯矩M_x,M_y 四个测点(1,2,3,4)	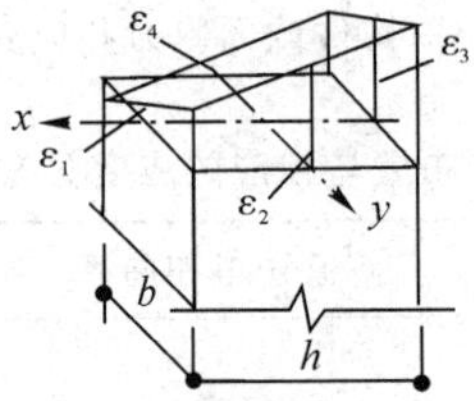 $\varphi_x=\frac{\varepsilon_3-\varepsilon_4}{b}$ $\varphi_y=\frac{1}{h}(\varepsilon_2-\varepsilon_1)$	$N=\frac{1}{4}(\varepsilon_1+\varepsilon_2+\varepsilon_3+\varepsilon_4)\cdot Ebh$ 或 $N=\frac{1}{2}(\varepsilon_1+\varepsilon_2)\cdot Eb$ $N=\frac{1}{2}(\varepsilon_3+\varepsilon_4)\cdot Ebh$ $M_x=\frac{1}{12}(\varepsilon_3-\varepsilon_4)\cdot Ebh^2$ $M_y=\frac{1}{12}(\varepsilon_2-\varepsilon_1)\cdot Ebh^2$

2)平面应力状态下的主应力和剪应力计算

对于梁的弯剪区、屋架端节点和板壳结构等在双向应力状态下工作部位的应力分析,需要计算其主应力的数值和方向以及剪应力的大小。当被测部位主应力方向已知时,则按布置相互正交的双向应变测点,即可求得主应力 σ_1 和 σ_2。当主应力方向未知时,则要由三向应变测点按不同的应变网络布置量测结果进行计算。对于线弹性匀质材料的构件,可按材料力学主应力分析有关公式(表 3-3)进行,计算时,弹性模量 E 和泊松比 ν 应按材料力学性能实验实际测定的数值。如无实测数据时,也可采用规范或有关资料提供的数值。

表 3-3　主应力计算公式表

受力状态	测点布置	主应力 σ_1,σ_2 最大剪应力 $\tau_{\max}$ 及 σ_1 和 0°轴线的夹角 θ
单向应力	1	$\sigma_1=E\varepsilon_1$ $\theta=0$
平面应力(主方向已知)	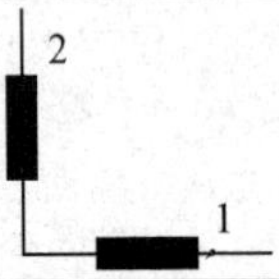 2 1	$\sigma_1=\frac{E}{1-\nu^2}(\varepsilon_1+\nu\varepsilon_2)$　$\sigma_1=\frac{E}{1-\nu^2}(\varepsilon_2+\nu\varepsilon_1)$ $\tau_{\max}=\frac{E}{2(1+\nu)}(\varepsilon_1+\varepsilon_2)$ $\theta=0$

受力状态	测点布置	主应力 σ_1,σ_2 最大剪应力 τ_{max} 及 σ_1 和 0°轴线的夹角 θ
平面应力	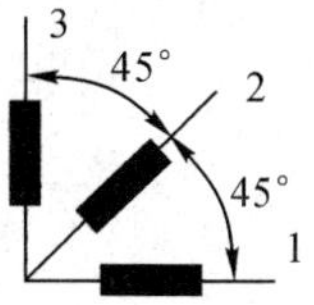	$\sigma_{2}^{1}=\frac{E}{2}\left[\frac{\varepsilon_1+\varepsilon_2}{1-\nu}\pm\frac{1}{1+\nu}\sqrt{2(\varepsilon_1-\varepsilon_2)^2+2(\varepsilon_2-\varepsilon_3)^2}\right]$ $\tau_{max}=\frac{E}{2(1+\nu)}\sqrt{2(\varepsilon_1-\varepsilon_2)^2+2(\varepsilon_2-\varepsilon_3)^2}$ $\sigma_1=\frac{E}{(1+\nu)(1-2\nu)}[(1-\nu)\varepsilon_1+\nu(\varepsilon_2+\varepsilon_3)]$ $\sigma_2=\frac{E}{(1+\nu)(1-2\nu)}[(1-\nu)\varepsilon_2+\nu(\varepsilon_3+\varepsilon_1)]$ $\sigma_3=\frac{E}{(1+\nu)(1-2\nu)}[(1-\nu)\varepsilon_3+\nu(\varepsilon_1+\varepsilon_2)]$ $\theta=\frac{1}{2}\arctan\left(\frac{2\varepsilon_2-\varepsilon_1-\varepsilon_3}{\varepsilon_1-\varepsilon_3}\right)$
平面应力	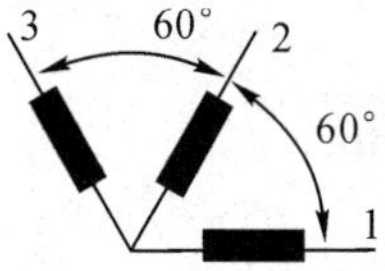	$\sigma_{2}^{1}=\frac{E}{3}\cdot\left[\frac{\varepsilon_1+\varepsilon_2+\varepsilon_3}{1-\nu}\pm\frac{1}{1+\nu}\sqrt{2[(\varepsilon_1-\varepsilon_2)^2+(\varepsilon_2-\varepsilon_3)^2+(\varepsilon_3-\varepsilon_1)^2]}\right]$ $\tau_{max}=\frac{E}{3(1+\nu)}\sqrt{2[(\varepsilon_1-\varepsilon_2)^2+(\varepsilon_2-\varepsilon_3)^2+(\varepsilon_3-\varepsilon_1)^2]}$ $\theta=\frac{1}{2}\arctan\left[\frac{\sqrt{3}(\varepsilon_2-\varepsilon_3)}{2\varepsilon_1-\varepsilon_2-\varepsilon_3}\right]$
平面应力	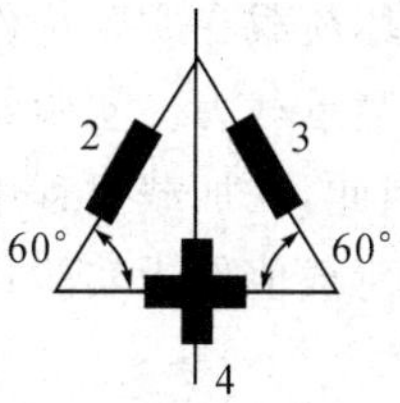	$\sigma_{2}^{1}=\frac{E}{2}\left[\frac{\varepsilon_1+\varepsilon_4}{1-\nu}\pm\frac{1}{1+\nu}\sqrt{(\varepsilon_1-\varepsilon_4)^2+\frac{4}{3}(\varepsilon_2-\varepsilon_3)^2}\right]$ $\tau_{max}=\frac{E}{2(1+\nu)}\sqrt{(\varepsilon_1-\varepsilon_4)^2+\frac{4}{3}(\varepsilon_2-\varepsilon_3)^2}$ $\theta=\frac{1}{2}\arctan(\frac{2(\varepsilon_2-\varepsilon_3)}{\sqrt{3}(\varepsilon_1-\varepsilon_3)})$ 校核公式：$\varepsilon_1+3\varepsilon_4=2(\varepsilon_2+\varepsilon_3)$
平面应力	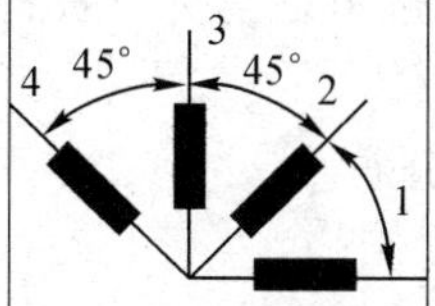	$\sigma_{2}^{1}=\frac{E}{2}\cdot\left[\frac{\varepsilon_1+\varepsilon_2+\varepsilon_3+\varepsilon_4}{2(1-\nu)}\pm\frac{1}{1+\nu}\sqrt{(\varepsilon_1-\varepsilon_3)^2+(\varepsilon_4-\varepsilon_2)^2}\right]$ $\tau_{max}=\frac{E}{2(1+\nu)}\sqrt{(\varepsilon_1-\varepsilon_3)^2+(\varepsilon_4-\varepsilon_2)^2}$ $\theta=\frac{1}{2}\arctan(\frac{\varepsilon_2-\varepsilon_4}{\varepsilon_1-\varepsilon_3})$ 校核公式：$\varepsilon_1+\varepsilon_3=\varepsilon_2+\varepsilon_4$
三向应力	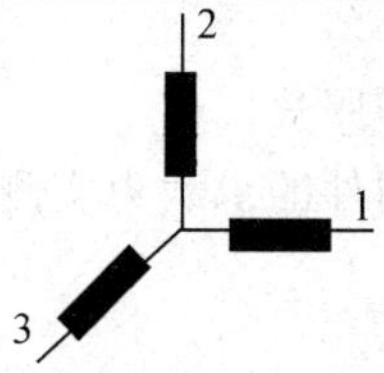	$\sigma_1=\frac{E}{(1+\nu)(1-2\nu)}[(1-\nu)\varepsilon_1+\nu(\varepsilon_2+\varepsilon_3)]$ $\sigma_2=\frac{E}{(1+\nu)(1-2\nu)}[(1-\nu)\varepsilon_2+\nu(\varepsilon_3+\varepsilon_1)]$ $\sigma_3=\frac{E}{(1+\nu)(1-2\nu)}[(1-\nu)\varepsilon_3+\nu(\varepsilon_1+\varepsilon_2)]$

3.4.1.5 承载力实验的结果整理与分析

在一定的受力状态和工作条件下，结构构件所能承受的最大内力，称为结构构件的承载力，对于混凝土结构，进行承载力实验时，在加载或持载过程中出现下列破坏标志之一时，即认为达到承载力极限状态。

结构构件受力情况为轴心受拉、偏心受拉、受弯、大偏心受压时，标志是：

1)受拉主筋应力达到屈服强度、受拉应变达到 0.01。

2)受拉主筋拉断。

3)受拉主筋处最大垂直裂缝宽度达到1.5mm。

4)挠度达到跨度的1/50,对悬臂结构,挠度达到悬臂长的1/25。

5)受压区混凝土压坏。

6)锚固破坏或主筋端部混凝土滑移达0.2mm。

结构构件受力情况为轴心受压或小偏心受压时,其标志是:

1)混凝土受压破坏。

2)受压主筋应力达到屈服强度。

结构构件受力情况为剪弯时,其标志是:

1)箍筋或弯起钢筋或斜截面内的纵向受拉主筋应力达到屈服强度。

2)斜裂缝端部受压区混凝土剪压破坏。

3)沿斜截面混凝土斜向受压破坏。

4)沿斜截面撕裂形成斜拉破坏。

5)箍筋或弯起钢筋与斜裂缝交会处的斜裂缝宽度达到1.5mm。

6)锚固破坏或主筋端部混凝土滑移达0.2mm。

进行承载力实验时,在加载过程中出现破坏标志的时间往往有先有后,对此应取首先达到某一破坏标志的最小荷载作为实验构件的实测破坏荷载。破坏荷载在实验构件中产生的内力,就是实验构件所能承受的最大内力,称实验结构构件的实测承载力。实验结构构件的破坏状态标志应理解为在规定的荷载持续时间到达后的状态,因此,在加载过程中或在持续时间内达到破坏标志时,不能取此级的荷载值,而应取前一级的荷载值作为实验构件的破坏荷载实测值。

另外实验构件的破坏过程和破坏特征是反映结构性能的重要资料,也是确定承载力的依据。因此在整理承载力实验结果时,应详细而准确地加以描述,并注意如下资料的整理和分析:

1)各级实验荷载作用下实验构件控制截面上的应力、应变分布。

2)实验构件控制截面上最大应力(应变)—荷载关系曲线。

3)实验构件的混凝土极限应变、钢筋的极限应变。

4)实验构件复杂应力区的剪应力、主应力和主应力方向。

5)实验构件破坏过程和破坏特征分析,并辅以必要的图示和照片。

综合分析以上资料和结构构件的破坏标志,即可得到结构构件的承载力实测值,然后按下式计算结构构件的承载力校验系数:

$$\xi_u=\frac{R(f_C^0,f_S^0,a^0,\cdots)}{S_u^0} \tag{3-14}$$

式中:ξ_u——结构构件的承载力校验系数;

$R(f_C^0,f_S^0,a^0,\cdots)$——按材料实测强度和构件几何参数实测值确定的构件承载力计算值;

f_C^0,f_S^0,a^0——分别为混凝土抗压强度、钢材抗拉强度和截面几何尺寸的实测值。

结构构件承载力校验系数ξ_u反映了承载力的理论计算结构与实验结果的符合程度,当$\xi_u=1$时,说明符合良好;当$\xi_u<1$时,说明计算结果比实验结果小,偏于安全;当$\xi_u>1$时,说明计算结果比实验结果大,偏于不安全。

3.4.2 实验曲线的绘制

将各级实验荷载作用下的一系列实验结果，按一定比例坐标绘制成曲线，简易、明了、能充分表达其变化规律，有助于进一步按数理统计和解析几何的方法寻找出数学表达式。

3.4.2.1 坐标的选择与实验曲线的绘制

适当的选择坐标轴有助于确切地表达实验结果，选择坐标的比例，应使曲线能在坐标轴45°分角线附近，太靠近任一坐标轴都会降低作图的精确度。坐标的起点数值不一定从零开始，以使所得曲线图形能占满全幅坐标纸为宜，使变化的过程突出。

直角坐标系数只能表示两个变量的关系，在实验中一般用纵坐标 y 表示自变量(如荷载)，用横坐标 x 表示因变量(如内力或变形)，不过有时会遇到因变量不止一个的情况，此时可采用“无量纲变量”作为坐标来反映相互间的相关关系。绘制曲线时，尽可能用比较简单的曲线形式表示，选配曲线时，要使曲线通过较多的实验点，或者在较多的实验点附近，并使曲线两旁的实验点大致相等。一般靠近坐标系中间的数据点可靠性更好些，两端的数据可靠性稍差些。

常用的测试曲线图有荷载—变形曲线、荷载—应变曲线、截面应变图、裂缝分布图等。

1)荷载—变形曲线绘制

图 3.4 所示为荷载—变形曲线。有三种基本形状：直线 1 表示结构在弹性范围内工作，

钢结构在设计荷载内的荷载变形曲线就属此种形状；曲线 2 表示结构的弹塑性工作状态，如钢筋混凝土结构在出现裂缝或局部破坏时，就会在曲线上形成转折点(A 点和 B 点)，由于结构内接头和节点的顺从性也会出现转折点的现象；曲线 3 一般属于异常现象，其原因可能是仪器观测上发生错误，也可能是邻近构件、支架参与了工作，分担了荷载，而到加载后期这一影响越来越严重，但整体式钢筋混凝土结构经受多次加载后，会出现这种现象，钢筋混凝土结构在卸载时的恢复过程也是这种曲线形式。

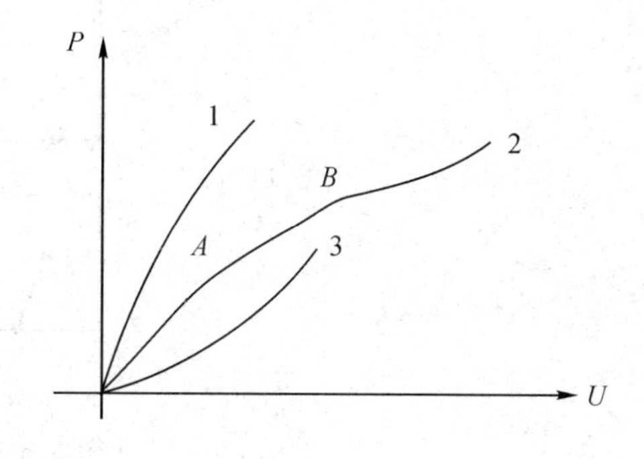

图 3.4 荷载—变形曲线

2)荷载—应变曲线绘制

图 3.5 所示为钢筋混凝土梁受弯试件的荷载—应变曲线。图中：

测点 1——位于受压区，应变增长基本上呈直线；

测点 2——位于受拉区，混凝土开裂较早，所以突变点较低；

测点 3、4——在主筋处，混凝土开裂稍后，所以突变点稍高；主筋测点“4”在钢筋应力达到流限时，其曲线发生第二次突变；

测点 5——靠近截面中部，先受压力后过渡到受拉力，混凝土受拉区开裂后，中和轴位置上移引起突变。

荷载——应变曲线可以显示荷载与应变的内在关系，以及应变随荷载增长的规律性。

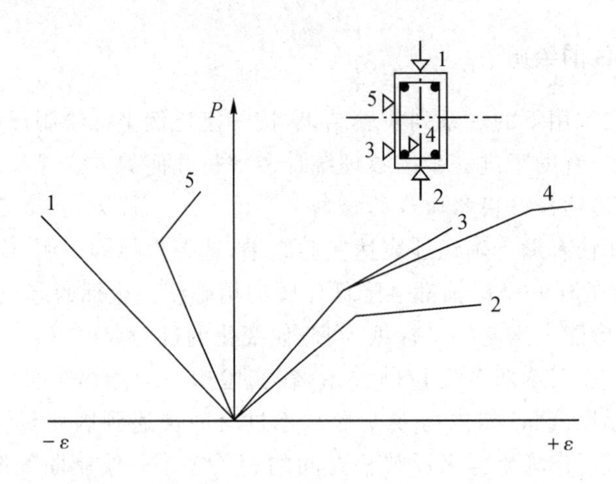

图 3.5 荷载—应变曲线

3)截面应变图绘制

图 3.6 所示为钢筋混凝土梁受弯试件的截面应变图。一般选取内力最大的控制截面绘制时,用一定的比例将某一级荷载下沿截面高度各测点的应变值连接起来。

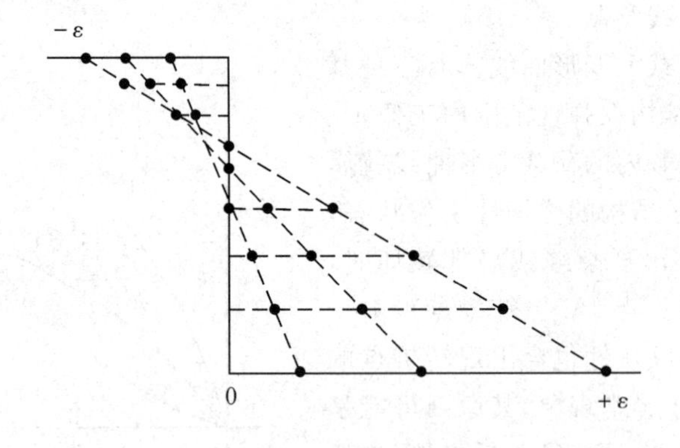

图 3.6 截面应变图

根据截面应变图,可以了解应变沿截面高度方向的分布规律及变化过程,以及中和轴移动情况等,可以在求得应力(弹性材料根据实测应变和弹性模量求应力,非弹性材料根据应力—应变曲线求应力)的条件下,算出受压区和受拉区的合力值及其作用位置,算出截面弯矩或轴力。

3.4.2.2 构件裂缝及破坏图

实验过程中,应在构件上按裂缝开展面和主侧面绘出其开展过程,并注上出现裂缝的荷载值及裂缝宽度,直至破坏。裂缝分布图对于了解和分析结构的工作状况、破坏特征等有重要的参考价值。制时,用坐标纸或方格纸按比例先作一个裂缝开展面的展开图,然后,在展开图上描出裂缝的长短、间距,注明“荷载分级/裂缝宽度”,试件方位、编号等。

3.4.3 实验结果的误差分析

在量测过程中产生的误差,根据其产生的原因和性质常分为系统误差、过失误差和偶然误差三类。

3.4.3.1 系统误差

系统误差常因量测仪表或工具结构上不完善或在设计上、工艺上存在着某些缺陷或偏差，以及仪表安装位置不正确，在实验过程中因量测条件(如温度、湿度、气流等)的变化，或受采用的量测方法不正确等因素造成。系统误差表明量测结构偏离客观真值的程度，关系到量测结构的准确度，应予以重视。系统误差有一定的规律，当对量测数据进行判别，发现有系统误差后，可根据其规律找出原因，通过改进实验方法，加强仪器仪表的标定手段消除产生系统误差的因素。对于一些限于实验条件、无法消除的系统误差，需引入修正值。

3.4.3.2 过失误差

又名粗大误差，主要由于实验者在量测或计算时粗心大意所引起。如仪表不合用、数据读错、测点混淆，记录错误、量测方法不对等，造成量测数据有不可允许的错误。此类误差数值很大，符号不定，使实验结果显然与事实不符，必须从量测数据中剔除。剔除过失误差较好的方法是利用偶然误差的正态分布理论，选择一个鉴别值去和各个测定值的偏差进行比较。

3.4.3.3 偶然误差

也称随机误差，在量测数据中剔除了过失误差并尽可能消除和修正了系统误差之后，剩下的主要是偶然误差。偶然误差是由许多被掌握的微小因素或因代价太大一时未能控制的微小因素所引起的误差。引起偶然误差的原因有量测仪表的结构不完善或零部件制造时的公差，如仪器内部摩擦、间隙等的不规则变化和周围环境的条件干扰，如温度、湿度、气压的微量变化、电源电压不稳，以及测试人员对仪表末位读数估计不准或量测方法有缺陷等。

为了估计和消除偶然误差，应采用多次量测的方法。但在实际混凝土结构实验中，由于结构构件开裂后，特别是进入非弹性阶段后，量测的数据随时间不断变化，而且这个过程无法重演，所以常采用单次量测方法。

第4章 结构动载实验原理与方法

4.1 概 述

振动是一种自然现象。强烈振动将使结构的内力和变形均很大,从而使其发生严重的破坏。因此,人们为了防止或减少振动造成的危害,在进行结构设计时,要按照建筑物所在的地震烈度,进行相应的结构抗震设计。在工业建筑物中,还应考虑生产过程引起的振动。对于高层建筑要考虑风荷载引起的振动。对国防结构设施应考虑爆炸产生的冲击振动等。与静力问题相比,动力问题具有一些特殊性。首先,作用在结构上的动荷载变化的速率较大,以至于必须考虑惯性力;其次,结构的动力响应与结构自身动力特性(取决于结构的质量分布、刚度分布、阻尼特性和构件的连接特性等)有关,动荷载产生的动力响应,有时远远大于相应的静力响应,当荷载频率接近结构自振频率时,不大的一个动荷载,就可能使结构遭受严重破坏。而在远离结构自振频率时,动力响应却并不比静力响应大,还可能小于相应的静力响应。

研究结构的动态变形和内力是十分复杂的问题,它不仅与动力荷载的性质、数量、大小以及结构本身的动力特性有关,还与结构的组成形式、材料性质以及细部构造等密切相关。在实际结构工程中遇到的问题就更复杂。结构动力问题的精确计算是相当复杂的,且有较大出入,因而借助试验实测来确定结构动力特性及动力反应是不可缺少的手段。

结构动载实验通常有如下几项基本内容:

1)结构动力特性测试

结构的动力特性包括结构的自振频率、阻尼、振型等参数。这些参数取决于结构自身特性,而与外荷载无关。结构的动力特性是进行结构动力响应计算、进行结构动力和抗震设计、解决工程共振问题的基本依据,因而结构动力参数的测试是结构动载实验的最基本内容。

2)振源识别和动荷载特性测定

振源识别就是寻找对结构振动起主导作用而危害最大的主振源,这是振动环境治理的前提。动荷载特性测定是建筑结构进行动力分析和隔振设计所必须掌握的,直接影响到结构的动力响应。动荷载特性测定包括:测定结构动荷载的大小、方向、频率及其作用规律等。

3)结构动力响应测试。

结构动力响应测试包括以下内容:

测定工程结构在实际工作时的振动水平(振幅、频率)及性状(波形)。例如厂房结构在动力机器作用下的振动,桥梁在运动荷载作用下的振动,地震时建筑结构和地面的振动响应

(强震观测)等。分析研究这些资料数据,可以用来评价结构的工作是否正常、安全,分析结构的动力性能,薄弱环节在何处,并据此提出结构整治方案。

4)模拟地震振动台实验。

地震对建筑结构的作用是由于地面运动引起结构水平和竖向惯性力。通过对振动台输入人造地震波或实测地震波对结构实施人工地震,可以比较准确地模拟结构的地震响应。由于台面尺寸、台面承载能力等因素的限制,振动台模拟地震实验目前还存在一定的局限性,主要用于模型的模拟地震实验,但这种实验对揭示结构的抗震性能和地震破坏机理仍然是一种比较直观可靠的研究方法。

4.2 加载方法和设备

工程结构动载实验时的荷载有两种情况,一种是实际的动力荷载,如动力机械运转、起重机工作、车辆行驶、地震作用等所产生的动荷载;另一种是为了使结构产生预期振动从而进一步识别结构动力特性而人工施加动荷载的方法。下面介绍人工激振法的常用方法和设备。

4.2.1 自由振动法

4.2.1.1 突加荷载法

如图4.1,应用摆锤平动或落锤自由下落的方法使结构受到水平或垂直方向的瞬间冲击,作用力持续时间远远低于结构的自振周期,结构受到一个力脉冲,产生一个初速度,因而也可称为初速度加载法。

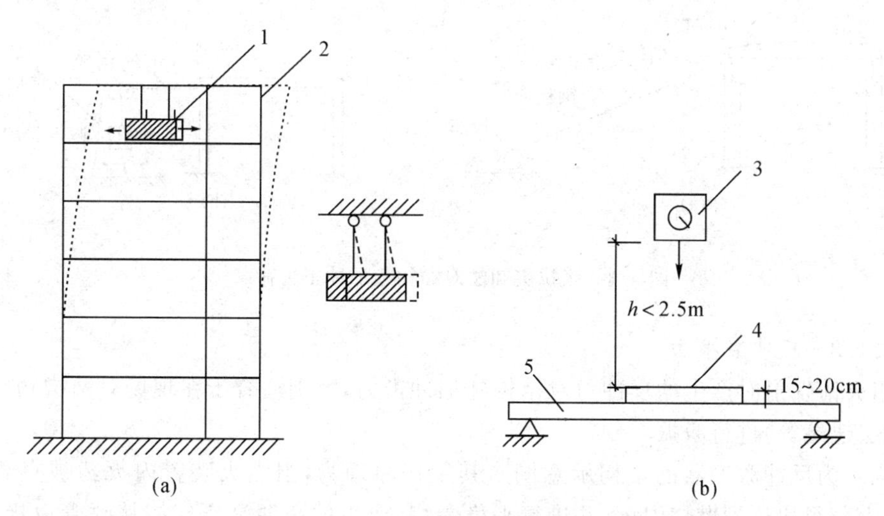

1. 摆锤 2. 结构 3. 落重 4. 砂垫层 5. 试件

图4.1 突加荷载法施加冲击力荷载

采用摆锤激振时,应注意摆锤摆动频率避开结构自振频率,以免产生共振而影响结构安全。

垂直落锤有可能附着于结构一起振动，从而改变结构的自振特性，因而设计实验时应考虑落锤质量所带来的影响。落锤弹起落下会再次撞击结构，且有可能使结构受损，因而重物不宜过重，落距也不宜过大，常在落点处铺上砂垫层来防止落锤回弹再次撞击结构并降低结构受到的瞬间冲击力。

对于小型结构，为了测试结构的动力特性，常用力锤对结构进行敲击来施加力脉冲，见图 4.2，此时还常用安装在力锤上的压电型力传感器直接测试冲击力的大小。

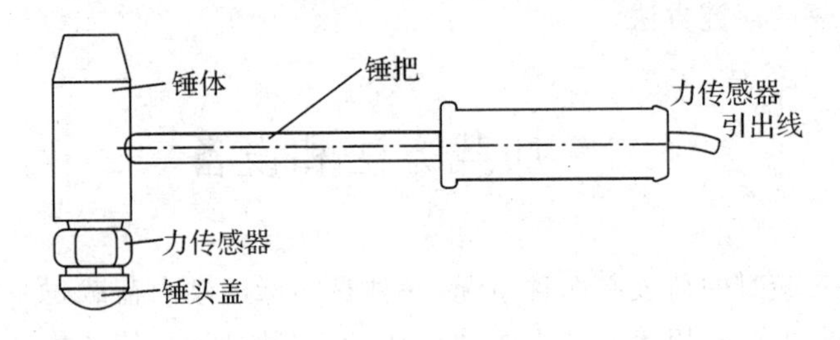

图 4.2　冲击力锤

4.2.1.2　张拉突卸法

如图 4.3，采用绞车或重物张拉铰索，使结构产生一个初位移，然后突然释放，结构在静力平衡位置附近作自由振动，此方法也称为初位移加载法。

这种方法因为结构自振时没有附加质量的影响，因而特别适合于结构动力特性的测定。

为防止结构产生过大位移，张拉力须加以控制，实验前应根据结构刚度和允许的最大位移估算张拉力。

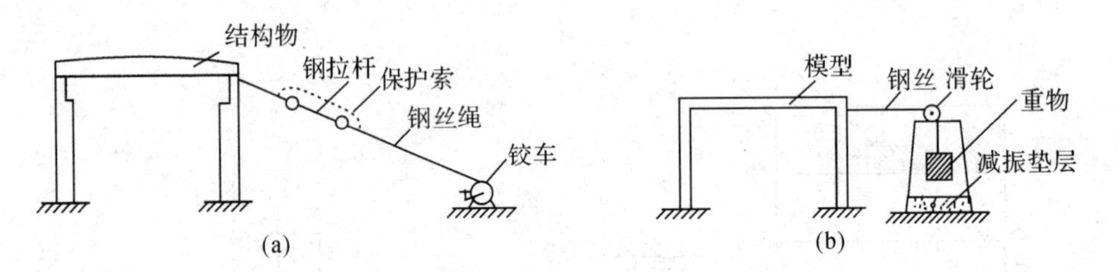

图 4.3　张拉突卸法对结构施加冲击力荷载

4.2.1.3　反冲激振法

采用火箭发射时产生的反冲力对结构施加冲击力，特别适合于在现场对结构物(如大型桥梁、高层建筑等)进行激振。

图 4.4 为反冲激振器的结构示意图。其工作原理为，当点火装置内火药被点着、燃烧后，主装火药很快达到燃烧温度，并进行平稳燃烧，产生的高温高压气体从喷管以极高速度喷出。如每秒喷出气流的重量为 W，按动量守恒定律可得到反冲力 P，此即为作用在被测结构上的反冲力：

$$P=W\cdot\frac{v}{g} \tag{4-1}$$

式中：v——气流从喷口喷出的速度；

g——重力加速度。

以上方法都是利用物体质量在运动时产生的惯性力对结构作用动力荷载，属于惯性力加载的范畴。

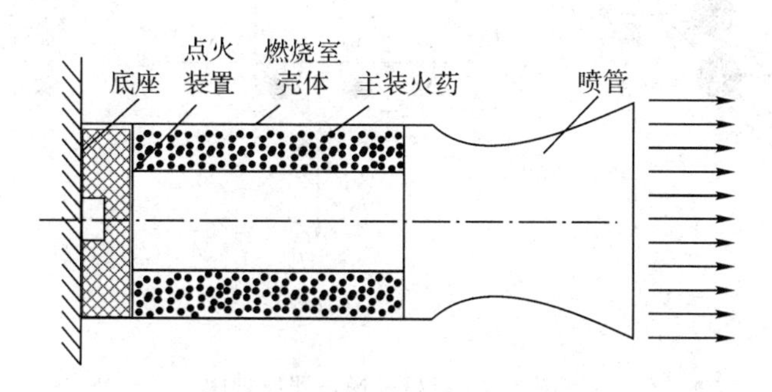

图 4.4　反冲激振器结构示意图

4.2.2　强迫振动法

强迫振动法也称为共振法，也是利用物体质量在运动时产生的惯性力对结构施加荷载，属于惯性力加载的范畴。机械式激振器的原理和激振方法已在第二章中介绍过，试验时，应将激振器牢牢地固定在结构上，不让其跳动，否则影响其试验结果。激振器的激振方向和安装位置要根据所测试结构的情况和试验目的而定。一般说来，整体建筑物的动荷载试验多为水平方向激振，楼板或桥梁的动荷载试验多为垂直方向激振。激振器的安装位置应选在所要测量的各个振型曲线都不是"节点"的地方。要特别注意。

离心力加载是根据旋转质量产生的离心力对结构施加简谐激振力，见图 4-5。激振频率与转速（旋转角速度）对应，作用力的大小 P 与频率、质量块的质量和偏心值有关，见下式：

$$P=m\omega^2 r \tag{4-2}$$

式中：m——偏心块质量；

ω——偏心块旋转角速度；

r——质量块的偏心值。

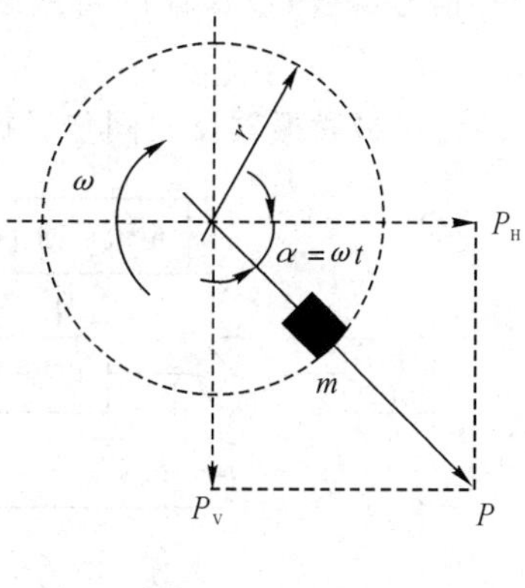

图 4.5　偏心质量产生的离心力

任何瞬时产生的离心力可分解成垂直和水平两个分力

$$P_V=m\omega^2 r\cdot\sin\omega t \tag{4-3}$$

$$P_H=m\omega^2 r\cdot\cos\omega t \tag{4-4}$$

用离心力加载的机械式激振器的原理如图 4.6 所示，一对偏心质量，使它们按相反方向以等角速度 ω 旋转时，每一偏心质量产生一个离心力 $P=m\omega^2 r$，方向如图，如果两个偏心质量的相对位置如图 4.6(a)所示，那么两个力的水平分力互相平衡，而垂直分力合成为

$$P_V=2m\omega^2 r\cdot\sin\omega t \tag{4-5}$$

同样，如果两个偏心质量的相对位置如图 4.6(b)所示，那么两个力的垂直分力互相平

衡,而水平分力合成为

$$P_H = 2m\omega^2 r \cdot \cos\omega t \tag{4-6}$$

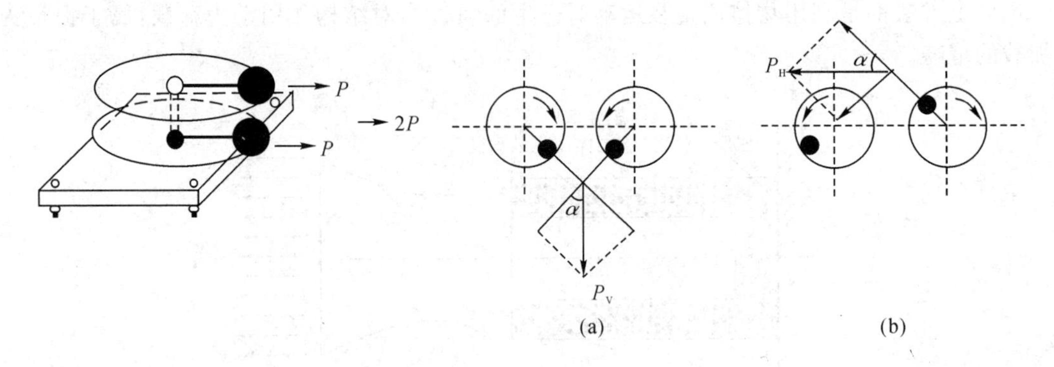

图 4.6　机械式激振器原理图

激振力的频率靠调节电机转速来改变,常用直流电机实行无级调速,控制力的幅值靠改变 m 和 r 值来改变,具体方法有两种,一是改变偏心质量块的相对位置,二是增减偏心质量块的质量。

机械激振器由机械和电控两部分组成。

一般的机械式激振器工作频率范围较窄,大致在 50～60Hz 以下,由于激振力与转速的平方成正比,所以当工作频率很低时,激振力就较小。

为了提高激振力,可使用多台激振器同时对结构施加激振力,为了提高激振器的稳定性和测速精度,在电气控制部分采用单相可控硅,速度电流双闭环电路系统,对直流电机实行无级调速控制。通过测速发电机作速度反馈通过自整角机产生角差信号,送往速度调节器与给定信号综合,以保证两台或多台激振器不但速度相同且角度亦按一定关系运行,见图 4-7。

两台机械激振器反向同步激振时,还可进行扭振激振。

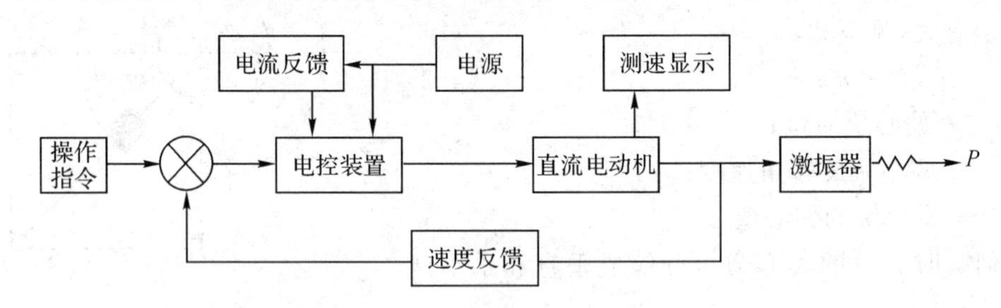

图 4.7　机械激振器电控原理框图

4.2.3　电磁激振器加载

电磁激振器的剖面示意图如图 4-8(a)所示,较大的电磁激振器常常安装在放置于地面的机架上,称为振动台,如图 4-8(b)所示。

电磁激振器工作类似于扬声器,利用带电导线在磁场中受到电磁力作用的原理而工作的。在磁场(永久磁铁或激励线圈中)放入动圈,通以交流电产生简谐激振力,使得台面(振动台)或使固定于动圈上的顶杆作往复运动,对结构施加强迫振动力。

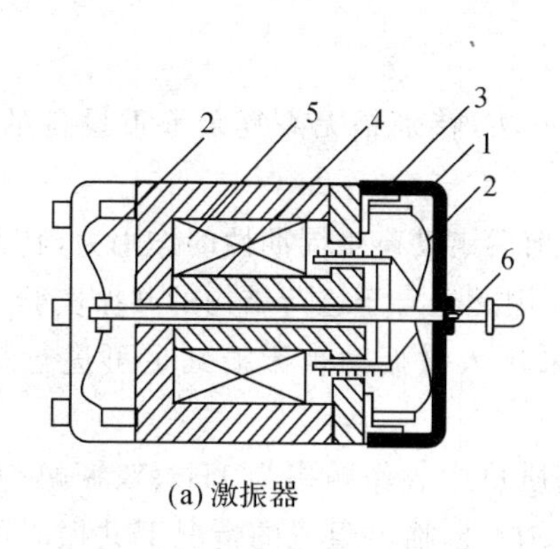

(a) 激振器

1. 外壳　2. 支承弹簧　3. 动圈　4. 铁芯　5. 励磁线圈　6. 顶杆

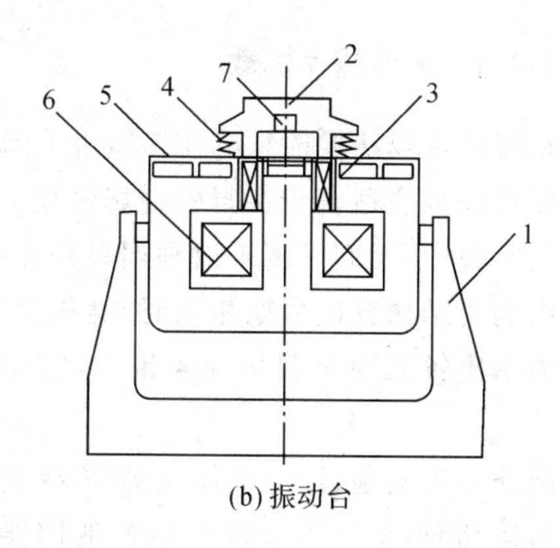

(b) 振动台

1. 机架　2. 激振头　3. 驱动线圈　4. 支承弹簧　5. 磁屏蔽　6. 励磁线圈　7. 传感器

图 4.8　电磁激振设备

电磁激振器不能单独工作,常见的激振系统由信号发生器、功率放大器、电磁激振器组成,见图 4-9。信号发生器产生交变的电压信号,经过功率放大器产生波形相同的大电流信号去驱动电磁激振器工作。

应用电磁式激振器对结构施加荷载时,应注意激振器可动部分的质量和刚度对被测结构的影响;用振动台测量实验结构的自振频率时,应使试件的质量远小于振动台可动部分的质量,测得的自振频率才接近于实验结构的实际自振频率,为此,常在振动台的台面上附加重质量块,以增加振动台可动部分的质量 m。

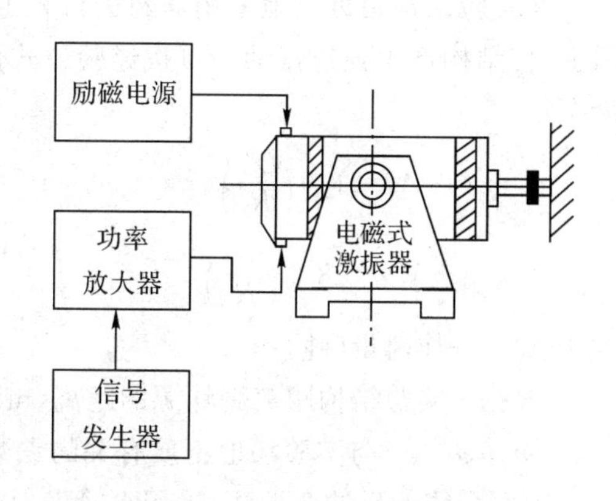

图 4.9　电磁激振系统

激振器与被测结构之间用柔性细长杆连接。柔性杆在激振方向上具有足够的刚度,在别的方向刚度很小,即柔性杆的轴向刚度较大,弯曲刚度很小,这样可以减少安装误差或其他原因引起的非激振方向上的振动力。柔性杆可以采用钢材或其他材料制作。

电磁激振器的安装方式分为固定式和悬挂式。采用固定式安装时,激振器安装在地面或支撑刚架上,通过柔性杆与实验结构相连。采用悬挂式安装时,激振器用弹性绳吊挂在支撑架上,再通过柔性杆与实验结构相连。

使用电磁式激振器时,还需注意所测加速度不得过大,因激振器顶杆和试件接触靠弹簧的压力,当所测加速度过大时,激振器运动部分的质量惯性力将大于弹簧静压力,顶杆就会与试件脱离,产生撞击,所测出振动波形失真,因此电磁式激振器高频工作范围受到一定限制,但其工作频带对于一般的建筑结构实验已足够宽。

电磁激振器的主要优点为频率范围较宽,推力可达几十千牛,重量轻,控制方便,按信号发生器发出信号可产生各种波形激振力。其缺点是激振力较小，一般仅适合小型结构和模型实验。

4.2.4 人激振动加载

在野外现场实验时须寻求更简单的动力加载方法，特别是无需复杂笨重设备的方法。人激振动加载法适合于在野外现场使用。

在实验中，人们发现可以利用自身在结构物上前后走动产生周期性的作用力，特别是当走动周期与结构自振周期相同时，结构振幅足够大，因此适合于进行结构的共振实验。对于自振频率比较低的大型结构来说，也完全有可能采用人激振动被激振到足可进行量测的程度。

国外有人实验过，一个体重约70ks的人，使其质量中心作频率为1Hz、双振幅为15cm的前后运动时，将产生大约0.2kN的惯性力。由于在1%临界阻尼的情况下共振时的动力放大系数为50，这意味着作用于建筑物上的有效作用大约为10kN。

利用这种方法曾在一座15层钢筋混凝土建筑上取得了振动记录。开始几周运动就达到最大值，这时操作人员停止运动，让结构作有阻尼自由振动，从而获得了结构的自振周期和阻尼系数。

4.2.5 人工爆炸激振

在实验结构附近场地采用炸药进行人工爆炸，利用爆炸产生的冲击波对结构进行冲击激振，使结构产生强迫振动。可按经验公式估算人工爆炸产生场地地震时的加速度 A 和速度 V：

$$A=21.9\left(\frac{Q^m}{R}\right)^n \tag{4-7}$$

$$V=118.6\left(\frac{Q^m}{R}\right)^q \tag{4-8}$$

式中：Q——炸药量(吨)；

R——实验结构距离爆炸源的距离(m)；

m、n、q——与实验场地土质有关的参数。

前面介绍的反冲激振法，采用火箭发射时产生的反冲力对结构施加冲击力，也是一种适合现场应用的激振方法，国内已进行过几幢建筑物和大型桥梁的现场实验，效果较好。

4.2.6 环境随机振动激振

在结构动力实验中，除了利用以上各种设备和方法进行激振加载以外，环境随机振动激振法近年来发展很快，被人们广泛应用。

环境随机振动激振法也称脉动法。人们在许多实验观测中，发现建筑物经常处于微小而不规则振动之中。这种微小而不规则的振动来源于频繁发生的微小地震活动、大风等自然现象以及机器运行、车辆行驶等人类活动的因素，使地面存在着连续不断的运动，其运动的幅值极为微小，而它所包含的频谱是相当丰富的，故称为地面脉动，用高灵敏度的测振传感器可以记录到这些信号。地面脉动激起建筑物也常处于微小而不规则的脉动中，通常称为建筑物脉动。可以利用这种脉动现象来分析测定结构的动力特性，它不需要任何激振设备，也不受结构形式和大小的限制。

我国很早就应用这一方法测定结构的动态参数，但数据分析方法一直采取从结构脉动反应的时程曲线记录图上按照“拍”的特征直接读取频率数值的主谐量法，所以一般只能获得基本频率这个单一参数。70 年代以来，随着结构模态分析技术和数字信号分析技术的进步，使这一方法得到了迅速发展。目前已可以从记录到的结构脉动信号中识别出全部模态参数（各阶自振频率、振型、模态阻尼比），这使环境随机激振法的应用得到了扩展。

4.3 振动测量系统

振动测量系统的测量仪表，包括测振传感器，放大器和记录仪。测振传感器是将机械振动信号变换成电参量的一种敏感元件，其种类繁多，按测量参数可分为位移式、速度式和加速度式，按构造原理可分为磁电式、压电式、电感式和应变式，从使用角度出发又可分为绝对式（或称惯性式）和相对式、接触式和非接触式等。

4.3.1 惯性式传感器原理

振动具有传递作用，测振时很难找到一个静止点作为测量振动的参考点，为此，往往需要在仪器内部设法构成一个基准点，其构成方法是在仪器内部设法构成一个基准点，这样的拾振器叫惯性传感器，其工作原理如图 4-10 所示。该系统主要由惯性质量块 m、弹簧 k 和阻尼器 c 构成。使用时将传感器外壳固定在振动体上，并和振动体一起振动，以下我们试图建立的是振动体的运动（如位移）和振子与传感器外壳相对运动（如相对位移）之间的关系。

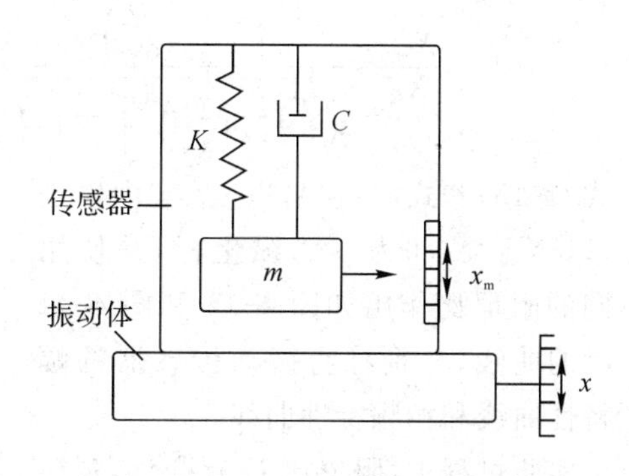

图 4.10　惯性传感器原理图

设被测振动体按以下规律振动：

$$x = X_0 \sin\omega t \tag{4-9}$$

可建立质量块 m 的振动微分方程：

$$m(\ddot{x} + \ddot{x}_m) + c\dot{x}_m + kx_m = 0 \tag{4-10}$$

式中：x——振动体相对固定参考坐标的位移；

X_0——被测振动体振动幅值；

x_m——质量块相对于传感器外壳的位移；

ω——被测振动体振动圆频率；

m——传感器振子的质量；

k——传感器振子的弹簧刚度；

c——传感器振子的阻尼系数。

(4-9)式代入(4-10)式，经整理可得

$$\ddot{x}_m + 2D\omega_n \dot{x}_m + \omega_n^2 x_m = X_0 \omega^2 \sin\omega t \tag{4-11}$$

其中，$\omega_n^2 = \frac{k}{m}$ ，$D = \frac{c}{2m\omega_n}$，

式中：ω_n——传感器振子的固有频率；

D——传感器振子的阻尼比。

(4-11)式的稳态解为

$$x_m = X_{m0} \sin(\omega t - \varphi) \tag{4-12}$$

其中：
$$X_{m0} = \frac{X_0 \left(\frac{\omega}{\omega_n}\right)^2}{\sqrt{\left[1 - \left(\frac{\omega}{\omega_n}\right)^2\right]^2 + \left(2D\frac{\omega}{\omega_n}\right)^2}} \tag{4-13}$$

$$\varphi = \arctan \frac{2D\frac{\omega}{\omega_n}}{1 - \left(\frac{\omega}{\omega_n}\right)^2} \tag{4-14}$$

将(4-12)式与(4-9)式相比较，可以看到，质量块相对于传感器外壳的动位移频率与振动体的动位移频率相同，但两者相差一个相位角 φ，质量块的相对运动振幅与振动体的运动振幅之比为：

$$\frac{X_{m0}}{X_0} = \frac{\left(\frac{\omega}{\omega_n}\right)^2}{\sqrt{\left[1 - \left(\frac{\omega}{\omega_n}\right)^2\right]^2 + \left(2D\frac{\omega}{\omega_n}\right)^2}} \tag{4-15}$$

由式(4-15)和式(4-14)，以 ω/ω_n 为横坐标，以 X_{m0}/X 和为 φ 为纵坐标，并使用不同的阻尼比作出如图 4-11 和图 4-12 所示的曲线，分别称为振动传感器的幅频特性曲线和相频特性曲线。

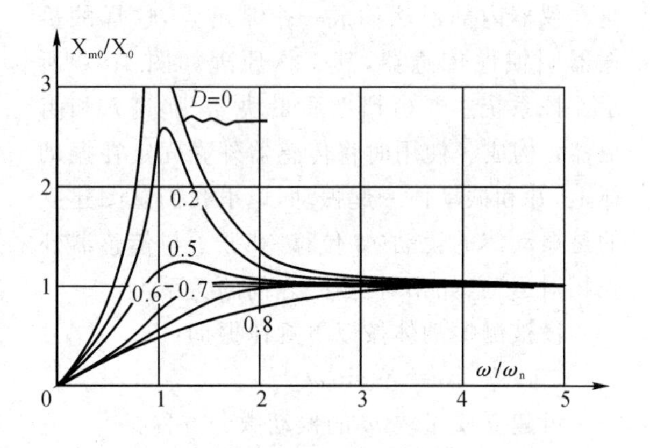

图 4.11 幅频特性曲线

实验过程中，阻尼比 D 有变化，观察图 4-11 和图 4-12，X_{m0}/X 和 φ 保持常数的频段是有限制的。不同的频段和阻尼比，振动传感器将输出不同的振动参数。

1) 当 $\omega/\omega_n \gg 1, D < 1$ 时，由式(4-15)和式(4-14)可得

$$\frac{\left(\frac{\omega}{\omega_n}\right)^2}{\sqrt{\left[1 - \left(\frac{\omega}{\omega_n}\right)^2\right]^2 + \left(2D\frac{\omega}{\omega_n}\right)^2}} \to 1 \tag{4-16}$$

$$\varphi \to 180° \tag{4-17}$$

这说明此时振子的相对振幅和振动体的振幅接近相等而相位相反，此时振动传感器可用作位移计。

实际使用中，当位移测试精度要求较高时，频率比可取上限，即 $\omega/\omega_n>10$；对于精度一般要求的振幅测定，可取 $\omega/\omega_n=5\sim10$，这时仍可近似地认为 $X_{m0}/X\to1$，但具有一定误差；幅频特性曲线平直部分的频率下限与阻尼比有关，对无阻尼或小阻尼的频率下限可取 $\omega/\omega_n=4\sim5$，当 $D=0.6\sim0.7$ 时，频率比下限可放宽到 2.5 左右，此时幅频特性曲线有最宽的平直段，也就是作为位移计频率使用范围较宽。

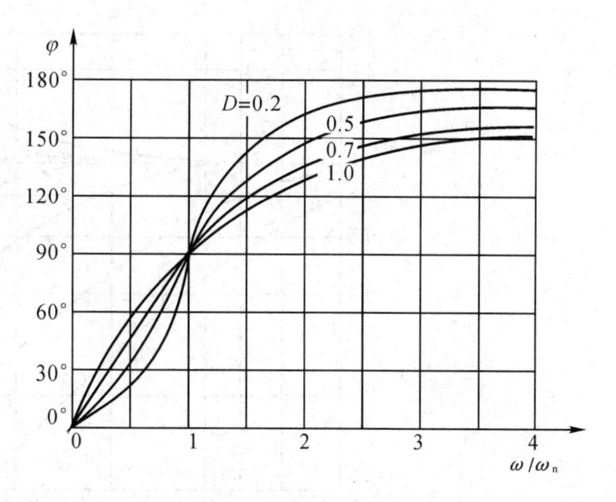

图 4.12 相频特性曲线

在有阻尼振动情况下，振动传感器对不同振动频率有不同的相位差，如图 4.12 所示。如果振动体的运动由多个频率的正弦波叠加而成，则由于振动传感器对不同频率的相位差不同，测得的位移波形将发生失真，所以应注意传感器关于波形畸变的限制。

2）当 $\omega/\omega_n\approx1$，$D\gg1$ 时，由式(4-15)可得：

$$\frac{\left(\frac{\omega}{\omega_n}\right)^2}{\sqrt{\left[1-\left(\frac{\omega}{\omega_n}\right)^2\right]^2+\left(2D\frac{\omega}{\omega_n}\right)^2}}\to\frac{\omega}{2D\omega_n}\tag{4-18}$$

可得
$$X_{m0}\approx\frac{1}{2D\omega_n}\dot{X}_0\tag{4-19}$$

其中
$$\dot{X}_0=\omega X_0$$

这时振动传感器响应的显示值与振动体的速度成正比，故称为速度计。$1/2D\omega_n$ 为比例系数，阻尼比 D 愈大，振动传感器输出灵敏度愈低。设计速度计时，由于要求的阻尼比很大，相频特性曲线的线性度就很差，对含有多个频率成分振动信号来说，信号失真较大。此外，速度传感器的有用频率范围也非常狭窄，因而工程中很少使用。

3）当 $\omega/\omega_n\ll1$，$D<1$ 时，由式(4-15)可得：

$$\frac{\left(\frac{\omega}{\omega_n}\right)^2}{\sqrt{\left[1-\left(\frac{\omega}{\omega_n}\right)^2\right]^2+\left(2D\frac{\omega}{\omega_n}\right)^2}}\to\left(\frac{\omega}{\omega_n}\right)^2\tag{4-20}$$

$$X_{m0}=\left(\frac{\omega}{\omega_n}\right)^2X_0\quad\tan\varphi\approx0\tag{4-21}$$

可得
$$X_{m0}=-\frac{1}{\omega_n^2}\ddot{X}_0\tag{4-22}$$

其中
$$\ddot{X}_0=-\omega^2X_0$$

此时，振动传感器振子的相对位移与振动体的加速度成正比，比例系数为 $1/\omega_n^2$。这种传感器可用来测量加速度，称为加速度计。加速度计的幅频特性曲线如图 4.13 所示。由于加速度计用于频率比 $\omega/\omega_n\ll1$ 的范围内，故相频特性曲线仍可用图 4.12。从图 4.12 可以看到，其相位超前于被测频率，在 0～90°之间。这种传感器当阻尼比 $D=0$ 时，没有相位差，

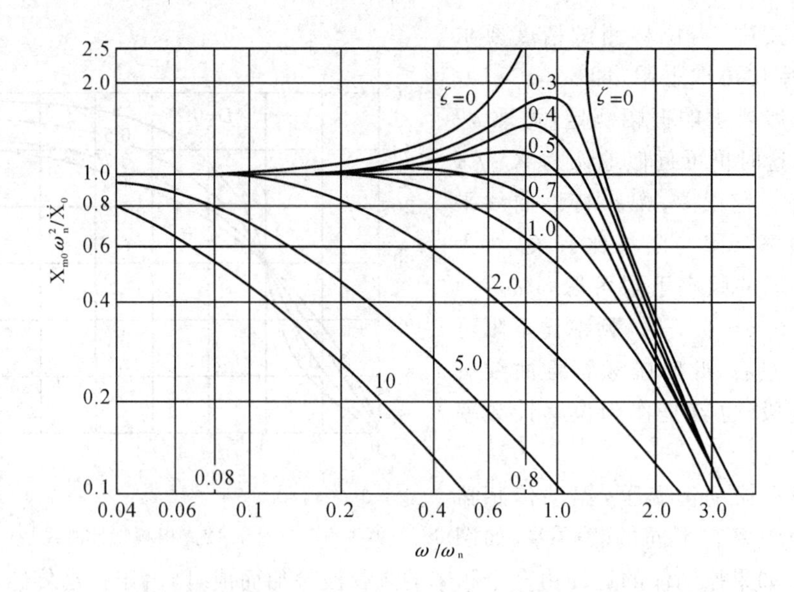

图 4.13 加速度计幅频特性曲线

因此测量复合振动不会发生波形畸变。但振动传感器总是有阻尼的，当加速度计的阻尼比 D 在 0.6～0.7 之间时，由于相频曲线接近于直线，所以相频与频率比成正比，波形不会出现畸变。若阻尼比不符合要求，将出现与频频率比成非线性的相位差。

4.3.2 传感器换能原理

在惯性式振动传感器中，质量弹簧系统（以下称振子）将振动体振动量（位移、速度或加速度）转换成了质量块相对于仪器外壳的位移，除此之外，还应不失真地将它们转换为电量，以便传输并用量电器进行量测。转换的方法有多种形式，如利用磁电感应原理、压电晶体材料的压电效应原理、机电耦合伺服原理以及电容、电阻应变、光电原理等。其中磁电式速度传感器能线性地感应振动速度，适用于实际结构的振动量测。压电晶体式加速度传感器，体积较小，重量轻，自振频率高，频率范围宽，在工程中得到了广泛的应用。

4.3.2.1 磁电式速度传感器

磁电式速度传感器的振子部分是一个位移计，即被测振动体振动频率应远远高于振子的固有频率，此时振子与仪器壳体的相对动位移振幅和振动体的动位移振幅近似相等而相位相反。

图 4-14(1)为一种典型的磁电式速度传感器，磁钢和壳体固定安装在所测振动体上，并与振动体一起振动，芯轴与线圈组成传感器的可动系统由簧片与壳体连接，可动系统就是传感器的惯性质量块，测振时惯性质量块和仪器壳体相对移动，因而线圈和磁钢也相对移动从而产生感应电动势，根据电磁感应定律，感应电动势 E 的大小为

$$E=BLnv \tag{4-23}$$

式中：B——线圈在磁钢间隙的磁感应强度；

L——每匝线圈的平均长度；

n——线圈匝数；

v——线圈相对于磁钢的运动速度，即所测振动物体的振动速度。

从上式可以看出对于确定的仪器系统，B、L、n 均为常量，所以感应电动势 E 也就是测振传感器的输出电压是与所测振动的速度成正比的，因此，它的实际作用是一个测量速度的换能器。

如前所述，磁电式速度传感器的振子部分是一个位移计，则它的输出量是把位移经过一次微分后输出的。若需要记录位移时，须通过积分网路。若接上一个微分电路时，那么输出电压就变成与加速度成正比了。应该注意，由于磁电式换能器这个微分特性，所以其输出量与速度信号成正比，即与频率的一次方成正比，因此，它的速度可测量程是变化的，低频时可测量程小，高频时可测量程大。这类仪器对加速度的可测范围与频率的二次方成正比，使用时应重视这个特性。

建筑工程中经常需要测 10Hz 以下甚至 1Hz 以下的低频振动，必须进一步降低传感器振子的固有频率，这时常采用摆式速度传感器，这种类型的传感器将质量弹簧系统设计成转动的形式，因而可以获得更低的固有频率。图 4-14(2)是典型的摆式测振传感器。根据所测振动是垂直方向还是水平方向，摆式测振传感器有垂直摆、倒立摆和水平摆等几种形式，摆式速度传感器也是磁电式传感器，输出电压也与振动速度成正比。

磁电式速度传感器的主要特点是，灵敏度高，有时不需放大器可以直接记录，但测量低频信号时，输出灵敏度不高；此外，性能稳定、输出阻抗低、频率响应线性范围有一定宽度也是其主要特点。通过对质量阻尼弹簧系统参数的设计，可以做出不同类型的传感器，能量测极微弱的振动，也能量测比较强的振动。磁电式速度传感器是多年来工程振动测量中最常用的测振传感器。

磁电式速度传感器的主要技术指标：

1)传感器质量弹簧系统的固有频率 ω_n，是传感器的一个重要参数，它与传感器的频率响应有很大关系。固有频率决定于质量块 m 的质量大小和弹簧刚度 k。其计算公式为

$$\omega_n=\sqrt{\frac{k}{m}} \tag{4-24}$$

2)灵敏度 K，即传感器感受振动的方向感受到一个单位振动速度时，传感器的输出电压。

$$K=E/v$$

K 的常用单位是 $mV/(\mathrm{cm}\cdot\mathrm{s}^{-1})$。

3)频率响应，在理想的情况下，当所测振动的频率变化时，传感器的灵敏度应该不改变，但无论是传感器的机械系统还是机电转换系统都有一个频率响应问题，所以灵敏度 K 随所测频率不同有所变化，这个变化的规律就是传感器的频率响应。对于阻尼值固定的传感器，频率响应曲线只有一条，有些传感器可以由实验者选择和调整阻尼，阻尼不同传感器的频率响应曲线也不同。

4)阻尼系数指的是磁电式速度传感器质量弹簧系统的阻尼比，阻尼比的大小对频率响应有很大影响，通常磁电式速度传感器的阻尼比设计为 0.5～0.7，此时，振子的幅频特性曲线有较宽的平直段。

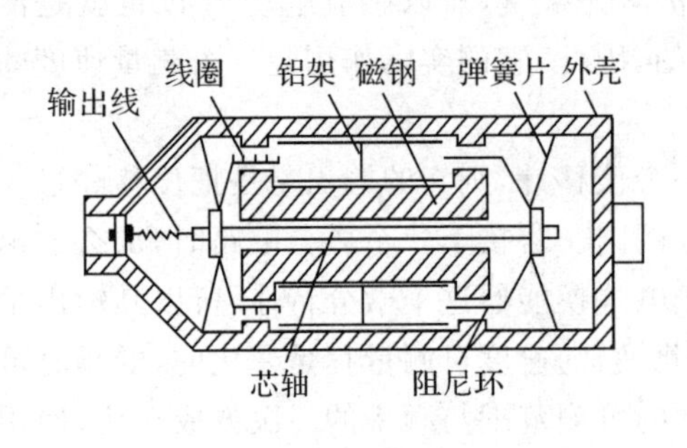

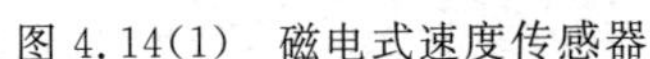
图 4.14(1) 磁电式速度传感器

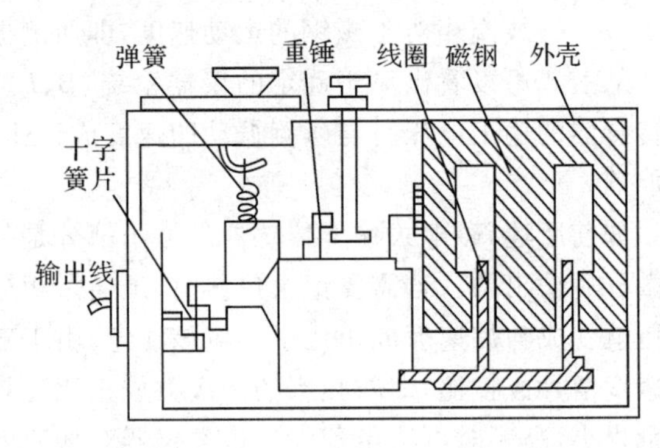

图 4.14(2) 摆式传感器

传感器输出的电压信号有时比较微弱，需要经过放大才能读数或记录，一般采用电压放大器。电压放大器的输入阻抗要远大于传感器的输出阻抗，这样就可以使信号尽可能多地输入到放大器输入端。放大器应有足够的电压放大倍数，同时信噪比要高。

为了同时能够适应于微弱的振动测量和较大的振动测量，放大器应设多级衰减器供不同的测试场合选择。放大器的频率响应能满足测试的要求，亦即有好的低频响应和高频响应。完全满足上述要求有时是困难的，因此在选择或设计放大器时要通盘考虑各项指标。一般将微积分网络和电压放大器设计在同一个仪器里。

4.3.2.2 压电式加速度传感器

某些晶体，如石英、压电陶瓷、酒石酸钾钠、钛酸钡等材料，当沿着其电轴方向施加外力使其产生压缩或拉伸变形时，内部会产生极化现象，同时在其相应的两个表面上产生大小相等符号相反的电荷；当外力去掉后，又重新回到不带电状态；当作用力方向改变时，电荷的极性也随之改变；晶体受力变形所产生的电荷量与外力的大小成正比。这种现象叫压电效应。反之，如对晶体电轴方向施加交变电场，晶体将在相应方向上产生机械变形；当外加电场撤去后，机械变形也随之消失。这种现象称为逆压电效应，或电致伸缩效应。

利用压电晶体的压电效应，可以制成压电式加速度传感器和压电式力传感器。利用逆压电效应，可制造微小振动量的高频激振器，如发射超声波的换能器。

压电晶体受到外力产生的电荷 Q 由下式表示

$$Q=G\sigma A \tag{4-25}$$

式中：G——晶体的压电常数；

σ——晶体的压强；

A——晶体的工作面积。

在压电材料中，石英晶体是较好的一种，它具有高稳定性、高机械强度和工作温度范围宽的特点，但灵敏度较低。在计量方面使用最多的是压电陶瓷材料，如钛酸钡、锆钛酸铅等。采用特殊的陶瓷配制工艺可以得到较高的压电灵敏度和很宽的工作温度，而且易于制成各种形状。

当外力施加在压电材料极化方向使其发生轴向变形时，与极化方向垂直的表面产生与外力成正比的电荷，产生输出端的电位差。这种方式称为正压电效应或压缩效应（图 4-15(a)）。当外力施加在压电材料的极化方向使其发生剪切变形时，与极化方向平行的表面产生与外力成正比的电荷,产生输出端的电位差。这种方式为剪切压电效应(图 4-15(b))。

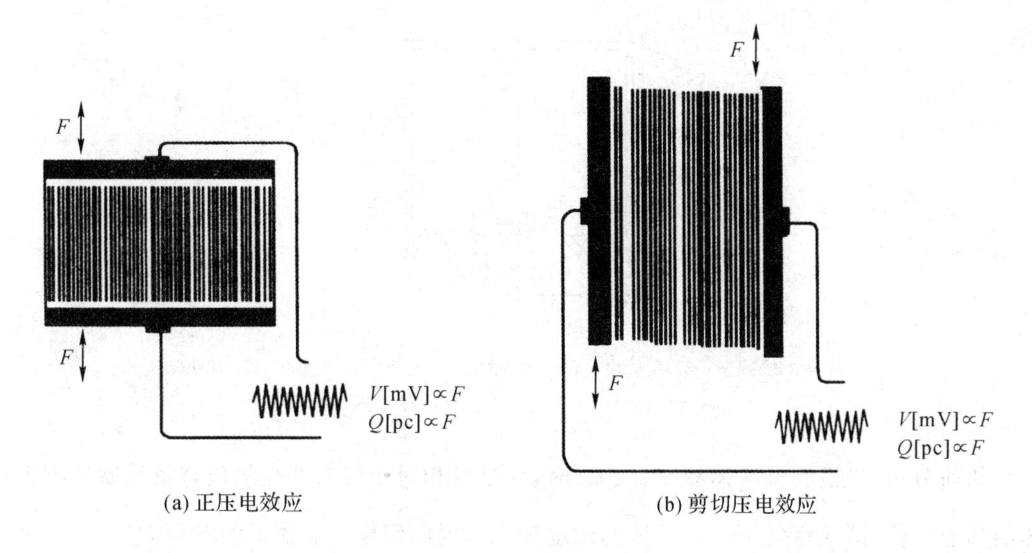

(a) 正压电效应 (b) 剪切压电效应

图 4.15 压电材料的压电效应

上述两种形式的压电效应均已经应用于传感器的设计中,对应的传感器称为压缩型传感器和剪切型传感器(图 4-16))。

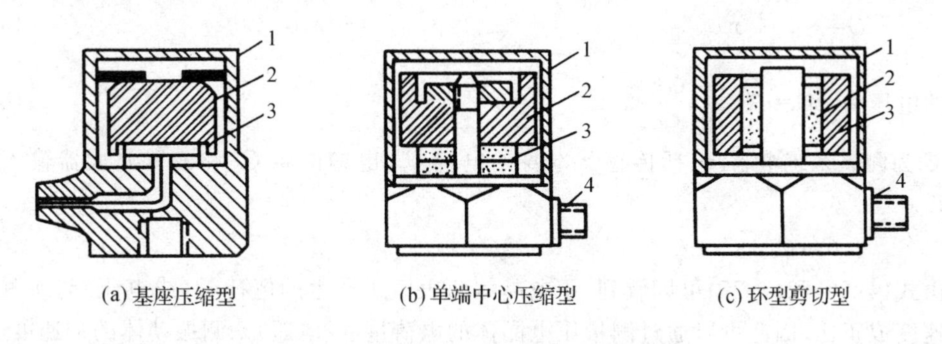

(a) 基座压缩型 (b) 单端中心压缩型 (c) 环型剪切型

1. 外壳 2. 质量块 3. 压电晶体 4. 输出接头

图 4.16 不同形式压电式加速度传感器

压缩型传感器一般采用中心压缩型,此种传感器构造简单,性能稳定,有较高的灵敏度/质量比,但此种传感器将压电元件—弹簧—质量系统通过圆柱安装在传感器底座上,若因环境因素或安装表面不平整等因素引起底座的变形都将引起传感器的电荷输出。因此这种形式的传感器主要用于高冲击情况和特殊用途的加速度测量。

剪切型传感器的底座变形不会使压电元件产生剪切变形,因而在与极化方向平行的极板上不会产生电荷。它对温度突变、底座变形等环境因素均不敏感,性能稳定,灵敏度/质量比高,可用来设计非常小型的传感器,是目前压电加速度传感器的主流型式。

压电式加速度传感器的工作原理如图 4-17 所示,压电晶体片上是质量块 m,用硬弹簧将它们夹紧在基座上。质量弹簧系统的弹簧刚度由硬弹簧刚度 K_l 和晶体刚度 K_2 组成,$K=K_l+K_2$。质量块的质量 m 较小,阻尼系数也较小,而刚度 K 很大,因而传感器振子的固有频率很高，根据需要可达若干 kH，高的甚至可达 100～200kH。

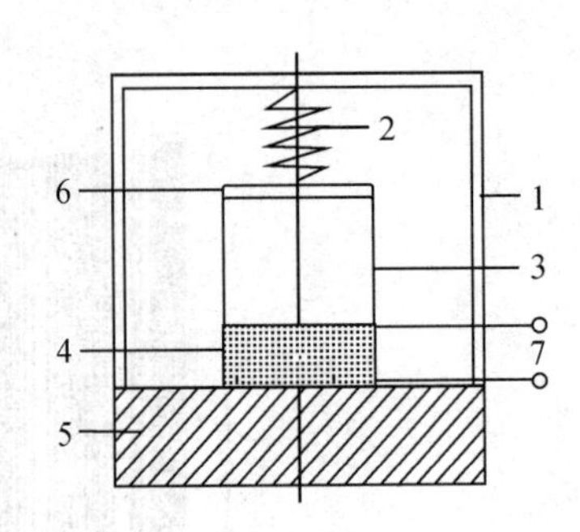

1. 外壳　2. 弹簧　3. 质量块　4. 压电晶体　5. 基座　6. 绝缘垫　7. 输出端

图 4.17　压电加速度传感器原理

如前分析，当被测振动体频率 $\omega \ll \omega_n$ 时，质量块相对于仪器外壳的位移就反映所测振动体的加速度值，即 $x_m=-\frac{1}{\omega_n^2}\ddot{x}$。晶体的刚度为 K_2，因而作用在晶体上的动压力

$$\sigma A=K_2 x_m \approx -\frac{K_2}{\omega_n^2}\ddot{x}$$

由(4-25)式可得晶体上产生的电荷量为

$$Q=-\frac{GK_2}{\omega_n^2}\ddot{x} \tag{4-26}$$

相应的电压为 $$U=\frac{Q}{C}=-\frac{GK_2}{C\omega_n^2}\ddot{x} \tag{4-27}$$

式中 C 为测试系统电容，包括传感器本身的电容 C_a、电缆电容 C_c 和前置放大器输入电容 C_i，即

$$C=C_a+C_c+C_i$$

由式(4-26)和(4-27)可以看到，压电晶体两表面所产生的电荷量(或电压)与所测振动之加速度成正比，因此可以通过测量压电晶体的电荷量(或电压)来测振动体的加速度。

式(4-26)中，定义

$$S_q=\frac{GK_2}{\omega_n^2} \tag{4-28}$$

称为压电式加速度传感器的电荷灵敏度，即传感器感受单位加速度时所产生的电荷量，单位常用 pC/g 或 $pC/\mathrm{m/s^2}$。

式(4-27)中，定义

$$S_u=\frac{GK_2}{C\omega_n^2} \tag{4-29}$$

称为压电式加速度传感器的电压灵敏度，即传感器感受单位加速度时产生的电压量，单位常用 mV/g 或 $\mathrm{mV/m/s^2}$。

压电式加速传感器具有动态范围大(最大可达 10^5g)，频率范围宽、重量轻、体积小等优点，被广泛用于振动测量的各个领域，尤其在宽带随机振动和瞬态冲击等场合，几乎是唯一合适的测振传感器。其缺点输出阻抗太高，噪声较大，特别是用它两次积分后测位移时，噪声和干扰很大。

其主要技术指标如下：

1)灵敏度

传感器灵敏度的大小主要取决于压电晶体材料特性和质量块质量大小。传感器几何尺寸愈大，即质量块愈大则灵敏度愈高，但 ω_n 较低而使用频率范围愈窄。反之，传感器体积减小则灵敏度也减小，而使用频率范围则加宽，选择压电式加速度传感器，要根据测试对象和振动信号特征综合考虑。

2)安装谐振频率

传感器说明书标明的安装谐振频率 $f_{安}$ 是指将传感器(用螺栓牢固安装在一个有限质量 m(目前国际公认的标准是体积为 $1in^3$，质量为 180g)的物体上的谐振频率。传感器的安装谐振频率对传感器的频率响应有很大影响。实际测量时安装谐振频率还要受具体安装方法的影响，例如螺栓种类、表面粗糙度等。实际工程结构测试时，传感器安装条件如果达不到标准安装条件，其安装谐振频率会降低。

3)频率响应

压电式加速度传感器的幅频特性曲线，如图 4-18 所示。曲线横坐标为对数尺度的振动频率，纵坐标为 dB(分贝)表示的灵敏度衰减特性。可以看到在低频段是平坦直线，随着频率增高，灵敏度误差增大，当振动频率接近安装谐振频率时灵敏度会很大。压电式加速度传感器没有专门设置阻尼装置，阻尼比很小，一般在 0.01 以下，只有$\frac{\omega}{\omega_n}<\frac{1}{5}$(或$\frac{1}{10}$)时灵敏度误差才比较小，测量频率的上限 $f_{上}$ 取决于安装谐振频率 $f_{安}$，当 $f_{上}=\frac{1}{5}f_{安}$ 时，其灵敏度误差为 4.2%，当 $f_{上}=\frac{1}{3}f_{安}$ 时，其误差超过 12%。根据测试精度要求，一般取传感器工作频率的上限为其安装谐振频率的$\frac{1}{5}\sim\frac{1}{10}$。由于压电式加速度传感器有很高的安装谐振频率，所以压电传感器的工作频率上限较之其他类型的测振传感器高，也就是工作频率范围宽。至于工作频率的下限，就传感器本身可以达到很低，但实际测量时决定于电缆和前置放大器的性能。

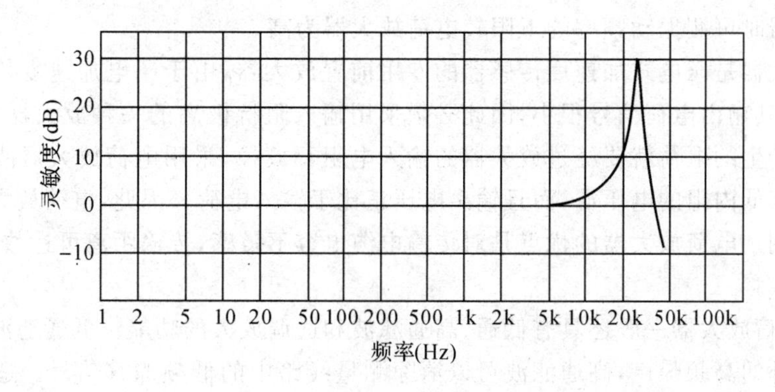

图 4.18 压电式加速度传感器的幅频特性曲线

图 4-19 是压电式加速度传感器的相频特性曲线，由于压电式加速度传感器工作在

$\omega/\omega_n \ll 1$范围内，而且阻尼比 D 很小，一般在 0.01 以下，从图可以看出这一段相位滞后几乎等于常数 π，不随频率改变。这一性质在测量复合振动和随机振动时具有重要意义，被测振动信号不会产生相位畸变。

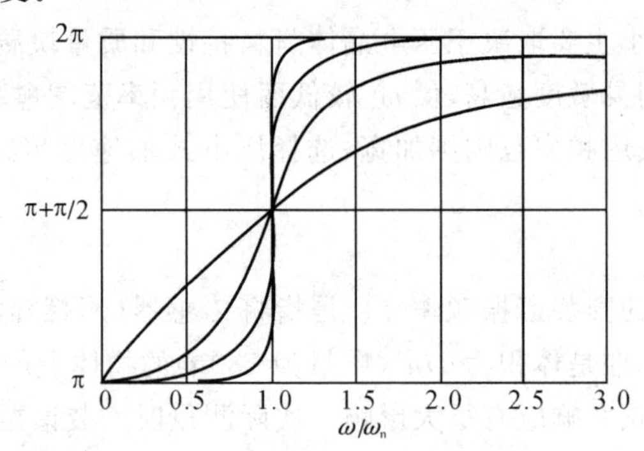

图 4.19　压电式加速度传感器的相频特性曲线

4)横向灵敏度比

传感器承受垂直于主轴方向振动时的灵敏度与沿主轴方向灵敏度之比称为横向灵敏度比，理想情况应该是当与主轴垂直方向振动时不应有信号输出，即横向灵敏度比为零。但由于压电材料的不均匀性，零信号指标难以实现。横向灵敏度比应尽可能小，质量好的传感器应小于 5%。

5)幅值范围(动态范围)

传感器灵敏度保持在一定误差大小(5%～10%)时的输入加速度幅值量级范围称为幅值范围，也就是传感器保持线性的最大可测范围。

压电式加速度传感器的输出信号必须用放大器放大后才能进行测量，常用的放大器有电压放大器和电荷放大器两种。

电压放大器具有结构简单，价格低廉，可靠性好等优点。但输入阻抗比较低，在作为压电式加速度传感器的二次仪表时，导线电容变化将非常敏感地影响仪器系统的灵敏度。因此必须在压电式加速度传感器和电压放大器之间加一阻抗变换器，同时传感器和阻抗变换器之间的导线要有所限制，标定时和实际量测时要用同一根导线。当压电加速度传感器使用电压放大器时可测振动频率的下限较电荷放大器为高。

电荷放大器是压电式加速度传感器的专用前置放大器，由于压电加速度传感器的输出阻抗非常高，其输出电荷信号很小，因此必须采用输入阻抗极高的一种放大器与之相匹配，否则传感器产生的电荷就要经过放大器的输入电阻释放掉，采用电荷放大器能将高内阻的电荷源转换为低内阻的电压源，而且输出电压正比于输入电荷。因此，电荷放大器同样起着阻抗变换作用。电荷放大器的优点是对传输电缆电容不敏感，传输距离可达数百米，低频响应好。

此外，电荷放大器一般还具有低通、高通滤波和适调放大的功能。低通滤波可以抑制测量频率范围外的高频噪声，高通滤波可以消除测量线路中的低频漂移信号。适调放大的作用是实现测量电路灵敏度的归一化，以便对于不同灵敏度的传感器保证输入单位加速度时输出同样的电压值。

4.3.2.3 ICP压电式加速度传感器

传统的压电式加速度传感器存在的主要问题是:加速度传感器本身的质量造成被测结构的附加质量,传感器灵敏度与其质量相关,不能直接由电压放大器放大其输入信号等。自20世纪80年代以来,振动测试中,广泛采用集成电路压电传感器,又称为ICP(Integratel Circuit Piezoelectric)传感器(图420),这种传感器采用集成电路技术将阻抗变换放大器直接装入封装的压电传感器内部,因此也称为内装放大式压电加速度传感器,使压电传感器高阻抗电荷输出变为放大后的低阻抗电压输出,内置引线电容几乎为零,解决了使用普通电压放大器时的引线电容问题,造价降低,使用简便,是结构振动模态实验的主流传感器。此类传感器在高应变试桩检测基桩承载力技术上也得到广泛应用。

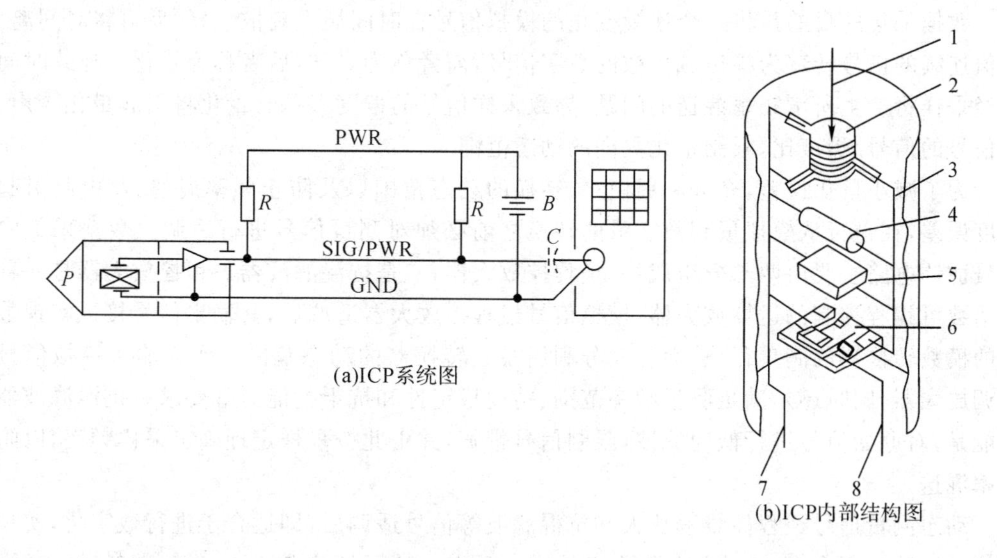

R—电阻　PWR—供电电源线　B—电池　SLG/PWR—信号线/供电电源线　C—电容　GND—接地　P—锤头
1. 作用力　2. 晶体元件　3. 正极　4. 输入电阻　5. 电容　6. 集成电路放大器　7. 接地　8. 信号/电源线

图4.20　集成电路(ICP)压电传感器

4.3.2.4 压阻式加速度传感器

半导体单晶硅材料在受到外力作用时,产生肉眼察觉不到的微小应变,其原子结构内部的电子能级状态发生变化,导致其电阻率发生剧烈变化,从而其电阻值也出现变化,这种现象称为压阻效应。20世纪50年代发现并开始研究这一效应的应用价值。

半导体单晶硅材料具有电阻值在受到压力作用明显变化的特性,因而可以通过测量材料电阻的变化来确定材料所受到的力。利用压阻效应制作的加速度传感器称为压阻式加速度传感器。这种传感器具有灵敏度高、频响宽、体积小、重量轻等特点。压阻式加速度传感器与压电式加速度传感器相比,主要有两点不同,压阻式加速度传感器可以测量频率趋于零的准静态信号,它可采用专用放大器,也可采用动态电阻应变仪作为放大器。

利用压阻效应原理,采用三维集成电路工艺技术并对单晶硅片进行特殊加工,制成应变电阻构成惠斯登检测电桥,集应力敏感与机电转换检测于一体,传感器感受的加速度信号可直接传送至记录设备。结合计算机软件技术,构成复合多功能智能传感器。

4.3.3 动态数据采集系统

传统的振动测量是将连续变化的运动量和力等物理量转变为连续电压信号，并进行显示、记录和分析处理等。这些连续变化的物理量和电信号称为模拟量。模拟量信号的缺点是显示、记录精度低，抗干扰能力差，且不便于进一步分析处理。

动态数据采集的功能是将模拟量信号转变为便于贮存、传输和分析处理的数字信号，它在现代化振动测试中起着承前启后的关键作用，振动测试中的动态数据采集，面对的是动态信号（快变参数），比起用于常规工业控制或静态信号（慢变参数）的数据采集有着更高的要求。

数据采集的目的是将一个连续变化的模拟信号在时间域上离散化，然后再将时间离散、幅值连续的信号转变为幅值域离散的数字信号，前者称为采样，后者称为量化。连续时间信号经采样将产生所谓频率混迭的问题，导致采样信号的偏度误差。量化将引起量化噪声，降低信号的信号/噪声比，限制量化数据的动态范围。

为了减小量化误差，充分利用模/数转换的动态范围以及防止频率混迭、及由此引起的偏度误差，在进行从模拟量到数字量的转换之前必须对测量信号进行适调。数据采集中的信号适调电路主要由两部分组成：一是程控放大器，二是抗混滤波器。程控放大器是一种放大倍数可编程控制的运算放大器，模拟信号经程控放大器适调后，其输出信号接近实现数字化的模数转换器的满量程，从而可充分利用模数转换器的动态范围。作为输入模拟信号的适调放大器，同时还须满足测量频率范围、精度稳定性和抗干扰能力等要求。抗混滤波器的功能是，对原始信号进行低通滤波，限制信号带宽，并由此按采样定理确定采样频率，以防止频率混迭。

动态测量信号经程控量程放大和抗混滤波等信号适调后，即适合于进行数字化，实现由模拟量到数字量的转换，即对测量信号进行采样（时间域离散化）和模/数转换（幅值域量化）。

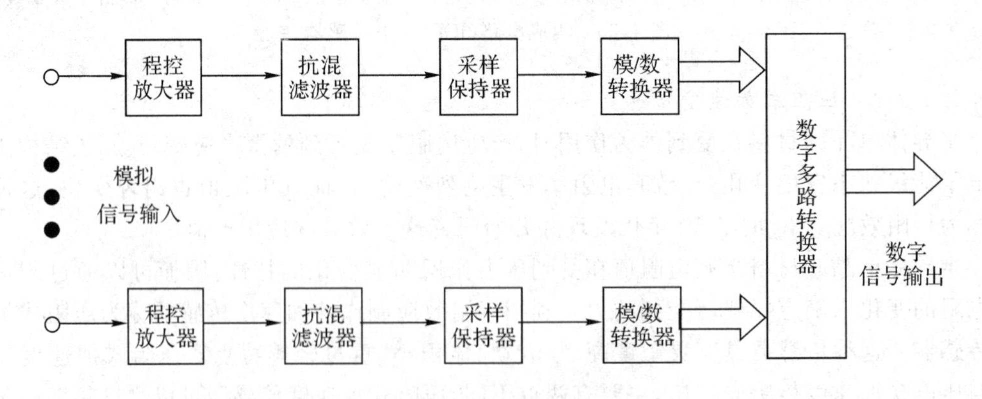

图 4.25　独立 A/D 多通道数据采集系统

程控放大器、抗混滤波器，采样/保持器和模/数转换器构成了一个基本的单通道动态数据采集系统。多通道动态数据采集系统的实现方案是每个通道都有独立的采样/保持器以及模/数转换器（图 4-25）。多通道信号经模/数转换成数字信号后，再经数字多路转换器进入存贮器或计算机。这类采集系统的优点是，通道频率范围可以很高，且减小了模拟多路转换器带来的各通道之间的相互干扰。

20世纪80年代以来，动态数据采集系统发展中的一个新进展是采用实时数字滤波器实现抗混滤波。与模拟滤波器相比，数字滤波器有更高的指标，且可实现频率细化FFT分析功能。需要指出的是，尽管采用了数字滤波器，在采样/保持器前面，仍需要一个固定频率的模拟抗混滤波器，其截止频率等于系统最大分析频率(通常为最高采样频率的1/2.56)。图4.26给出一种采用数字滤波器的动态数据采集系统的结构框图。

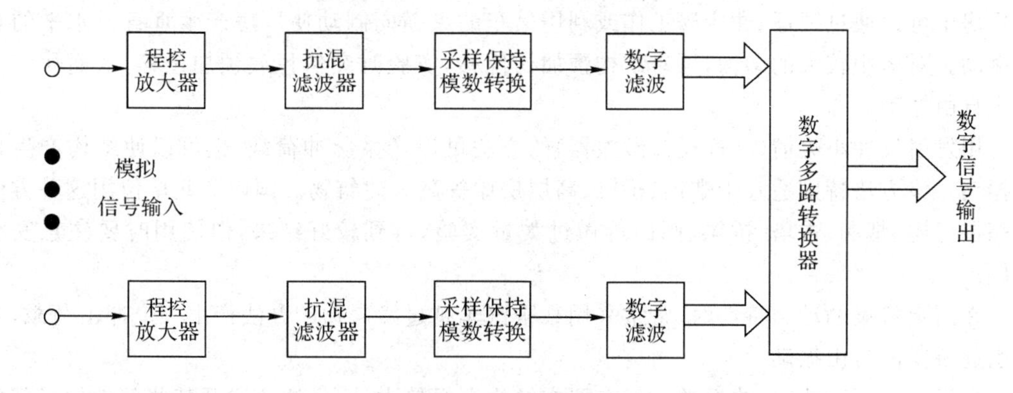

图4.26　采用数字滤波的多通道数据采集系统

现代动态数据采集系统除了具备基本的数据采集功能外，还具备数据存储、数字信号分析(时域和频域)、结构模态分析、数据和分析结果的打印输出等功能。目前国内外数据采集系统种类很多，按其组成模式可分为大型专门系统、分散式系统、小型专用系统和组成式系统，以满足各种不同的需求。

动态数据采集系统存储的是以一特定采样频率直接离散化了的数字信号，它失去了模拟式磁带记录仪记录模拟信号的一些优点，而磁带记录仪记录的模拟信号可以重放并用不同采样频率进行模数转换后再进行数字信号处理，常常收到更好的效果。

4.4　动力特性测试

结构的动力特性主要指固有频率、振型及阻尼系数等，是结构本身固有的参数，与结构的组成形式、刚度、质量分布、材料特性等因素有关。

结构的固有频率及相应的振型虽然可由结构动力学原理计算得到，但由于实际结构形状和连接的复杂、材料性质的非线性等因素，经过简化计算得出的理论数值常常误差较大，至于阻尼系数则只能通过实验来确定。因此，采用实验手段测定各种结构物的动力特性具有重要的实际意义。

用试验法测定结构的动力特性，首先应设法使结构起振，然后，记录和分析结构受振后的振动形态，以获得结构动力特性的基本参数。

土木工程的类型各异，其结构形式很不相同。从简单的构件如梁、柱、楼板、屋架、以至整个建筑物、桥梁等，其动力特性相差很大，在不同工况下，振动频率、振幅量级和振动形态差别很大，因而，实验方法和所用的仪器设备、传感器也各不相同。下面介绍一些常用的动力特性实验方法。

4.4.1 自由振动法

自由振动法是使结构产生自由振动(结构以初速度或初位移),通过振动测试仪器记录下有衰减的自由振动曲线,由此计算结构的基本频率和阻尼系数。

使结构产生自由振动的办法较多,如前所述采用突加荷载或突卸荷载的办法等。在工业厂房中可以通过锻锤、冲床等工作或利用吊车的纵横向制动使厂房产生垂直或水平的自由振动。对体积较大的结构,可对结构预加初位移,实验时突然释放预加位移,从而使结构产生自由振动。

用发射反冲小火箭(又称反冲激振器)的方法可以产生脉冲荷载,也可以使结构产生自由振动。该方法特别适宜于烟囱、桥梁、高层房屋等高大建筑物。国内一些单位用这种方法对高层房屋、烟囱、古塔、桥梁、闸门等做过大量实验,得到较好结果,但使用时要注意安全问题。

在测定桥梁的动力特性时,常常采用载重汽车越过障碍物的办法产生一个冲击荷载,从而引起桥梁的自由振动。

采用自由振动法时,拾振器一般布置在结构振幅较大处,要注意避开某些部件的局部振动,免得未记录到结构整体振动的信息,最好在结构物纵向和横向多布置几点,以观察结构整体振动情况。

衰减的自由振动曲线如图 4.27 所示。由实测自由振动曲线上,可以根据时间信号直接测量出基本频率。为了消除荷载影响,最初的一、两个波一般不用。同时,为了提高准确度,可以取若干个波的总时间除以波数得出平均数作为基本周期,单位为秒(s),其倒数即为基本频率,单位为 Hz。

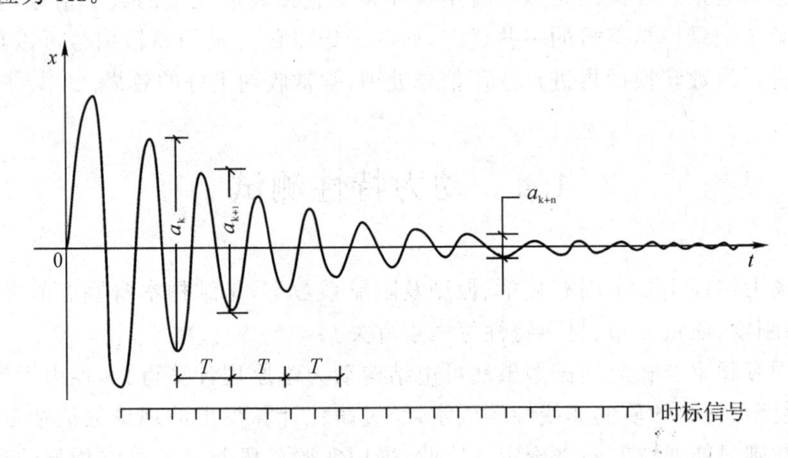

图 4.27 衰减的自由振动时间历程曲线

结构的阻尼特性用阻尼比表示,由于实测得到的振动记录图常常有直流分量,所以在测量阻尼时应采取图 4.27 所示,从峰到峰的测量方法,这样比较方便而且准确度高。阻尼比 D 的计算公式为

$$D=\frac{1}{2\pi n}\ln\frac{a_k}{a_{k+n}} \tag{4-30}$$

式中 a_k 和 a_{k+n} 表示两个相隔 n 个周期的振幅。

用自由振动法得到的周期和阻尼系数均比较准确，但只能测出基本频率。

4.4.2 共振法

共振法也称强迫振动法，一般采用机械激振器对结构施加简谐动荷载，在模型实验时可采用电磁激振器激振，使结构（或模型）产生稳态的强迫简谐振动，借助于对结构受迫振动的测定，求得结构动力特性的基本参数。

使用激振器时应将其牢固地安装在结构上，不使其跳动，否则会影响实验结果。激振器的激振方向和安装位置要根据实验结构的情况和实验目的而定。一般而言，整体结构强迫振动实验多为水平方向激振，楼板和梁的强迫振动实验多为垂直方向激振。激振器的安装位置应选在对所测量的各阶振型曲线都不是节点的部位。实验前最好先对结构进行初步动力分析，做到对所测量的振型曲线有一个大致的了解。

连续改变激振器的频率（频率扫描），当激振力的频率与结构的固有频率相等时，结构就发生共振，使结构产生共振的频率即为结构的固有频率。工程结构都是具有连续分布质量的系统，一般具有多个固有频率。对于一般的结构动力问题，了解其最低的基本频率是最重要的，对于较复杂的动力问题，也只需了解前几阶固有频率即可满足要求。采用共振法实验时，由低到高连续改变激振器的频率，就可得到结构的一阶、二阶、三阶固有频率等，采用电磁激振器测量结构固有频率框图见图 4.28 所示。

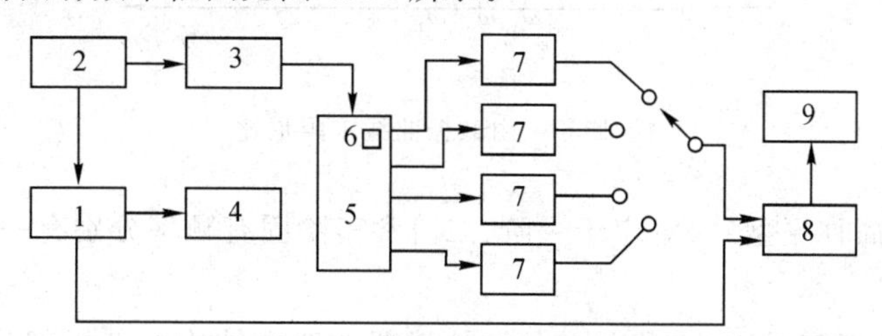

1. 信号发生器　2. 功率放大器　3. 电磁激振器　4. 频率仪
5. 实验结构　6. 测振传感器　7. 放大器　8. 相位计　9. 记录仪

图 4.28　共振法测量框图

图 4.29 所示为对建筑物进行频率扫描实验时所得到的时间历程曲线。在记录图上找到建筑物共振峰值频率 ω_1、ω_2，再在共振频率附近逐渐调节激振器的频率，同时记录这些点的频率和相应的振幅，就可作出频率—振幅关系曲线或称共振曲线。

当使用离心式机械激振器时，激振力与激振器转速的平方成正比，应注意到转速不同，激振力大小不同。为使绘出的共振曲线具有可比性，应把振幅折算为单位激振力作用下的振幅，通常将实测振幅 A 除以激振器圆频率的平方 ω^2，以 A/ω^2 为纵坐标，以 ω 为横坐标绘制共振曲线，如图 4.30 所示。曲线上峰值对应频率即为结构的固有频率 ω_0。从共振曲线也可以得到结构的阻尼比，具体作法为，在纵坐标最大值 x_{max} 的 0.707 倍处作一水平线与共振曲线相交于 A 和 B 两点（称为半功率点），其对应横坐标是 ω_1 和 ω_2 则阻尼比 D 为：

$$D=\frac{\omega_1-\omega_2}{2\omega_0} \tag{4-31}$$

由结构动力学可知，结构按某一固有频率振动时形成的弹性曲线称为结构对应于此频

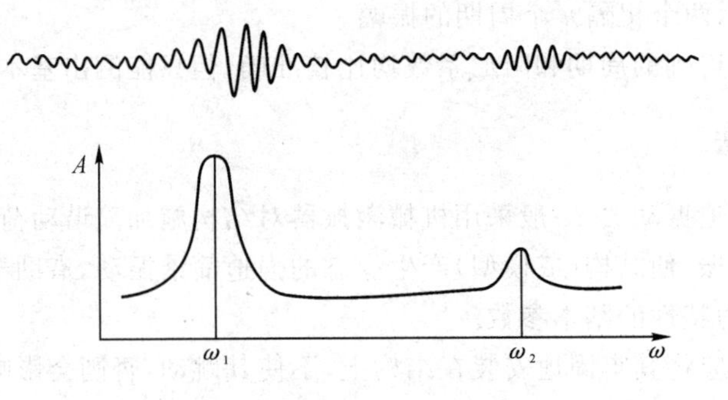

图 4.29 建筑物频率扫描实验时间历程曲线和共振曲线

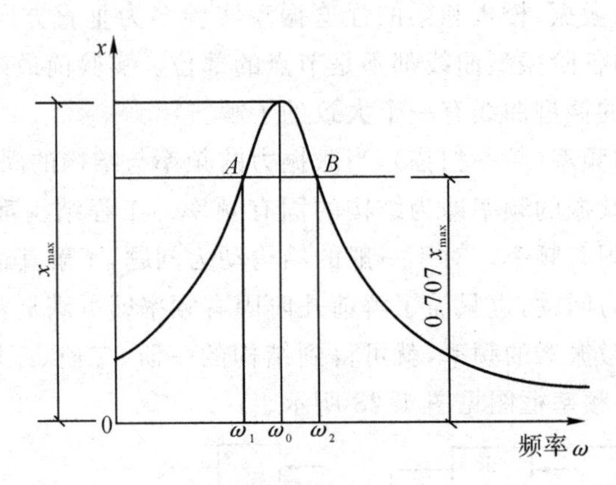

图 4.30 由共振曲线求阻尼比

率振动的主振型(简称振型)。对应于一阶、二阶和三阶固有频率分别有一阶振型、二阶振型和三阶振型。

用共振法测量振型时,应将若干个测振传感器布置在结构的若干部位。当激振器使结构发生共振时,同时记录下结构各部位的振动图,此时各测点测量仪器必须严格同步,通过比较各点的振幅和相位,即可给出对应该频率的振型图。图 4.31 所示为共振法测量建筑物振型的情况。绘制振型曲线图时,要规定位移的正负值。例如在图 4.31 中规定顶层测振传

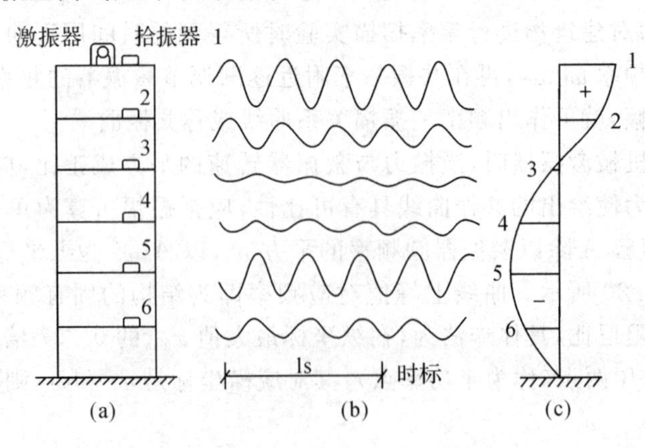

图 4.31 用共振法测量建筑物振型

感器的位移为正，则凡与它相位相同的为正，反之则为负。将各点的振幅按一定的比例和正负值画在图上连成曲线即为振型曲线。

对结构施加激振力时，为容易获得需要的振型，要将激振力作用在振型曲线上位移较大的部位。要注意避免将激振力作用于振型曲线的"节点"处，即结构以某一主振型振动时结构上位移为"零"的不动点。为此，应在实验前进行结构动力学理论计算，初步分析或估计振型的大致形式，然后决定激振力的作用点，即安装激振器的位置。

测振传感器的布置视结构形式而定，同样应根据振型的大致形式，在振型曲线上位移较大的部位布置传感器。例如图4.32所示框架，在横梁和柱子的中点、1/4处、柱端点共布置了1～6个测点。这样便可较好地连成振型曲线。测量前，对各通道应进行相对校准，使之具有相同的灵敏度。

当结构形式比较复杂，测点数超过已有测振传感器数量或记录装置通道数时，可以逐次移动测振传感器.分几次测量，但是必须有一个测点作为参考点，各次测量中位于参考点的测振传感器不能动，而且各次测量的结果都要与参考点的曲线比较相位。当然，参考点不能布置在节点部位。

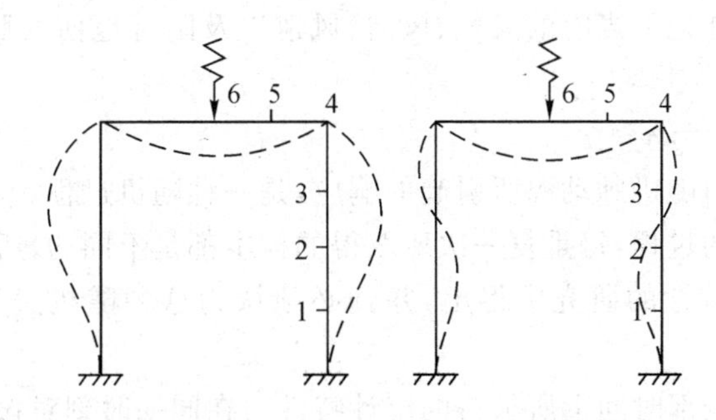

图4.32　测量框架振型时测点布置

4.4.3　脉动法

在日常生活中，由于地面不规则运动的干扰，结构的脉动是经常存在的，但极其微弱，动位移通常在10μm以下，高耸的烟囱其顶部动位移可达到10mm。结构的脉动来自两个方面，一方面是地面脉动，来自于城市车辆行驶、机器设备运行的影响，附近地壳内部小的破裂以及远处地震传来的影响尤为显著；另一方面是风和气压等引起的微幅振动。结构脉动的一个重要特性是能够明显地反映出结构的固有频率。因此，若将结构的脉动过程记录下来，经过一定的分析便可以确定结构的动力特性。可以从脉动信号中识别出结构物的固有频率、阻尼比、振型等多种模态参数。

由随机振动理论可知，只要外界脉动的卓越周期接近建筑物的第一自振周期时，在建筑物的脉动图里第一振型的分量必然起主导作用，因而可以从记录图中找出比较光滑的曲线部分直接量出第一自振周期和振型，再经过进一步分析便可求出阻尼特性。

脉动测量方法，我国早在20世纪50年代就开始应用。但由于实验条件和分析手段的限制，一般只能获得第一振型及频率。20世纪70年代以来，随着计算机技术的发展和动态信号处理机的应用，这一方法得到了迅速发展和广泛，并被广泛应用于结构动力分析和研究。

测量脉动信号要使用低噪声、高灵敏度的测振传感器和放大器，并配有足够快速度的记录设备。用这种方法进行实测，不需要专门的激振设备，不受结构形式和大小的限制，适用于各种结构。

应用脉动法时应注意下列几点：

1)结构的脉动是由于环境随机振动引起的，带有各种频率分量，要求记录设备有足够宽的频带，使所需要的频率分量不失真。

2)结构脉动信号属于随机信号且信号较弱，为提高信噪比，脉动记录中不应有规则的干扰，仪器本身的背景噪声也应尽可能低。因此观测时应避开机器运转、车辆行驶的情况，比如在晚间进行实验。

3)为使记录的脉动能反映结构物的自振特性，每次观测应持续足够长的时间并且重复多次。

4)布置测点时应将结构视为空间体系，沿竖直和水平方向同时布置传感器，如传感器数量不足可做多次测量。这时应有一个传感器保持位置不动，作为各次测量的比较标准。

5)每次观测最好能记下当时的天气、风向、风速以及附近地面的脉动，以便分析这些因素对脉动的影响。

4.4.3.1 *模态分析法*

建筑物的脉动是由随机脉动源所引起的响应，是一种随机过程。

随机振动是复杂的过程，每重复一次所取得的样本都是不同的，所以一般随机振动特性应从全部事件的统计特性的研究中得出，并且必须认为这种随机过程是各态历经的平稳过程。

如果单个样本在全部时间上所求得的统计特性与在同一时刻对振动历程的全体所求得的统计特性相等，则称这种随机过程为各态历经的。另外由于建筑物脉动的主要特征与时间的起点选择关系不大，它在时刻 t_1 到 t_2 这一段随机振动的统计信息与 $t_{1+\tau}$ 到 $t_{2+\tau}$ 这一段的统计信息是相关的，并且差别不大，即具有相同的统计特性，因此，建筑物脉动又是一种平稳随机过程。只要有足够长的记录时间，就可以用单个样本函数来描述随机过程的所有特性。

与一般振动问题相类似，随机振动问题也是讨论系统的输入(激励)、输出(响应)以及系统的动态特性三者之间的关系。

假设 $x(t)$ 是脉动源，为输入的振动过程，结构本身称之为系统，当脉动源作用于系统后，结构在外界激励下就产生响应，即结构的脉动响应 $y(t)$，称为输出的振动过程，它必然反应了结构的特性。图 4.33 所示是输入、系统与输出三者之间的关系。

图 4.33 输入、系统与输出的关系

在随机振动中，由于振动时间历程是非周期函数，用傅立叶积分的方法可知这种振动有连续的各种频率成分，且每种频率有对应的功率或能量，把它们的关系用图线表示，称为功率在频率域内的函数，简称功率谱度函数。

在平稳随机过程中，功率谱密度函数给出了某一过程的“功率”在频率域上的分布，可用它来判别该过程中各种频率成分能量的强弱以及对于动态结构的响应结果，是描述随机振动的一个重要参数，也是在随机荷载作用下结构设计的一个重要依据。

在各态历经平稳随机过程的假定下，脉动源的功率谱密度函数 $S_x(\omega)$ 与建筑物响应谱密度函数 $S_y(\omega)$ 之间存在着以下关系

$$S_y(\omega)=\left|H(i\omega)\right|^2\cdot S_x(\omega) \tag{4-32}$$

式中：$H(i\omega)$——结构的传递函数；

ω——圆频率。

由随机振动理论可知

$$H(i\omega)=\frac{1}{\omega_0^2\left[1-(\frac{\omega}{\omega_0})^2+2iD\frac{\omega}{\omega_0}\right]} \tag{4-33}$$

由以上关系可知，当已知输入、输出时，即可得到传递函数，由(4-33)式可看到结构的传递函数与结构的模态参数(固有频率、阻尼比、振型)有关。

在测试工作中通过测振传感器测量地面的脉动源 $x(t)$ 和结构响应的脉动信号 $y(t)$ 的记录，将这些符合平稳随机过程的样本由专用信号处理机(频谱分析仪)处理，即可得到结构的结构的传递函数，并进一步识别出结构的模态参数。上一世纪70年代出现的数字快速傅立叶变换技术(FFT)使得这一过程变得非常快捷而促使模态分析法得到广泛应用。

图4.34所示是应用专用信号处理机把时程曲线经过傅立叶变换得到的频谱图。从频谱曲线值法很容易定出各阶固有频率，结构固有频率处必然出现突出的峰值，一般基频处非常突出，而在二阶、三阶频率处也有明显的峰值。

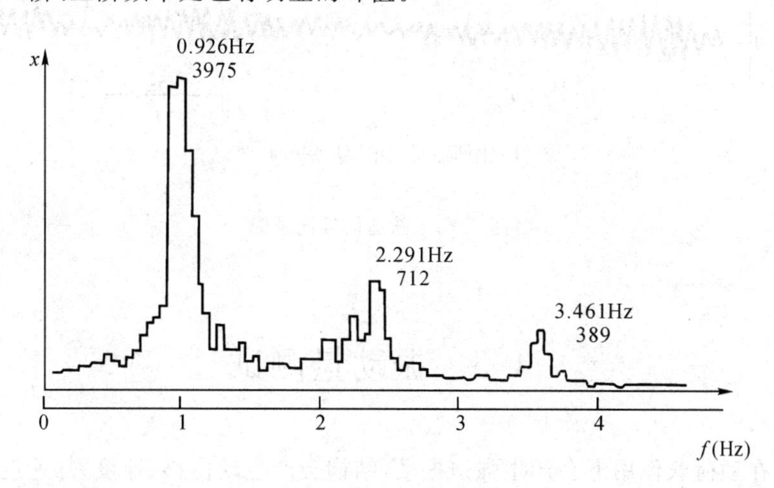

图4.34 由时程曲线经快速傅立叶变换变换得到的频谱图

4.4.3.2 主谐量法

应用频谱分析法可以由输出功率谱得到建筑物的固有频率。如果输入功率谱是已知的，还可以得到高阶频率、振型和阻尼，但用上述方法研究结构动力特性参数需要专门的频谱分析设备及专用程序。

人们从记录得到的脉动信号图中往往可以明显地发现它反映出结构的某种频率特性。由环境随机振动法的基本原理可知，既然结构的基频谐量是脉动信号中最主要的成分，那么在记录的时间历程里就应有所反映。事实上，在脉动记录里常常出现酷似"拍"的现象，在波形光滑之处"拍"的现象最显著，振幅最大，凡有这种现象之处，振动周期大多相同，这一周期往往就是结构的基本周期，如图 4.35 所示。

在结构脉动记录中出现这种现象可样解释，因为地面脉动是一种随机现象，其频率成分丰富，当地面脉动输入到具有滤波器作用的结构时，由于结构本身的动力特性，使得远离结构固有频率的信号被抑制，而与结构固有频率接近的信号则被放大，这些被放大的信号为揭示结构动力特性提供了线索。

在出现"拍"的瞬时，可以理解为在此刻结构的基频谐量处于最大，其他谐量处于最小，因此表现出结构基本振型的性质。利用脉动记录读出该时刻同一瞬间各点的振幅，即可以确定结构的基本振型。

对于一般结构用环境随机振动法确定基频与主振型比较方便，有时也能测出二阶固有频率及相应振型，但高阶振动的脉动信号在记录曲线中出现的机会很少，振幅也小，这样测得的结构动力特性误差较大。此外主谐量法难以确定结构的阻尼特性。

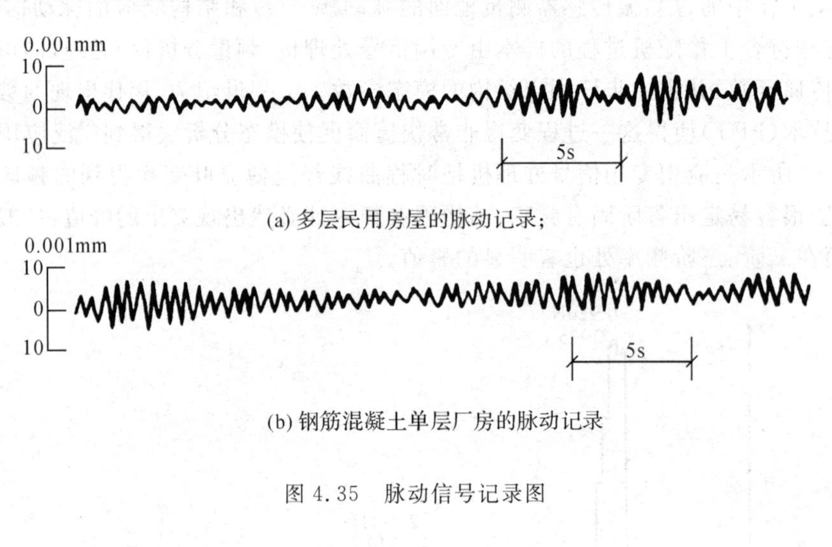

图 4.35　脉动信号记录图

4.5　振动量测试

结构物在动荷载作用下会产生强迫振动，结构会产生动位移、速度、加速度、动应力。例如，动力机械设备对工业厂房的作用，车辆运动对桥梁的作用，风荷载对高层建筑和高耸构筑物的作用，以及地震或爆炸对结构的作用等，常常对结构造成损伤，对生产中的产品质量产生不利影响，影响居住环境并对人们的生理和心理健康构成危害。

人们常常通过实测结构振动，用直接量测得到的结构振动量（动位移、速度、加速度、动应力等），来评价结构是否安全（如评价建筑施工、打桩对周围建筑物的影响），确定结构振动时的最不安全部位，通过实测数据查明产生振动的主振源，根据实测分析，提出隔振、减振、加固等治理振动环境的措施和解决方案。

4.5.1 寻找主振源的实验方法

引起结构振动的动荷载常常是很复杂的，通常有多个振源在起作用，首先要找出对结构振动起主导作用且危害最大的主振源，然后测定其特性，即作用力的大小、方向和性质等。

结构发生振动，其主振源并不总是显而易见的，有这样两种方法可用于寻找主振源。

当有多台动力机械设备同时工作时，可以逐台开动，观察结构在每个振源影响下的振动波形，从中找出影响最大的主振源，这个方法可称为逐台开动法。

按照不同振源将会使结构产生规律不同的强迫振动的特点，可以根据结构实测振动波形间接判定振源的某些性质，作为寻找主振源的依据，这个方法可称为波形识别法法。

当振动记录图形为间歇性的阻尼振动，并有明显尖峰和自由衰减的特点时，表明是冲击性振源所引起的振动，如图 4.36(a)。

转速恒定的机械设备将产生稳定的、周期性振动。图 4.36(b)是具有单一简谐振源的接近正弦规律的振动图形，这可能是一台机器或多台转速相同的机器所产生的振动。

图 4.36(c)为两个频率相差两倍的简谐振源引起的合成振动图形。

图 4.36(d)为三个简谐振源引起的更为复杂的合成振动图形。

当振动图形符合“拍振”的规律时，振幅周期性地由小变大，又由大变小，如图 4.36(e)，这表明有可能是由两个频率接近的简谐振源共同作用；另外也有可能只有一个振源，但其频率与结构的固有频率接近。

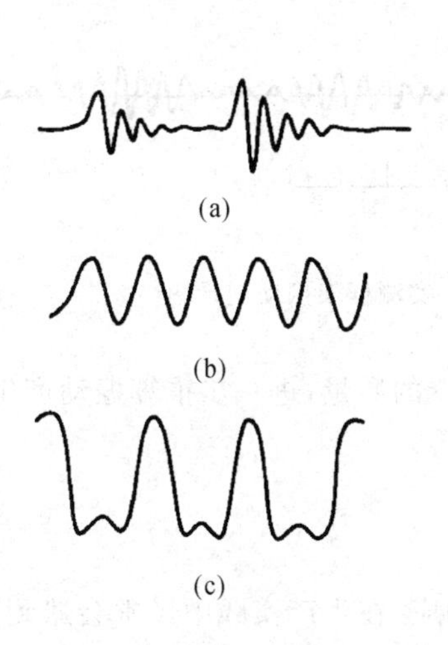

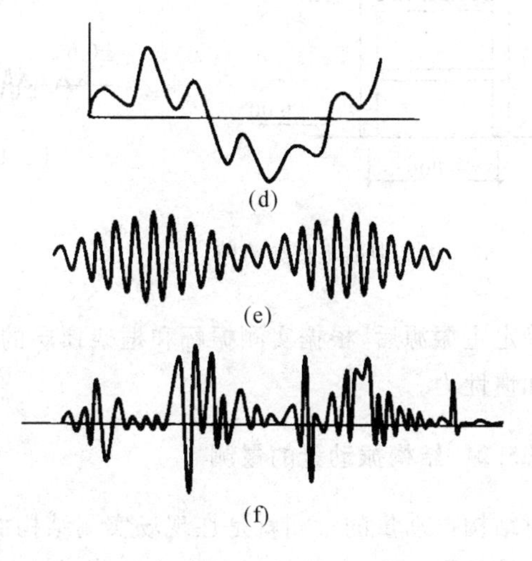

图 4.36　各种振源的振动记录图

图 4.36(f)是属于随机振动一类的记录图形，可能是由随机性动荷载引起的。例如液体或气体的压力脉冲、风荷载、地面脉动等。

对实测振动波形进行频谱分析，可以作为进一步判断主振源的依据。我们知道，结构强迫振动的频率和作用力的频率相同，因此具有同样频率的振源就可能是主振源。对于单一简谐振动可以直接在振动记录图上量出振动周期从而确定频率，对于复杂的合成振动则需进行频谱分析作出频谱图，在频谱图上可以清楚地看出合成振动的频率成分，具有较大幅值的频率所对应的振源常常是主振源。

[实例]

某厂钢筋混凝土框架,高17.5m,上面有一个3000kN的化工容器(图4.37)。此框架建成投产后即发现水平横向振动很大,人站在上面就能明显地感觉到,但框架本身及其周围并无大的动力设备。振动从何而来一时看不出,于是以探测主振源为目的进行了实测。在框架顶部、中部和地面设置了测振传感器,实测振动记录见图4.38。可以看出框架顶部17.5m处、8m处和±0.00m处的振动记录图的形式是一样的,不同的是顶部振动幅度大,人感觉明显;地面振动幅度小,人感觉不出,只能用仪器测出;所记录的振动明显地是一个"拍振"。这种振动是由两个频率值接近的简谐振动合成的结果。运用分析"拍振"的方法可得出,组成"拍振"的两个分振动的频率分别是2.09Hz和2.28Hz,相当于125.4次/min和136.8次/min。经过调查,原来距此框架30多米处是该厂压缩机车间。此车间有六台大型卧式压缩机,其中4台为136转/min,2台为125转/min。因此可以确定振源是大型空气压缩机。

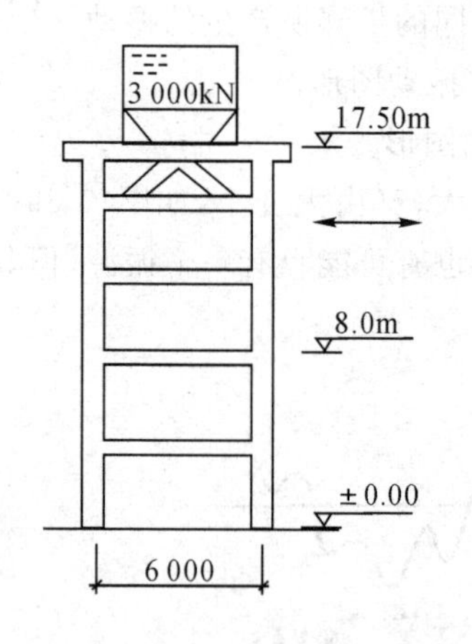

图4.37 钢筋混凝土框架简图

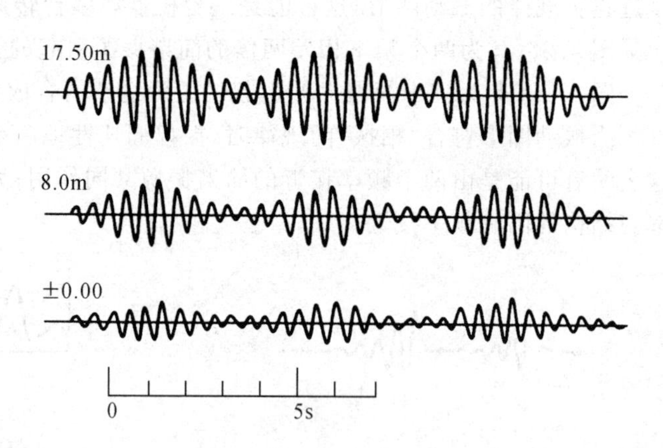

图4.38 实测框架振动记录图

确定主振源后,根据实测振幅和框架顶层的化工容器的质量,进一步推算振动产生的加速度和惯性力。

4.5.2 结构振动量的量测

对结构振动量的量测就是在现场实测结构的动力响应,在生产实践中经常会遇到,一般根据振动的影响范围,选择振动影响最大的特定部位布置测点,记录下实测振动波形,分析振动产生的影响是否有害。

例如高层建筑打桩时产生冲击荷载,使得周围建筑物发生振动,量测时需要在打桩影响范围内的建筑物布置测点,实测打桩时建筑物的振动。根据实测结果,对打桩的影响程度作出评价,如有必要应采取必要的措施,保障住户安全。

另外,校核结构动强度就应将测点布置在最危险的部位即控制断面上;若是测定振动对精密仪器和产品生产工艺的影响,则应将测点布置在精密仪器的基座处和产品生产工艺的关键部位;若是测定机器运转(如织布机和振动筛等)所产生的振动和噪声对工人身体健康的影响，则应将测点布置在工人经常所处的位置上，根据实测结果，参照国家有关标准作出结论。

图 4.39 所示为工业厂房楼层在动力机床工作时实测的振幅分布图，振源为动力机床，以振源处测得的振幅定为 1，其余各点测得的振幅与振源处的振幅之比称为该点的传布系数，将各点传布系数标在图上就可一目了然地看出振源在楼层内的影响范围和衰减情况。

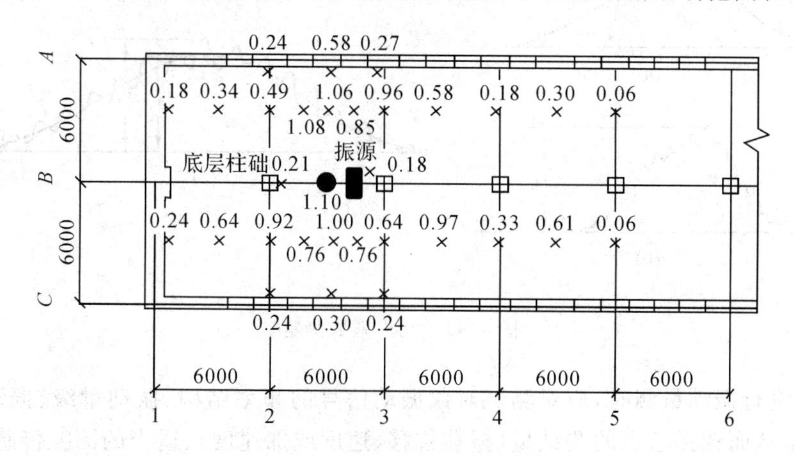

×—表示测点位置；•—基点实测振幅 1.7μm

图 4.39　楼层振动传布图

为了确定结构在动荷载作用下整体的振动状态，往往需要测定结构在一定动荷载作用下的振动变位图。图 4.40 表示振动变位图的测量方法，将各测点的振动用记录仪器同时记录下来，根据相位关系确定变位的正负号，再按振幅大小以一定比例画在变位图上，最后连成结构在实际动荷载作用下的振动变位图。这种测量和分析方法与前面讲过的确定振型的方法类似。但结构的振动变位图是结构在特定荷载作用下的变形曲线，一般说来并不和结构的某一振型相一致。

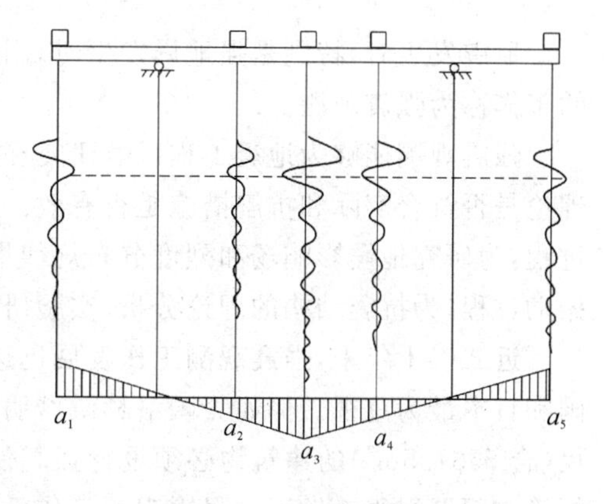

图 4.40　结构振动变位图

承受移动荷载的结构如吊车梁、桥梁等，常常要确定其动力系数，以判定结构的工作情况。

移动荷载作用于结构上所产生的动挠度，常常比静荷载产生的挠度大。动挠度和静挠度的比值称为动力系数。结构动力系数需用实验方法实测确定。为了求得动力系数，先使移动荷载以最慢的速度驶过结构，测得挠度图如图 4.41(a)，然后使移动荷载按某种速度驶过，这时结构产生最大挠度（实际测试中采取以各种不同速度驶过，找出产生最大挠度的某一速度）如图 4.41(b)。从图上量得最大静挠度 y_j 和最大动挠度 y_d，即可求得动力系数。

$$\mu=\frac{y_j}{y_d} \tag{4-34}$$

上述方法适用于一些有轨的动荷载，对无轨的动荷载（如汽车）不可能使两次行驶的路线完全相同。有的移动荷载由于生产工艺上的原因，用慢速行驶测最大静挠度也有困难，这时可以采取只实验一次用高速通过，记录图形如图 4.41(c)。取曲线最大值为 y_d，同时在曲线上绘出中线，相应于 y_d 处中线的纵坐标即 y_j。按上式即可求得动力系数。

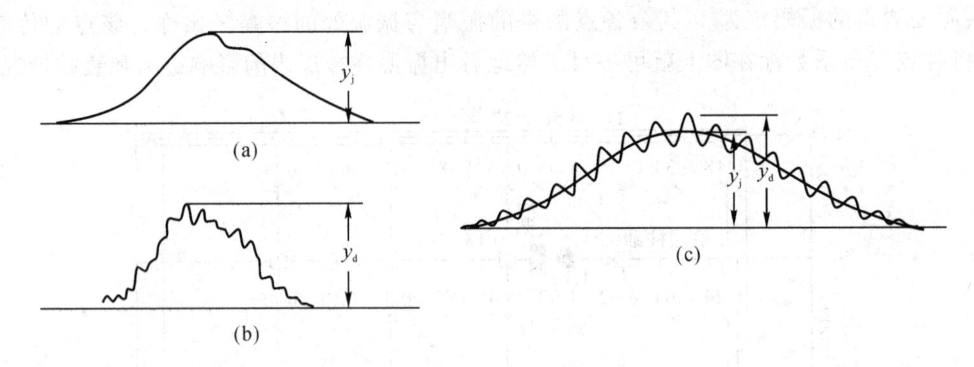

图 4.41　动力系数测定

对结构进行振动量测时，应对测试对象振动信号的频率结构、振动量级、振动形态有一个初步估计，从而选择适当的测试量(振动位移、速度或加速度)、适当的测振传感器、放大器和记录设备等。

4.5.3　强震观测

地震发生时，特别是强地震发生时，用测量仪器观测地面运动过程和工程结构动力响应的工作称为强震观测。

强震观测能够为地震工程科学研究和抗震设计提供正确可靠的数据，并用来验证抗震理论是否符合实际和抗震措施是否有效。强震观测的基本任务是：①记录地震时地面运动过程，为研究地震影响场和烈度分布规律提供科学资料。②记录工程结构在强震作用下的振动过程，为抗震结构的理论分析、实验研究以及设计方法提供客观的工程数据。

近二三十年来，强震观测工作发展迅速，很多国家已逐步形成强震观测台网，其中以美国和日本最为重视。例如美国洛杉矶城明确规定，凡新建六层以上、面积超过 6000 平方英尺(合 5581.5m^2)的建筑物必须设置强震仪 3 台。各国在观察仪器研制、记录处理和数据分析等方面取得很大发展。强震观测工作已成为地震工程研究中最活跃的领域之一。

我国强震观测工作是近十多年来开始发展的，在一些地震区和重要建筑物上设置了强震观测站，而且自行研制了强震加速度计。

由于工程上习惯用加速度来计算地震反应，因此大部分强震仪都测量线加速度值(国外有少数强震观测站是测应变、应力、层间位移、土压力等力学量的)。强震不是经常发生，而且很难预测其发生时刻，所以强震仪设计了专门的触发装置，平时仪器不运转，无需专人看管，地震发生时，强震仪的触发装置便自动触发启动，仪器开始工作并将振动过程记录下来。考虑到地震时可能中断供电，强震仪一般采用蓄电池供电。在建筑物底层和上层同时布置强震仪，地震发生时，底层记录到的是地面运动过程，上层记录到的即为建筑物的加速度反应。

4.5.4 模拟地震振动台实验

模拟地震振动台实验可以再现各种形式地震波输入后的反应和地震震害发生的过程，观测实验结构在相应各个阶段的力学性能，进行随机振动分析，使人们对地震破坏作用进行深入的研究。通过振动台模型实验，研究新型结构计算理论的正确性，有助于建立力学计算模型。

振动台的控制方式分为模拟控制与数控两种。前者又分为以位移控制为基础的PID和以位移、速度、加速度组成的三参量反馈控制方式；后者主要采用开环迭代进行台面的地震波再现。目前新的自适应控制方法已经在模拟地震振动台的电液伺服控制中有所应用。

地震时地面运动是一个宽带的随机振动过程，一般持续时间在15～30s，强度可达0.1～0.6g，频率在1～25Hz左右。为了真实模拟地震时地面运动，对输入振动台的波形应根据实验目的选定。

进行抗震性能研究时，应选用强震记录波形，如埃尔逊特罗(m—centro)波、塔飞特(Taft)波、海西纳斯(Hachinche)波，国内有天津波、唐山波等。在实验时通常选用与场地周围周期相近的波作为输入波，也可根据需要或参照相近的地震记录作出人工地震波输入。有时为了检验设计是否正确，也可按规范的谱值反造人工地震波输入。

模拟地震振动台实验的加载过程有一次性加载和多次性加载，选择时应根据实验目的确定。

一次性加载过程，一般是先进行自由振动实验，测量结构的动力特性。然后输入一个适当的地震记录，连续地记录位移、速度、加速度、应变等信号，并观察裂缝形成和发展情况以及研究结构在弹性、非弹性及破坏阶段的各种性能，如承载力、刚度变化、能量吸收能力等。这种实验可以模拟结构在一次强烈地震中的整体表现，但是对实验过程中的量测和观测技术要求较高，此外，破坏阶段的观测也比较危险。

多次性加载，主要是将荷载按结构初裂、中等开裂和破坏分成等级，然后按荷载从小到大逐级加载和观察。多次性加载对结构将产生变形累积的影响。

由于模拟地震振动台可以再现各种地震波作用过程，因此可以很好地反映变速率对结构材料强度的影响。但其设备昂贵，不能做大比例模型实验，不便于进行实验全过程观测。

第5章　土木工程结构基本型实验指导

5.1　钢筋及混凝土材料性能实验

5.1.1　实验目的

1)通过试验测定钢筋的屈服强度和抗拉强度,为钢筋混凝土构件的加载试验提供数据。

2)通过试验测定混凝土立方体试块的抗压强度,从而确定混凝土实际强度等级,为钢筋混凝土构件的加载试验提供数据。

3)通过试验掌握钢筋和混凝土材性试验的基本方法和数据处理的基本技能。

5.1.2　实验仪器及设备

1)万能材料试验机　2)游标卡尺　3)直尺

5.1.3　试件制作

5.1.3.1　钢筋制作

本试验采用四种类型的材料分别为 Φ16 螺纹钢筋、Φ10 光圆钢筋、Φ6 光圆钢筋和 Φ4 铅丝,在整批钢筋中随机各抽取三根并截取 500mm 长作为试件。

5.1.3.2　混凝土试块制作

1)试件制作要求:

本试验采用 150mm×150mm×150mm 的混凝土立方体试块,以同一龄期、三个同时制作、同样养护的混凝土试件为一组。每一组试件所用的拌合物应从同盘或同一车运送的混凝土拌合物中取样,或在试验室用人工或机械单独制作,混凝土试件成型方法应尽可能与实际施工采用的方法相同。

2)试件制作方法:

将混凝土拌合物分二层装入试模,每层装料厚度大致相同,插捣时用垂直的捣棒按螺旋方向由边缘向中心进行,插捣底层时捣棒应达到试模底面,插捣上层时,捣棒应贯穿到下层深度 20～30mm,并用抹刀沿试模内侧插入数次,以防止麻面。捣实后,刮除多余混凝土,并用抹刀抹平。

3)试件养护：

拆模后的试件应立即放入标准养护室(温度为20±3℃,相对湿度为90%以上)养护,在标准养护室中试件应放在架上,彼此相隔10～20mm,并应避免用水直接冲淋试件;当无标准养护室时,混凝土试件可在温度为20±3℃的不流动水中养护,水的PH值不应小于7。

5.1.4 实验步骤

5.1.4.1 钢筋材性试验

1)用游标卡尺测定钢筋最小截面的外径,求出截面面积A_0。

2)调整试验机测力度盘的指针,使之对准零点,并拨动副指针,使之与主指针重叠。

3)将试验固定在试验机夹头内,开动试验机,进行拉伸,拉伸速度为:屈服前,应力增加速度为6～60MPa/s,屈服后,试验机活动夹头在荷载下的移动速度不大于$0.48(L-2h)$/min(L为试件长度,h为夹头长度),直至试件拉断。

4)拉伸中,测力度盘的指针停止转动时的恒定荷载或每一次回转时的最小荷载,即为所求的屈服点荷载P_s(kN)。

5)向试件继续施荷,直至拉断。由测力度盘读出最大荷载P_b(kN)。

5.1.4.2 钢筋材性试验

1)试件从养护地点取出后,随即擦干表面并量出其尺寸(精确至1mm),并以此计算试件的受压面积A(mm^2),如实测尺寸与公称尺寸之差不超过1mm,可按公称尺寸进行计算。

2)将试件安放在试验机的下压板或垫板上,立方体试件的承压面应与成型时的顶面垂直。试件的中心应与试验机下压板中心对准,开动试验机,当上压板与试件或钢垫板接近时,调整球座使接触均衡(微机控制可按使用说明设置)。

3)对试件加压时,应连续而均匀地加荷,加荷速度取0.3～0.5MPa/s,当试件接近破坏而开始迅速变形时,应停止调整试验机油门,直至试件破坏,然后记录破坏荷载P(kN)。

5.1.5 数据处理

5.1.5.1 钢筋强度的确定

每一根试件的屈服强度和抗拉强度按式$f_{sk}=P_s/A_0$和$f_{bk}=P_b/A_0$计算,以三个试件计算结果的算术平均值作为该组试件的强度标准值,精确至0.1MPa。三个测定值中的最大值或最小值中如有一个与中间值的差值超过中间值的±15%,则取中间值作为该组试件的抗压强度值;如有两个测值与中间值的差值超过中间值的±15%,则该组试件的试验结果无效。

5.1.5.2 混凝土强度的确定

1)单组混凝土试块强度确定方法:每一试块的抗压强度$f_{cu,k}=P/A$按式计算,以三个试件抗压强度的算术平均值作为该组立方体试块的抗压强度标准值,精确至0.1MPa。三个测定值中的最大值或最小值中如有一个与中间值的差值超过中间值的±15%,则取中间值作为该组试件的抗压强度值;如有两个测值与中间值的差值超过中间值的±15%,则该组试件的试验结果无效。

2)根据混凝土立方体试块的抗压强度标准值,采用如下统计公式计算该混凝土强度标准值:

$$f_{ck}=0.88\alpha_{c1}\alpha_{c2}f_{cu,k} \tag{5-1}$$

$$f_{tk}=0.88\times0.395\times(f_{cu,k})^{0.55}\times(1-1.645\sigma_{fcu})^{0.45}\times\alpha_{c2} \tag{5-2}$$

式中：f_{ck}——混凝土棱柱体抗压强度标准值；

$f_{cu,k}$——边长为150mm的混凝土立方体抗压强度标准值；

α_{c1}——棱柱体强度与立方体抗压强度之比值，对普通混凝土，其强度等级≤C50时，取 $\alpha_{c1}=0.76$，对高强混凝土C80，取 $\alpha_{c1}=0.82$，其间按线性内插法取用；

α_{c2}——对C40以上等级的混凝土考虑脆性折减系数，当≤C40时，取 $\alpha_{c2}=1$，对C80，取 $\alpha_{c2}=0.87$，其间按线性内插法取用；

σ_{fcu}——混凝土立方体抗压强度的变异系数，对单组试验取 $\sigma_{fcu}=0$。

3)取其中两组数据，绘制混凝土试块的力—位移曲线。

5.2 实验基本技能训练

5.2.1 实验目的

1)通过试验掌握在钢筋上粘贴应变片的技术。

2)通过试验掌握钢筋混凝土梁刷白、划线和粘贴铜柱的技术。

5.2.2 实验材料与辅助器具

1. 电阻应变片 2. 502胶 3)ϕ10钢筋 4)板刷 5)0#砂布 6)丙酮 7)药棉 8)玻璃纸 9)导线 10)万用表 11)卷尺 12)铜柱 13)标准针距尺 14)石灰水

5.2.3 实验步骤

5.2.3.1 钢筋应变片的粘贴

1)测点表面处理：首先用锉刀清除贴片处的漆层、油污、锈层等污垢，再用0#砂布在试件表面打出与应变片轴线成45°的交叉纹路，用蘸有丙酮的药棉或纱布清洗试件的打磨部位，直至药棉上不见污渍为止，待丙酮挥发，表面干燥，方可进行贴片。

2)应变片粘贴：先在试件上沿贴片方位划出十字交叉标志线，在试件表面的定向标记处和应变片基底上，分别涂一层502胶，用手指捏住应变片的引线，待胶层发粘时迅速将应变片放置于试件上，且使应变片基准线对准刻于试件上的标志线。盖上一块玻璃纸，用拇指沿应变片朝一个方向滚压，手感由轻到重，挤出气泡和多余的胶水，保证黏结层尽可能薄而均匀，且避免应变片滑动或转动。必要时加压1～2分钟，使应变片粘牢。经过适宜的干燥时间后，轻轻揭去薄膜，观察粘贴情况，如在敏感栅部位有气泡，应将应变片铲除，重新清理重新贴片，如敏感栅部位粘牢，只是基底边缘翘起，则只要在这些局部补充粘贴可。

3)导线的连接与固定：导线与应变片引线的连接最好用接线端子片作为过渡，接线端子片用502胶水固定于试件上，导线头和接线端子片上的铜箔都预先挂锡，然后将应变片引线和导线焊接在端子片上，不能出现“虚焊”。最后，用胶布将导线固定在试件上。

4)应变片的粘贴质量检查:用万用表量测应变片的绝缘电阻,观察应变片的零点漂移,漂移值小于5με(3分钟之内)认为合格。

5)防水和防潮处理:防潮措施必须在检查应变片质量合格后立即进行,用松香石蜡或凡士林涂于应变片表面,使应变片与空气隔离达到防潮目的。防水处理采用环氧树脂胶,在应变片上涂上环氧树脂胶,并用砂布包裹。

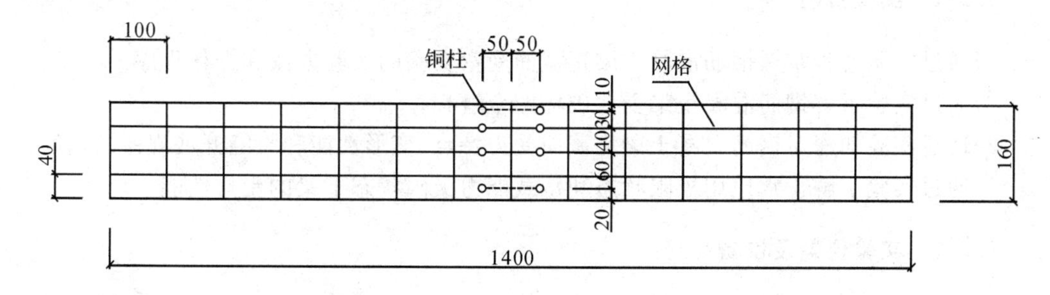

图5.1 抗弯试验梁侧面划线网格与应变引伸点布置

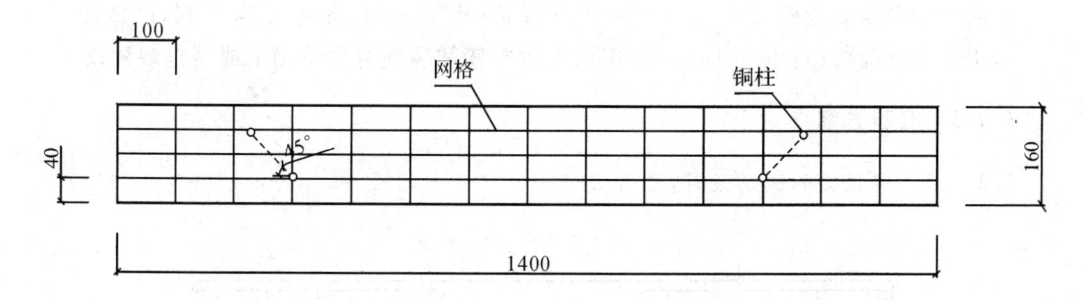

图5.2 抗剪试验梁侧面划线网格与应变引伸点布置

5.2.3.2 钢筋混凝土梁侧刷白和划线

1)为便于观测混凝土表面的裂缝,应对钢筋混凝土梁的侧面进行刷白和划线处理。

2)刷白时采用板刷蘸取少量石灰水,在梁的侧面均匀涂抹,待水分蒸发后梁侧面即呈白色。

3)划线时先用卷尺在梁两侧面定位,定位时应先找到中点位置,然后向两边定位以减小误差,最后用铅笔将梁侧划分成均匀分布的矩形格网,网格尺寸如图5.1所示。

5.2.3.3 钢筋混凝土梁侧铜柱粘贴

1)为便于手持式应变仪测试钢筋混凝土梁侧面应变,须在梁侧面粘贴固定标距的铜柱。

2)根据要求在梁侧确定应变测量位置,定出铜柱粘帖两个点的大致位置。

3)将铜柱带圆孔的一侧朝外,另一侧均匀涂上502胶水,将该铜柱粘贴在其中一个定位点上。

4)将另一个铜柱带圆孔的一侧朝外,另一侧紧靠在梁侧另一个定位点上,稍稍移动该铜柱使得标准针距尺的两个针脚刚好插入两个铜柱的圆孔中,最后用502胶水将该铜柱固定在梁侧面。

5)抗弯梁和抗剪梁铜柱粘贴位置如图5.1和图5.2所示。

5.3 钢筋混凝土梁的正截面受弯性能实验

5.3.1 实验目的

1)通过实验初步掌握钢筋混凝土梁正截面受弯实验的实验方法和操作程序。
2)通过实验了解钢筋混凝土梁受弯破坏的全过程。
3)通过实验加深对钢筋混凝土梁正截面受力特点、变形性能和裂缝开展规律的理解。
4)通过实验了解正常使用极限状态和承载能力极限状态下梁的受弯性能。

5.3.2 实验仪器及设备

1)TS3860 静态电阻应变仪　　2)力传感器
3)百分表或电子百分表　　4)手持式引伸仪(标距 10cm)
5)高压油泵全套设备　　6)千斤顶(P_{max}=10t,自重 0.3kN/只,已悬挂)
7)工字钢分配梁(自重 0.1kN/根)8)裂缝观察镜和裂缝宽度量测卡或裂缝观测仪

5.3.3 实验方案

5.3.3.1 实验梁的配筋设计(图 5.3)

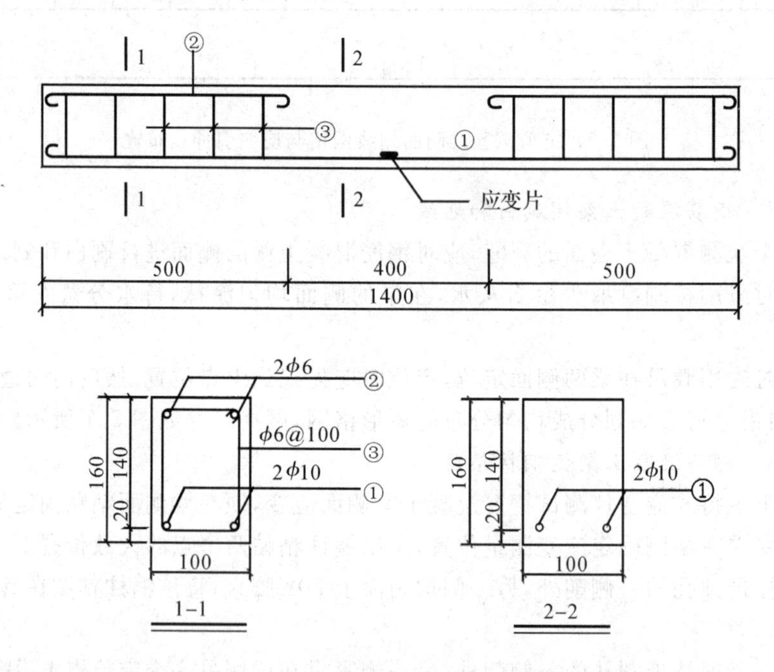

图 5.3 受弯实验梁配筋图

5.3.3.2 实验梁的材料

1)受拉主筋①号筋采用 Φ10 的一级钢筋,实验前预留三根长 500mm 的①号钢筋,用作测试其应力应变关系。

2)混凝土按 C30 配合比制作，在浇筑混凝土时，同时浇筑三个 150mm×150mm×150mm 的立方体试块，用作测定混凝土的强度等级。

5.3.3.3 实验梁的加载及仪表布置

1)实验梁支承于台座上，通过千斤顶和分配梁施加两点荷载，由力传感器读取荷载读数。

2)在梁支座和跨中各布置一个百分表。

3)在跨中梁侧面布置四排应变引伸仪测点。

4)在跨中梁上表面布置一只应变片。

5)在跨中受力主筋中间位置各预埋一只应变片。

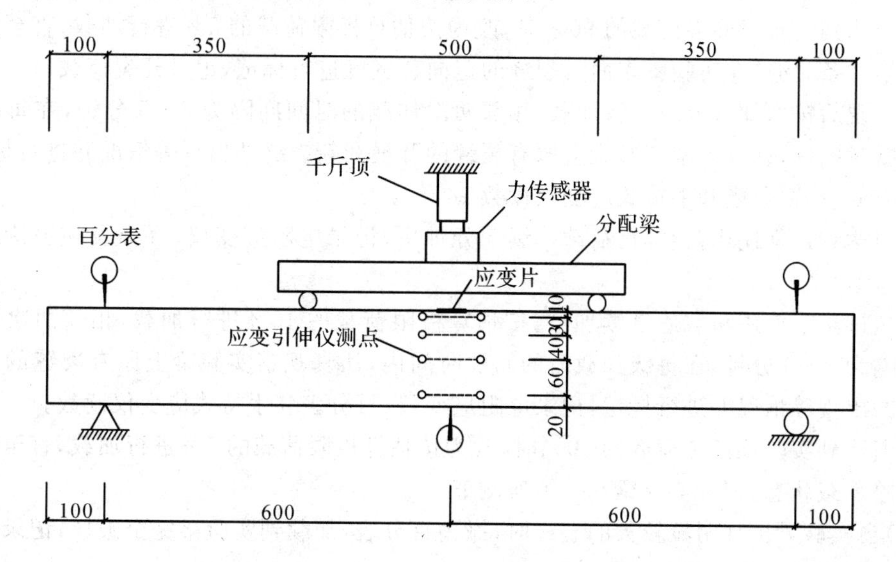

图 5.4 受弯实验梁加载测试方案示意图

5.3.3.4 实验量测数据内容

1)各级荷载下支座沉陷与跨中的位移。

2)各级荷载下主筋跨中的拉应变及混凝土受压边缘的压应变。

3)各级荷载下梁跨中上边纤维，中间纤维，受拉筋处纤维的混凝土应变。

4)记录、观察梁的开裂荷载和开裂后各级荷载下裂缝的发展情况(包括裂缝分布和最大裂缝宽度 W_{max})。

5)记录梁的破坏荷载、极限荷载和混凝土极限压应变。

5.3.4 实验步骤

5.3.4.1 实验准备

1)试件的制作。(限于时间这部分由教师完成)

2)混凝土和钢筋力学性能实验。(限于时间这部分由教师完成)

3)试件两侧用稀石灰刷白试件，用铅笔画 40mm×100mm 的方格线(以便观测裂缝)，粘贴应变引伸仪测点。(由学生独立完成)

4)根据实验梁的截面尺寸、配筋数量和材料强度标准值计算实验梁的承载力、正常使用

荷载和开裂荷载。(由学生独立完成)

5.3.4.2 实验加载

1)由教师预先安装或在教师指导下由学生安装实验梁,布置安装实验仪表。

2)对实验梁进行预加载,利用力传感器进行控制,加荷值可取开裂荷载的50%,分三级加载,每级稳定时间为1分钟,然后卸载,加载过程中检查实验仪表是否正常。

3)调整仪表并记录仪表初读数。

4)按估算极限荷载的10%左右对实验梁分级加载(第一级应考虑梁自重和分配梁的自重),相邻两次加载的时间间隔为2~3分钟。在每级加载后的间歇时间内,认真观察实验梁上是否出现裂缝,加载后持续2分钟后记录电阻应变仪、百分表和手持式应变仪读数。

5)当达到实验梁开裂荷载的90%时,改为按估算极限荷载的5%进行加载,直至实验梁上出现第一条裂缝,在实验梁表面对裂缝的走向和宽度进行标记,记录开裂荷载。

6)开裂后按原加载分级进行加载,相邻两次加载的时间间隔为3~5分钟,在每级加载后的间歇时间内,认真观察实验梁上原有裂缝的开展和新裂缝的出现等情况并进行标记,记录电阻应变仪、百分表和手持式应变仪读数。

7)当达到正常使用荷载时,荷载持续5分钟后,记录电阻应变仪、百分表和手持式应变仪读数。

8)超过正常使用荷载后继续加载,按估算极限荷载的10%进行加载,相邻两次加载的时间间隔为3~5分钟,在每级加载后的间歇时间内,认真观察实验梁上原有裂缝的开展和新裂缝的出现等情况并进行标记,记录电阻应变仪、百分表和手持式应变仪读数。

9)当达到实验梁破坏荷载的90%时,改为按估算极限荷载的5%进行加载,直至实验梁达到极限承载状态,记录实验梁承载力实测值。

10)当实验梁出现明显较大的裂缝时,撤去百分表,加载到实验梁完全破坏,记录混凝土应变最大值和荷载最大值。

11)卸载,记录实验梁破坏时裂缝的分布情况。

5.3.4.3 人员分工

实验设总指挥1人,负责对现场实测数据的观察判断构件的受力阶段并决定加载的程序;实验加载1人,负责控制电动油泵站或手动油泵,根据力传感器的读数稳定每级加载量;测读电阻应变仪1人,负责电阻应变仪的检查和调试,测读并记录各个电阻应变片的读数;测读手持式应变仪1人,负责测读并记录手持式应变仪的读数;测读百分表1人,负责测读并记录百分表读数;观察裂缝2人,负责观测裂缝的开展情况,并对裂缝进行描绘。

5.3.5 数据处理

1)根据实验过程中记录的百分表读数,计算各级荷载作用下实验梁的实测跨中挠度值,作出跨中弯矩和挠度的关系 $M-f$ 曲线。

2)根据实验过程中记录的受力主筋的应变仪读数,计算实验梁跨中的钢筋应变平均值,作出跨中弯矩和主筋应变关系 $M-\varepsilon_s$ 曲线。

3)根据实验过程中记录的受压混凝土的应变仪读数,作出跨中弯矩和受压混凝土应变关系 $M-\varepsilon_c$ 曲线。

4)根据实验过程中记录的手持式应变仪,计算量测标距范围内混凝土的平均应变值,作出实验梁平均应变沿梁高度的分布图。

5)根据实验中得到实验梁实测的开裂荷载和破坏荷载,计算实验梁的抗裂校验系数和承载力校验系数。

6)绘制裂缝分布图。

5.3.6 实验理论计算的参考公式

5.3.6.1 承载力计算

参照《混凝土结构设计规范(GB 50010—2002)》的规定,单筋矩形截面受弯构件正截面受弯承载力的计算,应符合下列规定:

$$M_u=\alpha_1 f_{ck}bx\left(h_0-\frac{x}{2}\right) \tag{5-3}$$

混凝土受压区高度应按下列公式确定:

$$\alpha_1 f_{ck}bx=f_{yk}A_s \tag{5-4}$$

混凝土受压区高度尚应符合下列条件:

$$x\leqslant\xi_b h_0 \tag{5-5}$$

$$\xi_b=\frac{\beta_1}{1+\dfrac{f_{yk}}{E_s\varepsilon_{cu}}} \tag{5-6}$$

式中:α_1,β_1——系数,当混凝土强度等级不超过 $C50$ 时,α_1 取为 1.0,β_1 取为 0.8;

f_{ck}——混凝土轴心抗压强度标准值,采用材性实验结果;

h_0——截面有效高度,纵向受压钢筋合力点至截面受压边缘的距离,$h_0=h-a_s$;

b,h——实验梁矩形截面的宽度和高度;

x——混凝土受压区高度;

f_{yk}——受拉主筋抗拉强度标准值,采用材性实验结果;

A_s——受拉区纵向主筋的截面面积;

a_s——受拉区全部纵向钢筋合力点至截面受压边缘的距离,取 $a_s=20\text{mm}$;

ξ_b——相对界限受压区高度;

E_s——钢筋弹性模量,对 $Q235$ 钢材取 $E_s=2.1\times10^5\text{N/mm}^2$;

ε_{cu}——正截面的混凝土极限压应变,当混凝土强度等级不超过 $C50$ 时取 0.0033。

5.3.6.2 正常使用荷载的计算

$$M_k=\frac{M_u}{\gamma_0\gamma_\mu[\gamma_u]} \tag{5-7}$$

式中:γ_μ——荷载分项系数的平均值,本次实验取 $\gamma_\mu=1.4$;

γ_0——结构重要性系数,取 $\gamma_0=1.0$;

$[\gamma_u]$——构件的承载力检验系数允许值,对于以主筋屈服的受弯破坏取$[\gamma_u]=1.2$;

5.3.6.3 开裂荷载理论值的计算

参照《水工混凝土结构设计规范(SL/T191—96)》,钢筋混凝土受弯构件的开裂弯矩为:

$$M_{cr}=\gamma_m f_{tk}I_0/(h-y_0) \tag{5-8}$$

$$I_0=(0.083+0.19\alpha_E\rho)bh^3 \tag{5-9}$$

$$y_0=(0.5+0.425\alpha_E\rho)h \tag{5-10}$$

式中，γ_m——截面抵抗矩塑性系数，对于矩形截面取 $\gamma_m=1.55$；

f_{tk}——混凝土轴心抗拉强度标准值，采用材性实验结果；

I_0——实验梁换算截面惯性矩；

y_0——实验梁截面形心轴至受拉边缘距离；

α_E——钢筋弹性模量和混凝土弹性模量之比：$\alpha_E=E_s/E_c$；

E_c——混凝土弹性模量，对 C20 混凝土可取 $E_c=2.55\times10^4\text{N/mm}^2$；

ρ——纵向受拉钢筋配筋率，对于钢筋混凝土受弯构件，取 $\rho=A_s/bh_0$。

5.3.7 思考题

1)该梁的变形规律如何，分析纵向钢筋和混凝土是如何发挥抗弯作用的？

2)平截面假定是否成立，以及平截面假定的适用条件？

3)假定在正常使用荷载下该梁的短期效应挠度限值为 $l_0/200$，最大裂缝宽度限值检测值为 0.25mm，根据实验结果分析该梁是否满足正常使用要求？

4)该梁的破坏形态，并解释产生这种形态的破坏的原因？

5)该梁达到极限承载状态的标志是什么，实验结果是否符合预期，并分析原因？

6)根据该梁的抗裂校验系数和承载力校验系数，分析实验值与理论值存在差异的原因？

7)对有关实验的体会：例如实验中应注意什么，怎样才能做成功实验，对本次实验应做哪些改进以促进和提高实验的精确程度等等。

5.3.8 实验报告

(一)实验目的和要求

(二)实验内容和原理

(三)主要实验设备

(四)实验理论计算与荷载分级

1)材料强度计算

2)极限荷载 P_u 计算

3)正常使用荷载 P_k 计算

4)开裂荷载 P_{cr} 计算

5)初始等效荷载 P_{eq} 计算

6)荷载分级(见表 5.1)

表 5.1 荷载分级计算表

级数	1	2	3	4	5	6	7	8
总荷载(kN)								
千斤顶荷载(kN)								
级数	9	10	11	12	13	14	15	16
总荷载(kN)								
千斤顶荷载(kN)								

(五)实验原始数据记录(见表 5.2)

(六)实验数据处理(见表 5.3)

(七)画出图线图

(八)实验结果分析

(九)思考题和心得体会

表 5.2　实验原始数据记录表

级数	千斤顶荷载 F(kN)	百分表 g			手持式应变仪读数 a				主筋应变 ε_{s0}		混凝土受压应变 ε_{c0}	开裂情况
		左	中	右	上	中$_1$	中$_2$	下	1	2		
初读数												
1												
2												
3												
4												
5												
6												
7												
8												
9												
10												
11												
12												
13												
14												
15												
16												
16												

注:开裂情况一栏中,如无裂缝则写无,有裂缝则写:有缝,条数,W_{max}三个内容。

表 5.3　实验数据处理表

级数	总荷载 P(kN)	跨中弯矩 M(kN·m)	跨中挠度(mm)				正截面应变实测值 $\delta_0(10^{-6})$				正截面应变修正值 $\delta(10^{-6})$				主筋应变值正值 $\varepsilon_s(10^{-6})$			混凝土受压应变修正值 $\varepsilon_c(10^{-6})$
			实测值 f_0		修正值 f		上	中$_1$	中$_2$	下	上	中$_1$	中$_2$	下	1	2	平均值	
1																		
2																		
3																		
4																		
5																		
6																		
7																		
8																		
9																		
10																		
11																		
12																		
13																		
14																		
15																		
16																		

注:跨中挠度实测值 $f_{0i}=(g_{中i}-g_{中0})-0.5\times|g_{左i}-g_{左0}+g_{右i}-g_{右0}|$

正截面应变实测值 $\delta_{0i}=(a_i-a_0)/100$

修正值 $X_i=X_{0i}+X_{01}*P_{eq}/F_1$($X$ 代表修正值,X_0 代表实测值,i 为级数)

5.4 钢筋混凝土梁的斜截面受剪性能实验

5.4.1 实验目的

1)通过实验初步掌握钢筋混凝土梁斜截面受剪实验的实验方法和操作程序。

2)通过实验了解钢筋混凝土梁受剪破坏的全过程。

3)通过实验加深对钢筋混凝土梁斜截面受力特点、变形性能和斜裂缝开展规律的理解。

4)通过实验了解正常使用极限状态和承载能力极限状态下梁的受剪性能。

5.4.2 实验仪器及设备

1)TS3860 静态电阻应变仪　　2)力传感器

3)百分表或电子百分表　　4)手持式引伸仪(标距 10cm)

5)高压油泵全套设备　　6)千斤顶(P_{max}=10t,自重 0.3kN/只,已悬挂)

7)工字钢分配梁(自重 0.1kN/根)　　8)裂缝观察镜和裂缝宽度量测卡或裂缝观测仪

5.4.3 实验方案

5.4.3.1 实验梁的配筋设计(图 5.5)

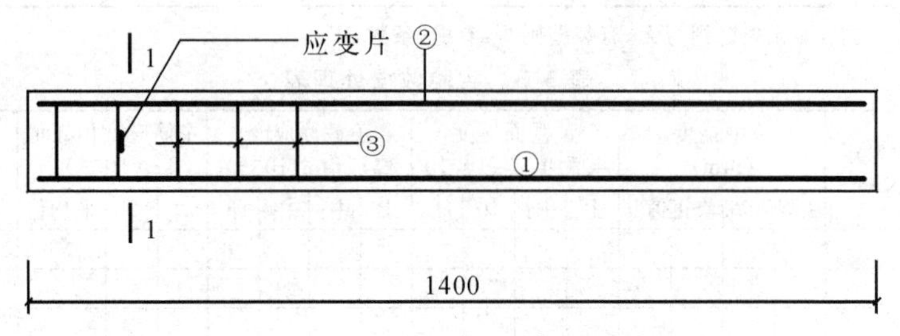

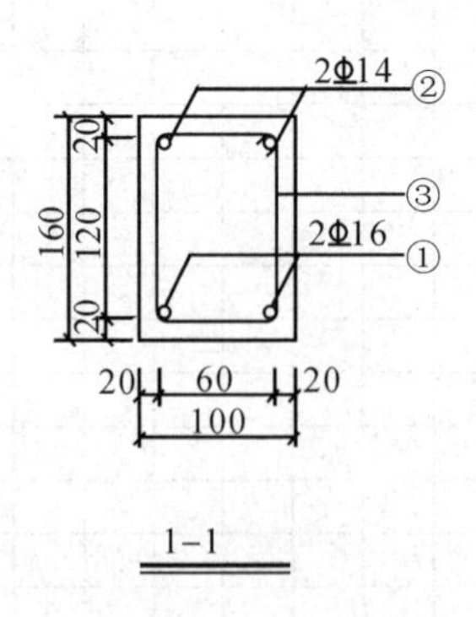

图 5.5 受剪实验梁配筋图

5.4.3.2 实验梁的材料

1)受剪箍筋③号筋采用Φ4的8#铅丝箍,实验前预留三根长500mm的8#铅丝,用作测试其应力应变关系。

2)混凝土按C20配合比制作,在浇筑混凝土时,同时浇筑三个150mm×150mm×150mm的立方体试块,用作测定混凝土的强度等级。

5.4.3.3 实验梁的加载及仪表布置

1)实验梁支承于台座上,通过千斤顶和分配梁施加两点荷载,由力传感器读取荷载读数。

2)在梁支座和跨中各布置一个百分表。

3)在弯剪段梁侧面布置两排斜向应变引伸仪测点。

4)在跨中梁上表面布置一只应变片。

5)在弯剪段箍筋上各布置一只应变片。

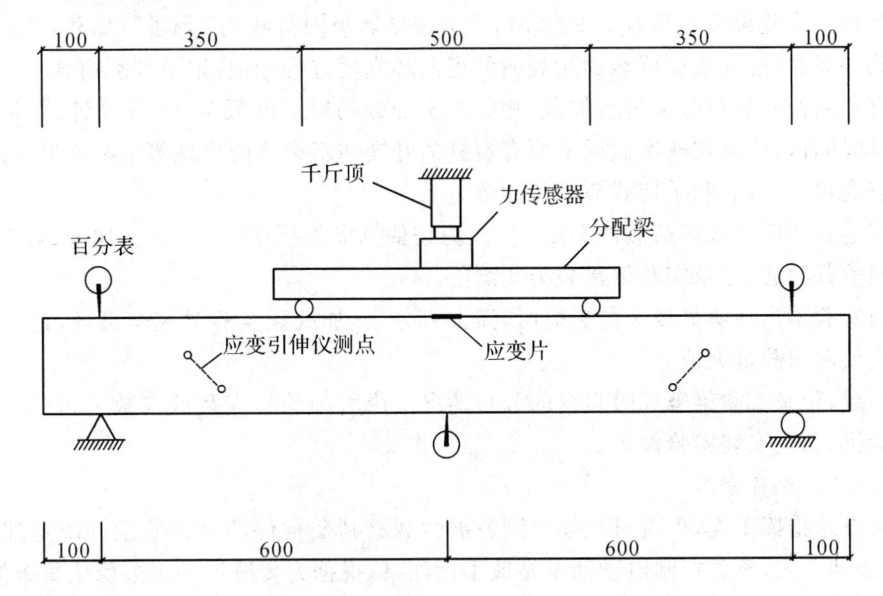

图5.6 受剪实验梁加载测试方案示意图

5.4.4.3 实验量测数据内容

1)各级荷载下支座沉陷与跨中的位移。

2)各级荷载下箍筋的应变和混凝土受压边缘的压应变。

3)各级荷载下梁弯剪段斜截面混凝土应变。

4)记录、观察梁的开裂荷载和开裂后各级荷载下裂缝的发展情况(包括裂缝分布和最大裂缝宽度W_{max})。

5)记录梁的破坏荷载、极限荷载和混凝土极限压应变。

5.4.4 实验步骤

5.4.4.1 实验准备

1)试件的制作。(限于时间这部分由教师完成)

2)混凝土和钢筋力学性能实验。(限于时间这部分由教师完成)

3)试件两侧用稀石灰刷白试件,用铅笔画 40mm×100mm 的方格线(以便观测裂缝),粘贴应变引伸仪测点。(由学生独立完成)

4)根据实验梁的截面尺寸、配筋数量和材料强度标准值计算实验梁的承载力和开裂荷载。(由学生独立完成)

5.4.4.2 实验加载

1)由教师预先安装或在教师指导下由学生安装实验梁,布置安装实验仪表。

2)对实验梁进行预加载,利用力传感器进行控制,加荷值可取开裂荷载的 50%,分三级加载,每级稳定时间为 1 分钟,然后卸载,加载过程中检查实验仪表是否正常。

3)调整仪表并记录仪表初读数。

4)按估算极限荷载的 10%左右对实验梁分级加载(第一级应考虑梁自重和分配梁),相邻两次加载的时间间隔为 2～3 分钟。在每级加载后的间歇时间内,认真观察实验梁上是否出现裂缝,加载后持续 2 分钟后记录电阻应变仪、百分表和手持式应变仪读数。

5)当达到实验梁开裂荷载的 90%时,改为按估算极限荷载的 5%进行加载,直至实验梁上出现第一条裂缝,在实验梁表面对裂缝的走向和宽度进行标记,记录开裂荷载。

6)开裂后按原加载分级进行加载,相邻两次加载的时间间隔为 3～5 分钟,在每级加载后的间歇时间内,认真观察实验梁上原有裂缝的开展和新裂缝的出现等情况并进行标记,记录电阻应变仪、百分表和手持式应变仪读数。

7)当达到实验梁破坏荷载的 90%时,改为按估算极限荷载的 5%进行加载,直至实验梁达到极限承载状态,记录实验梁承载力实测值。

8)当实验梁出现明显较大的裂缝时,撤去百分表,加载到实验梁完全破坏,记录混凝土应变最大值和荷载最大值。

9)卸载,记录实验梁破坏时裂缝的分布情况。由教师预先安装或在教师指导下由学生安装实验梁,布置安装实验仪表。

5.4.4.3 人员分工

实验设总指挥 1 人,负责对现场实测数据的观察判断构件的受力阶段并决定加载的程序;实验加载 1 人,负责控制电动油泵站或手动油泵,根据力传感器的读数稳定每级加载量;测读电阻应变仪 1 人,负责电阻应变仪的检查和调试,测读并记录各个电阻应变片的读数;测读手持式应变仪 1 人,负责测读并记录手持式应变仪的读数;测读百分表 1 人,负责测读并记录百分表读数;观察裂缝 2 人,负责观测裂缝的开展情况,并对裂缝进行描绘。

5.4.5 数据处理

1)根据实验过程中记录的百分表读数,计算各级荷载作用下实验梁的实测跨中挠度值,作出剪力和跨中挠度关系 $V-f$ 曲线。

2)根据实验过程中记录的箍筋的应变仪读数,作出剪力和箍筋应变关系 $V-\varepsilon_{sv}$ 曲线。

3)根据实验过程中记录的受压混凝土的应变仪读数,作出剪力和受压混凝土应变关系 $V-\varepsilon_c$ 曲线。

4)根据实验过程中记录的手持式应变仪,计算量测标距范围内混凝土的平均应变值,作出剪力和混凝土斜截面应变关系 $V-\varepsilon_{cv}$ 曲线。

5)根据实验中得到实验梁实测的开裂荷载和破坏荷载,计算实验梁的抗裂校验系数和承载力校验系数。

6)绘制实验梁弯剪段裂缝分布图。

5.4.6 实验理论计算的参考公式

5.4.6.1 承载力计算

参照《混凝土结构设计规范(GB 50010—2002)》的规定,在集中荷载作用下(包括作用有多种荷载,其中集中荷载对支座截面所产生的剪力值占总剪力值的75%以上的情况)仅配置箍筋的矩形截面受弯构件斜截面受剪承载力的计算,应符合下列规定:

$$V_u=\frac{1.75}{\lambda+1}f_{tk}bh_0+f_{yvk}\frac{A_{sv}}{s}h_0 \tag{5-11}$$

式中:f_{tk}——混凝土轴心抗拉强度标准值,采用材性实验结果;

b——矩形截面的宽度;

h_0——截面有效高度,纵向受压钢筋合力点至截面受压边缘的距离,$h_0=h-a_s$;

a_s——受拉区全部纵向钢筋合力点至截面受压边缘的距离,取$a_s=20$mm;

f_{yvk}——箍筋抗拉强度标准值,采用材性实验结果;

A_{sv}——配置在同一截面内箍筋各肢的全部截面面积:$A_{sv}=nA_{sv1}$,n为在同一截面内箍筋的肢数,A_{sv1}为单肢箍筋的截面面积;

s——沿构件长度方向的箍筋间距;

λ——计算截面的剪跨比,可取$\lambda=a/h_0$,a为集中荷载作用点至支座的距离,当$\lambda<1.5$时,取$\lambda=1.5$,当$\lambda>3$,取$\lambda=3$。

5.4.6.2 开裂荷载理论值的计算

参照《水工混凝土结构设计规范(SL/T191—96)》,钢筋混凝土受剪构件的开裂剪力为:

$$V_{cr}=\frac{1.8bh_0f_{tk}}{\lambda+1.3} \tag{5-12}$$

5.4.7 思考题

1)梁的变形规律如何,分析箍筋和混凝土是如何发挥抗剪作用的?

2)该梁的破坏形态,并解释产生这种形态的破坏的原因?

3)该梁达到极限承载状态的标志是什么,实验结果是否符合预期,并分析原因?

4)根据该梁的抗裂校验系数和承载力校验系数,分析实验值与理论计算值存在差异的原因?

5)对有关实验的体会:例如实验中应注意什么,怎样才能做成功实验,对本次实验应做哪些改进以促进和提高实验的精确程度等。

5.4.8 实验报告

(一)实验目的和要求

(二)实验内容和原理

(三)主要实验设备

(四)实验理论计算与荷载分级

1)材料强度计算

2)极限荷载 P_u 计算

3)开裂荷载 P_{cr} 计算

4)初始等效荷载 P_{eq} 计算

5)荷载分级(见表 5.4)

表 5.4　荷载分级计算表

级数	1	2	3	4	5	6	7	8
总荷载(kN)								
千斤顶荷载(kN)								
级数	9	10	11	12	13	14	15	16
总荷载(kN)								
千斤顶荷载(kN)								

(五)实验原始数据记录(见表 5.5)

表 5.5　实验原始数据记录表

级数	千斤顶荷载 F(kN)	百分表 g			手持式应变仪读数 a				箍筋应变 ε_{s0}		混凝土受压应变 ε_{c0}	开裂情况
		左	中	右	上	中$_1$	中$_2$	下	1	2		
初读数												
1												
2												
3												
4												
5												
6												
7												
8												
9												
10												
11												
12												
13												
14												
15												
16												
16												

注:开裂情况一栏中,如无裂缝则写无,有裂缝则写:有缝,条数,W_{max} 三个内容。

表 5.6　实验数据处理表

级数	总荷载 P(kN)	梁端剪力 V(kN)	跨中挠度(mm)		斜截面应变实测值 ε_{cv0}(10^{-6})		斜截面应变修正值 ε_{cv}(10^{-6})		箍筋应变值正值 ε_{sv}(10^{-6})		混凝土受压应变修正值 ε_c(10^{-6})
			实测值 f_0	修正值 f	左	右	左	右	1	2	
1											
2											
3											
4											
5											

续表

级数	总荷载 P(kN)	梁端剪力 V(kN)	跨中挠度(mm)		斜截面应变实测值 $\varepsilon_{cv0}(10^{-6})$		斜截面应变修正值 $\varepsilon_{cv}(10^{-6})$		箍筋应变值正值 $\varepsilon_{sv}(10^{-6})$		混凝土受压应变修正值 $\varepsilon_c(10^{-6})$
			实测值 f_0	修正值 f	左	右	左	右	1	2	
6											
7											
8											
9											
10											
11											
12											
13											
14											
15											
16											

注：跨中挠度实测值 $f_{0i}=(g_{中i}-g_{中0})-0.5\times|g_{左i}-g_{左0}+g_{右i}-g_{右0}|$

斜截面应变实测值 $\varepsilon_{sv0i}=(a_i-a_0)/100$

修正值 $X_i=X_{0i}+X_{01}*P_{eq}/F_1$（$X$ 代表修正值，X_0 代表实测值，i 为级数）

（六）实验数据处理（见表 5.6）

（七）画出图线图

（八）实验结果分析

（九）思考题和心得体会

5.5 钢梁抗弯性能实验

5.5.1 实验目的

1）通过实验学习百分表的安装使用，并用直读法绘制实验梁的 $P-f$ 曲线。

2）通过实验学会电阻应变片的粘贴方法，初步掌握贴片技术。

3）通过实验学会使用电阻应变仪测量梁的应力。

4）通过实验掌握油泵加载装置的连接和使用。

5.5.2 实验仪器及设备

1）工字形钢梁一根（16 号工字钢，支座跨距为 2m）

2）油泵加载装置（包括油泵、千斤顶、油管及测力传感器）一套

3）静态电阻应变仪一台

4）百分表三只

5）电阻应变片九片

5.5.3 实验方案

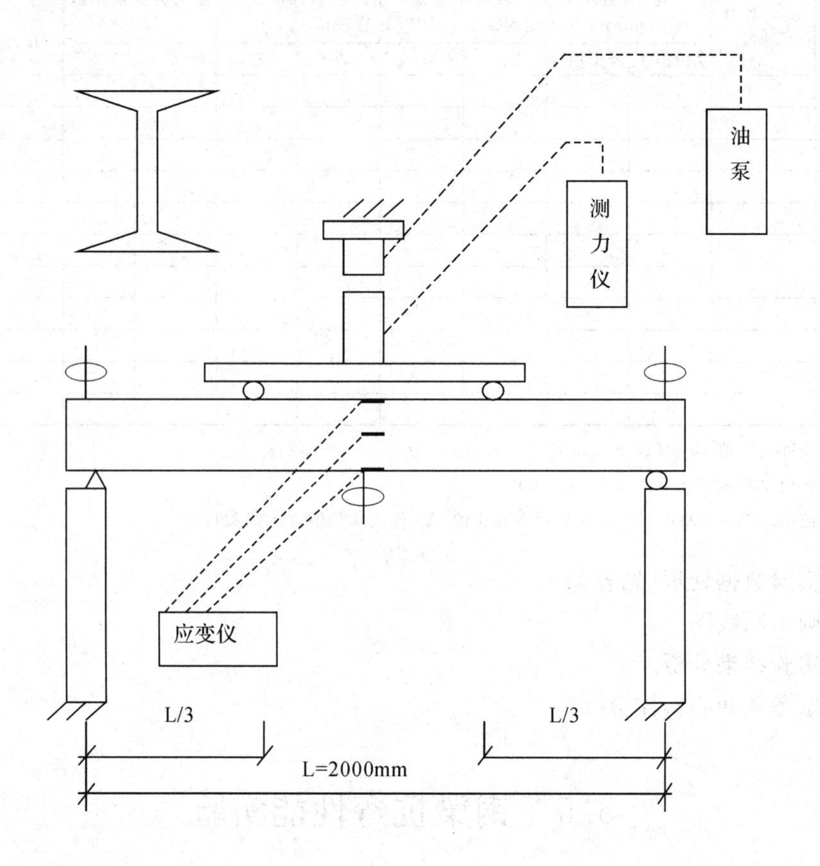

图 5.7 钢梁实验装置简图

实验构件为16号工字钢梁，支承于台座上，通过千斤顶和分配梁施加两点荷载，由力传感器读取荷载读数。在梁支座和跨中各布置一个百分表，在梁跨中侧面中和轴位置布置2只应变片，在梁跨中顶面和底面各布置3只应变片。

5.5.4 实验步骤

1)按图5.7尺寸将实验梁安装在台座支撑架上，定好加载点，放好分配梁、千斤顶及承力架反力装置。

2)连接好液压加载装置。

3)装好电阻应变仪的连接线，接好电阻应变片的引线。

4)安装好挠度计(百分表)。

5)按实验梁工字钢型号及按照尺寸，使其在外荷载作用下最大应力为$\sigma=170\text{MPa}$，计算千斤顶加荷值。

6)根据千斤顶加载值计算梁的挠度理论值。

7)检查实验梁安装及荷载加载点位置是否正确。

8)检查测量仪器仪表及相关连接线是否正常，及相关连接线是否正确。

9)打开电阻应变仪电源调整每一测点的零点(调平)。

10)检查加载系统,开动油泵,按照理论计算的千斤顶加载值分五级加载。

11)每一级荷载下,读数稳定后读一次应变和挠度值,并与理论计算值比较。

12)达到最大荷载后,分级卸载,读取每级读数。

5.5.5 实验数据整理

1)各级荷载 P_i 下的挠度值 f_i 填入实验报告表格内,与理论计算值比较。

2)将电阻应变仪测读出的各级荷载 P_i 下的应变值 ε_i 填入实验报告表格内,并与理论计算值比较。

3)将直角坐标 Y 轴设为 P(荷载),X 轴设为 ε(应变)及 f(挠度),画出荷载应变($P-\varepsilon$)和荷载挠度($P-f$)曲线。

4)画出实验中采用的油泵加载装置简图及油管连接图。

5.5.6 思考题

1)一个完整的结构试验方案包括哪些方面内容?

2)怎样通过测试的方法得到结构的内力,包括弯矩、剪力和轴力等?

3)进行梁抗弯试验时,分配梁的作用是什么?

4)测定梁的挠度时,位移计应怎样布置?

5.5.7 实验报告

(一)实验目的和要求

(二)实验内容和原理

(三)主要实验设备

(四)实验理论计算

1)千斤顶总荷载值、每级加载值;

2)总加载值下各测点最大应变值及每级应变值;

3)总加载值下跨中挠度值,以及每级挠度值。

(五)画出油泵加载装置简图及油管连接图

(六)数据记录与处理

1)挠度记录与处理(见表5.7);

2)应变记录与处理(见表5.8);

3)绘制荷载应变($P-\varepsilon$)和荷载挠度($P-f$)曲线。

(七)结论

表5.7 挠度记录与处理表

<table>
<tr><td rowspan="3">序 号</td><td rowspan="3">测点
荷载
(kN)</td><td rowspan="3">计算值
$f_{中}$</td><td colspan="6">实测值</td><td rowspan="3">跨中挠度
f(mm)</td></tr>
<tr><td colspan="2">$f_{中}$</td><td colspan="2">$f_{支1}$</td><td colspan="2">$f_{支2}$</td></tr>
<tr><td>读数</td><td>级差</td><td>读数</td><td>级差</td><td>读数</td><td>级差</td></tr>
<tr><td>1</td><td></td><td></td><td></td><td></td><td></td><td></td><td></td><td></td><td></td></tr>
<tr><td>2</td><td></td><td></td><td></td><td></td><td></td><td></td><td></td><td></td><td></td></tr>
</table>

续表

序号	测点 荷载(kN)	计算值 $f_{中}$	实测值						跨中挠度 f(mm)
			$f_{中}$		$f_{支1}$		$f_{支2}$		
			读数	级差	读数	级差	读数	级差	
3									
4									
5									
6									

表 5.8 应变记录与处理表

序号	测点 荷载(kN)	1			2		
		ε计算值	实测 ε		ε计算值	实测 ε	
			读数	级差		读数	级差
1							
2							
3							
4							
5							
6							
序号	测点 荷载(kN)	3			4		
		ε计算值	实测 ε		ε计算值	实测 ε	
			读数	级差		读数	级差
1							
2							
3							
4							
5							
6							
序号	测点 荷载(kN)	5			6		
		ε计算值	实测 ε		ε计算值	实测 ε	
			读数	级差		读数	级差
1							
2							
3							
4							
5							
6							
序号	测点 荷载(kN)	7			8		
		ε计算值	实测 ε		ε计算值	实测 ε	
			读数	级差		读数	级差
1							
2							
3							
4							
5							
6							

5.6 钢屋架静载实验

5.6.1 实验目的

1)明确采用实验手段检验结构理论方法的重要性,要求每个学生都认真对待实验的各个环节;

2)通过本教学实验,使学生能在结构静载实验加载设备的选取与安装、荷载计算与施加、测点的布置、相关仪器仪表的安装与使用等方面有一个比较全面的训练;

3)要求学生亲自动手完成本实验项目的各项量测与计算内容,并编写实验报告。

5.6.2 实验仪器及设备

1)钢屋架一榀

2)油泵加载装置(包括油泵、千斤顶、油管及测力传感器)一套

3)静态电阻应变仪一台

4)百分表七只

5)电阻应变片十五片

5.6.3 实验方案

5.6.3.1 钢屋架结构设计与加载方案

实验对象为一榀钢屋架,由双角钢和节点板焊接而成,钢屋架支承于台座上,通过千斤顶对屋架上弦三个节点同步施加荷载,每点施加的最大荷载为 $P=32\text{kN}$,采用由力传感器读取荷载读数。屋架结构及加载示意图如图 5.8 所示,各杆件的截面和内力见表 5.9 所示。

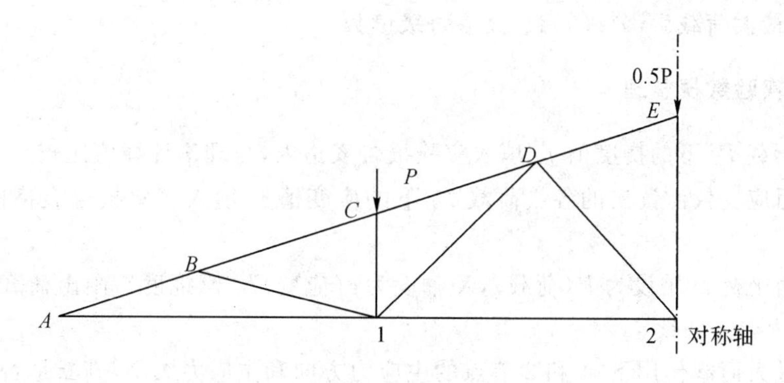

图 5.8 钢屋架结构及加载示意图

5.6.3.2 钢屋架测试方案

在屋架跨中、1/4 跨和 3/4 跨各布置一个百分表,在屋架支座处竖向各布置一个百分表,在屋架支座水平向各布置一个百分表。在杆件 BC、$A1$、$E2$、$D1$ 各布置两个应变测点,在支座节点 A 和跨中下弦节点 2 各布置 1 个应变花测点。

表 5.9 结构参数表

杆件	位置	截面	截面积(mm^2)	长度(mm)	内力(kN)
上弦杆	*AB*	2∟63×4	996	484	−129.3
上弦杆	*BC*	2∟63×4	996	484	−129.3
上弦杆	*CD*	2∟63×4	996	484	−129.3
上弦杆	*DE*	2∟63×4	996	484	−86.1
下弦杆	*A*1	2∟45×4	698	900	120.0
腹杆	*B*1	∟25×4	186	484	0.0
腹杆	*C*1	2∟25×4	372	360	−32.0
腹杆	*D*1	2∟25×4	372	704	41.6
下弦杆	12	2∟45×4	698	900	93.4
腹杆	*D*2	2∟25×4	372	704	−20.8
腹杆	*E*2	2∟25×4	372	720	32.0

注:材料弹性模量取:2.0×10^5 MPa

5.6.4 实验步骤

1)按图 5.8 将屋架安装在台座支撑架上,定好加载点,放好千斤顶及承力架反力装置。

2)连接好液压同步加载装置。

3)装好电阻应变仪的连接线,接好电阻应变片的引线。

4)安装好挠度计(百分表)。

5)根据力法知识计算屋架跨中、1/4 跨和 3/4 跨的理论挠度值。

6)检查屋架安装及荷载加载点位置是否正确。

7)检查测量仪器仪表及相关连接线是否正常,及相关连接线是否正确。

8)打开电阻应变仪电源调整每一测点的零点(调平)。

9)检查加载系统,开动油泵,按照千斤顶加载值 $P=30$kN 分五级加载。

10)每一级荷载下,读数稳定后读一次应变和挠度值,并与理论计算值比较。

11)达到最大荷载后,分级卸载,读取每级读数。

5.6.5 实验数据整理

1)各级荷载 P_i 下的挠度值 f_i 填入实验报告表格内,与理论计算值比较。

2)将电阻应变仪测读出的各级荷载 P_i 下的应变值 ε_i 填入实验报告表格内,并与理论计算值比较。

3)将直角坐标 Y 轴设为 P(荷载),X 轴设为 ε(应变)及 f(挠度),画出荷载应变($P-\varepsilon$)和荷载挠度($P-f$)曲线。

4)计算最大荷载作用下 A 和 2 节点的主应力方向和主应力大小,判断是否安全。

5)画出实验中采用的油泵同步加载装置简图及油管连接图。

5.6.6 思考题

1)同步液压加载系统的原理是什么,有什么优点?

2)对桁架结构,荷载为什么不能加在杆件中部,会有什么影响?

3)对桁架结构应变片布置的原则是什么,为什么杆件上的应变片应布置在中部?

4)为什么要在屋架支座水平方向布置百分表?

5.6.7 实验报告

(一)实验目的和要求
(二)实验内容和原理
(三)主要实验设备
(四)实验理论计算
　　1)理论挠度计算;
　　2)总加载值下各测点最大应变值及每级应变值。
(五)画出油泵同步加载装置简图及油管连接图
(六)数据记录与处理
　　1)挠度记录与处理(见表5.10);
　　2)应变记录与处理(见表5.11);
　　3)绘制荷载应变($P-\varepsilon$)和荷载挠度($P-f$)曲线;
　　4)主应力计算与处理。
(七)结论

表5.10 挠度试验原始记录

序号	荷载(kN)	No		No		No		No		No		No		No		No	
		读数	差值	读数	差值	读数	差值	读数	差值	读数	差值	读数	差值	读数	差值	读数	差值

表5.11 应变试验原始记录

序号	荷载(kN)	No		No		No		No		No		No		No		No	
		读数	差值	读数	差值	读数	差值	读数	差值	读数	差值	读数	差值	读数	差值	读数	差值

表 5.12　应变试验原始记录(续表)

序号	荷载(kN)	No		No		No		No		No		No		No		No	
		读数	差值	读数	差值	读数	差值	读数	差值	读数	差值	读数	差值	读数	差值	读数	差值

5.7　门式刚架静载实验

5.7.1　实验目的

1)通过实验掌握门式刚架静载实验的实验方法和操作程序。

2)通过实验掌握压弯构件的数据处理方法。

5.7.2　实验仪器及设备

1)门式刚架一榀

2)油泵加载装置(包括油泵、千斤顶、油管及测力传感器)一套

3)静态电阻应变仪一台

4)百分表若干只

5)电阻应变片若干片

5.7.3　实验方案

5.7.3.1　门式刚架结构设计与加载方案

实验对象为一榀门式刚架,由工字钢和节点板焊接而成,钢屋架支承于台座上,通过千斤顶对刚架上部横梁的三个节点同步施加荷载,每点施加的最大荷载为 $P1=18$kN,对刚架侧柱中部节点同步施加荷载,最大荷载为 $P2=15$kN,采用由力传感器读取荷载读数。钢架结构及加载示意图如图 5.9 所示。

5.7.3.2　门式刚架测试方案

在刚架跨中竖向布置一个百分表,在左右立柱牛腿标高和顶面处各水平布置一个百分表。在每根构件中部各布置两个应变测点。

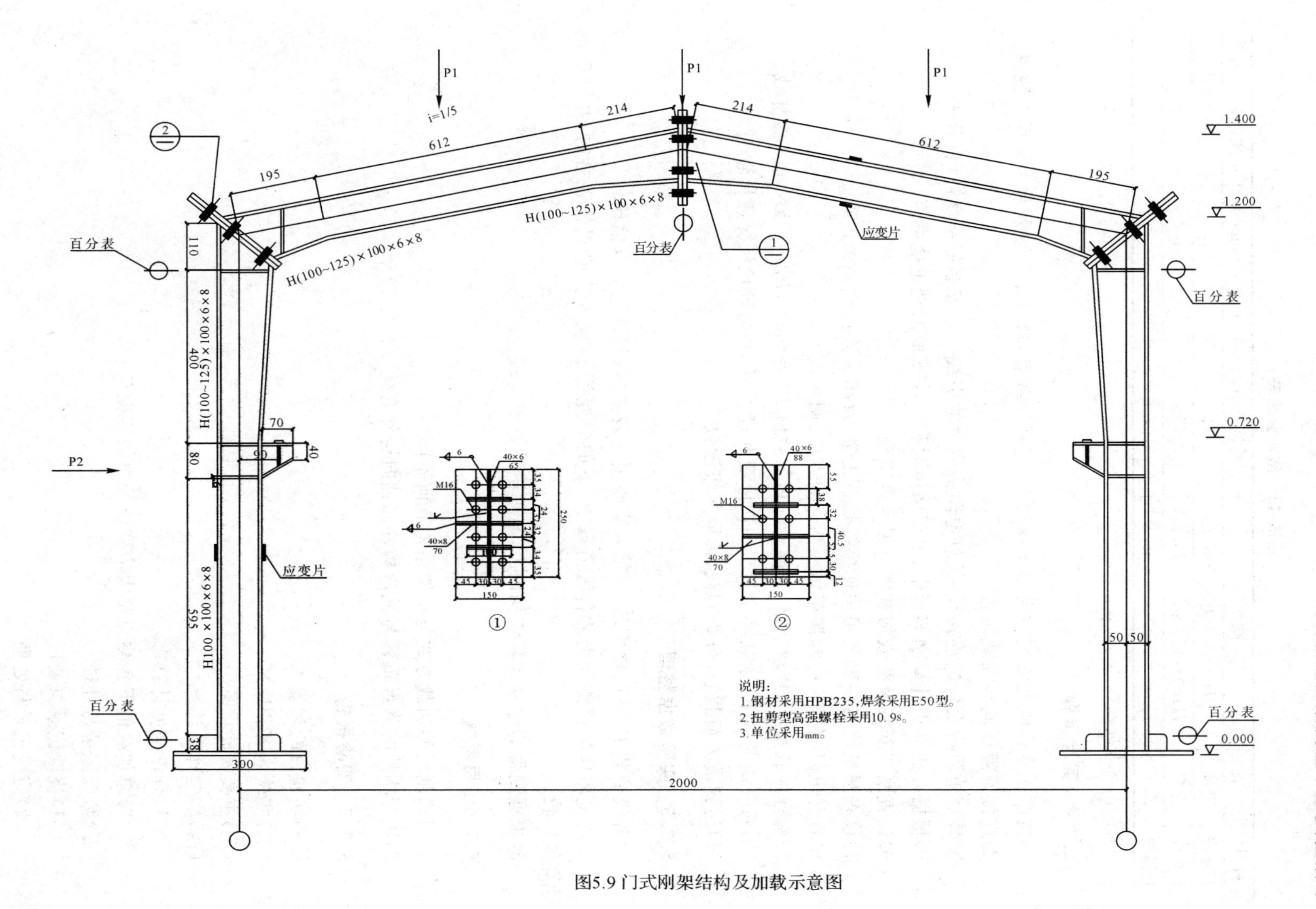

图5.9 门式刚架结构及加载示意图

表 5.13 结构参数表

杆件	位置	截面	长度(mm)	截面积(mm²)	主惯性距(mm³)
下立柱	竖向	$H100\times100\times6\times8$	720	2190	383×10^3
上立柱	竖向	$H100\sim125\times100\times6\times8$	480	/	/
上斜梁	水平	$H125\sim100\times100\times6\times8$	1021	/	/

注:材料弹性模量取:2.0×10^5MPa

5.7.4 实验步骤

1)按图 5.9 将刚架安装在台座支撑架上,定好加载点,放好千斤顶及承力架反力装置。

2)连接好液压同步加载装置。

3)装好电阻应变仪的连接线,接好电阻应变片的引线。4)安装好挠度计(百分表)。

5)根据力法知识计算刚架跨中、吊车梁顶面和立柱顶面的理论挠度值。

6)检查刚架安装及荷载加载点位置是否正确。

7)检查测量仪器仪表及相关连接线是否正常,及相关连接线是否正确。

8)打开电阻应变仪电源调整每一测点的零点(调平)。

9)检查加载系统,开动油泵,按照千斤顶加载值 $P1=18$kN,$P2=15$kN 分 3 级加载。

10)每一级荷载下,读数稳定后读一次应变和挠度值,并与理论计算值比较。

11)达到最大荷载后,分级卸载,读取每级读数。

5.7.5 实验数据整理

1)各级荷载 P_i 下的挠度值 f_i 填入实验报告表格内,与理论计算值比较。

2)将电阻应变仪测读出的各级荷载 P_i 下的应变值 ε_i 填入实验报告表格内,并与理论计算值比较。

3)根据测得的应变计算结构内力,与理论计算值比较。

5.7.6 思考题

1)门式刚架的加载方式与桁架结构有何不同?

2)压弯构件的测点布置与纯弯构件和轴向构件有何不同?

5.7.7 实验报告

(一)实验目的和要求

(二)实验内容和原理

(三)主要实验设备

(四)实验理论计算

1)理论挠度计算;

2)总加载值下各测点最大应变值及每级应变值。

(五)数据记录与处理

1)挠度记录与处理;

2)应变记录与处理;

3)结构内力计算与处理。

(六)结论

表 5.14 挠度记录与处理表

序号	荷载(kN)	实测值									
		$f_{中}$		$f_{上水平左}$		$f_{下水平左}$		$f_{上水平右}$		$f_{下水平右}$	
		读数	级差	读数	级差	读数	级差	读数	级差	读数	级差
1											
2											
3											
4											

表 5.15 应变记录与处理表

序号	测点 / 荷载(kN)	1			2		
		ε计算值	实测 ε		ε计算值	实测 ε	
			读数	级差		读数	级差
1							
2							
3							
4							

5.8 回弹法测定混凝土强度实验

5.8.6.1 实验目的

1)掌握采用回弹法测试混凝土抗压强度的现场检测技术;

2)掌握混凝土强度推定值的计算方法。

5.8.2 实验仪器及设备

1)ZC3-A 型回弹仪一只

2)酚酞试剂一瓶

3)卷尺一把

5.8.3 实验原理

回弹法运用回弹仪通过测定混凝土表面的硬度以确定混凝土的强度,是混凝土结构现场检测中最常用的一种非破损检测方法。应遵循我国《回弹法检测混凝土抗压强度技术规程》(JGJ/T23—2001)的有关规定。

测试时,打开按钮,弹击杆伸出筒身外,然后把弹击杆垂直顶住混凝土测试面使之徐徐压入筒身。这时筒内弹簧和重锤逐渐趋向紧张状态。当重锤碰到挂钩后即自动发射,推动弹射杆冲击混凝土表面后回弹一个高度,回弹高度在标尺上示出,按下按钮取下仪器,在标尺上读出回弹值。测试应在事先划定的区域内进行,每个构件测区读数不少于 10 个,每个测区面积为(200×200)mm^2,每一测区设16个回弹点,相邻两点的间距一般不少于30mm,一个测区只允许回弹一次,最后从测区的16个回弹值中分别剔除3个最大值和3个最小值,取余下10个有效回弹值的平均值作为该测区的回弹值,即

$$R_{m\alpha} = \sum_{i=1}^{10} \frac{R_i}{10} \tag{5-13}$$

式中,$R_{m\alpha}$为测试角度为α时的测区平均回弹值,计算至0.1;R_i为第i个测点的回弹值。

当回弹仪测试位置非水平时,考虑到不同测试角度的影响,回弹值应按下列公式修正:

$$R_m = R_{m\alpha} + \Delta R_\alpha \tag{5-14}$$

式中,ΔR_α为测试角度为α的回弹修正值,按下表采用。

表5.16 测试角度修正表

$R_{m\alpha}$	α向上				α向下			
	+90°	+60°	+45°	+30°	−30°	−45°	−60°	−90°
20	−6.0	−5.0	−4.0	−3.0	+2.5	+3.0	+3.5	+4.0
30	−5.0	−4.0	−3.5	−2.5	+2.0	+2.5	+3.0	+3.5
40	−4.0	−3.5	−3.0	−2.0	+1.5	+2.0	+2.5	+3.0
50	−3.5	−3.0	−2.5	−1.5	+1.0	+1.5	+2.0	+2.5

当测试面为浇筑方向的顶面或底面时,测得的回弹值按下列式修正:

$$R_m = R_{ms} + \Delta R_s \tag{5-15}$$

式中,ΔR_s为混凝土浇筑顶面或底面测试时的回弹修正值,按下表采用;计算至0.1;R_{ms}为混凝土浇注顶面或底面修正。

表5.17 测试面修正表

R_{ms}	ΔR_s		R_{ms}	ΔR_s	
	顶面	底面		顶面	底面
20	+2.5	−3.0	40	+0.5	−1.0
25	+2.0	−2.5	45	0	−0.5
30	+1.5	−2.0	50	0	0
35	+1.0	−1.5			

由于混凝土受到大气中CO_2的作用,所以混凝土中一部分的$Ca(OH)_2$逐渐形成$CaCO_3$,使混凝土变硬,因而在老混凝土上测试的回弹值偏高,应给以修正。

修正方法与碳化深度有关。鉴别与测定碳化深度的方法是:采用电锤或其他合适的工具,在测区表面形成直径15mm的孔洞,深度略大于碳化深度。吹去洞中粉末(不能用液体冲洗)立即用浓度1%的酚酞酒精液滴在孔洞内壁处,未碳化混凝土变成紫红色,已碳化的则不变色。然后用钢尺测量混凝土表面至变色与不变色交界处的垂直距离,即为测试部位的碳化深度,取值精确至0.5mm。

碳化深度必须在每一测位的两相对面上分别选择2~3个测点,如构件只有一个可测面,则应在可测面上选择2~3个点量测其碳化深度,每一点均应测试两次。每一测区的平均碳化深度按下式计算:

$$d_m = \frac{\sum_{i=1}^{n} d_i}{n} \tag{5-16}$$

式中，n 为碳化深度测量次数；d_i 为第 i 次量测的碳化深度（mm）；d_m 为测区平均碳化深度，$d_m \leqslant 0.4$mm，取 $d_m=0$；$d_m \geqslant 6$mm，取 $d_m=6$mm。

有了各测区的回弹值及平均碳化深度，即可按规定的方法评定构件的混凝土强度等级。

5.8.4 实验步骤

1）划定所测构件的检测区域；

2）在每一个测区回弹 16 个数据，记录数据并标注弹击方向；

3）电锤钻孔，用酚酞试剂量测碳化距离。

4）数据处理，给出强度推定值。

5.8.5 思考题

1）回弹法的适用范围是什么？

2）影响其精度的因素有哪些？

5.8.5 实验报告

（一）实验目的和要求

（二）实验内容和原理

（三）主要实验设备

（四）数据记录与处理

（五）结论

表 5.18 回弹法实验原始记录表

<table>
<tr><th colspan="2">编 号</th><th colspan="17">回 弹 值</th></tr>
<tr><th>构件</th><th>测区</th><th>1</th><th>2</th><th>3</th><th>4</th><th>5</th><th>6</th><th>7</th><th>8</th><th>9</th><th>10</th><th>11</th><th>12</th><th>13</th><th>14</th><th>15</th><th>16</th><th>R_m</th></tr>
<tr><td rowspan="10"></td><td>1</td><td></td><td></td><td></td><td></td><td></td><td></td><td></td><td></td><td></td><td></td><td></td><td></td><td></td><td></td><td></td><td></td><td></td></tr>
<tr><td>2</td><td></td><td></td><td></td><td></td><td></td><td></td><td></td><td></td><td></td><td></td><td></td><td></td><td></td><td></td><td></td><td></td><td></td></tr>
<tr><td>3</td><td></td><td></td><td></td><td></td><td></td><td></td><td></td><td></td><td></td><td></td><td></td><td></td><td></td><td></td><td></td><td></td><td></td></tr>
<tr><td>4</td><td></td><td></td><td></td><td></td><td></td><td></td><td></td><td></td><td></td><td></td><td></td><td></td><td></td><td></td><td></td><td></td><td></td></tr>
<tr><td>5</td><td></td><td></td><td></td><td></td><td></td><td></td><td></td><td></td><td></td><td></td><td></td><td></td><td></td><td></td><td></td><td></td><td></td></tr>
<tr><td>6</td><td></td><td></td><td></td><td></td><td></td><td></td><td></td><td></td><td></td><td></td><td></td><td></td><td></td><td></td><td></td><td></td><td></td></tr>
<tr><td>7</td><td></td><td></td><td></td><td></td><td></td><td></td><td></td><td></td><td></td><td></td><td></td><td></td><td></td><td></td><td></td><td></td><td></td></tr>
<tr><td>8</td><td></td><td></td><td></td><td></td><td></td><td></td><td></td><td></td><td></td><td></td><td></td><td></td><td></td><td></td><td></td><td></td><td></td></tr>
<tr><td>9</td><td></td><td></td><td></td><td></td><td></td><td></td><td></td><td></td><td></td><td></td><td></td><td></td><td></td><td></td><td></td><td></td><td></td></tr>
<tr><td>10</td><td></td><td></td><td></td><td></td><td></td><td></td><td></td><td></td><td></td><td></td><td></td><td></td><td></td><td></td><td></td><td></td><td></td></tr>
<tr><td colspan="2" rowspan="3">测面状态</td><td colspan="7" rowspan="3">侧面 表面 底面
风干 潮湿 光洁 粗糙</td><td colspan="2" rowspan="6">碳化深度 $L1$(mm)</td><td colspan="3" rowspan="6"></td><td rowspan="6">回弹仪</td><td rowspan="2">型号</td><td colspan="3" rowspan="2"></td></tr>
<tr></tr>
<tr><td rowspan="2">编号</td><td colspan="3" rowspan="2"></td></tr>
<tr><td colspan="2" rowspan="3">测试角度 α°</td><td colspan="7" rowspan="3">水平 向上 向下</td></tr>
<tr><td rowspan="2">率定值</td><td colspan="3" rowspan="2"></td></tr>
<tr></tr>
</table>

表 5.19　回弹法实验结果整理表

构件		混凝土抗压强度换算值(MPa)			现龄期推定值(MPa)	备　注
名称	编号	平均值	标准差	最小值		

第6章　土木工程结构提高型实验指导

6.1　钢筋混凝土梁正截面受弯性能的对比实验

6.1.1　实验目的

1)通过实验了解钢筋混凝土超筋梁、适筋梁和少筋梁受弯破坏形态的差异。

2)通过实验加深对不同配筋率的钢筋混凝土梁的正截面受力特点、变形性能和裂缝开展规律的理解。

3)通过实验掌握对不同配筋率的钢筋混凝土梁实验结果的对比分析方法。

6.1.2　实验仪器及设备

1)TS3860静态电阻应变仪　　2)力传感器

3)百分表或电子百分表　　4)手持式引伸仪(标距10cm)

5)高压油泵全套设备　　6)千斤顶(P_{max}=10t,自重0.3kN/只,已悬挂)

7)工字钢分配梁(自重0.1kN/根)8)裂缝观察镜和裂缝宽度量测卡或裂缝观测仪

6.1.3　实验方案

6.1.3.1　实验梁的配筋设计(图6.1～图6.3)

6.1.3.2　实验梁的材料

1)受拉主筋①号筋材料:少筋梁为Φ4的8＃铅丝,适筋梁为Φ10的一级钢筋,超筋梁为Φ16的二级钢筋,实验前均预留三根长500mm的材料,用作测试其应力应变关系。

2)混凝土按C30配合比制作,在浇筑混凝土时,同时浇筑三个150mm×150mm×150mm的立方体试块,用作测定混凝土的强度等级。

6.1.3.3　实验梁的加载及仪表布置

1)实验梁支承于台座上,通过千斤顶和分配梁施加两点荷载,由力传感器读取荷载读数。

2)在梁支座和跨中各布置一个百分表。

3)在跨中梁侧面布置四排应变引伸仪测点。

4)在跨中梁上表面布置一只应变片。

5)在跨中受力主筋预埋两只应变片。

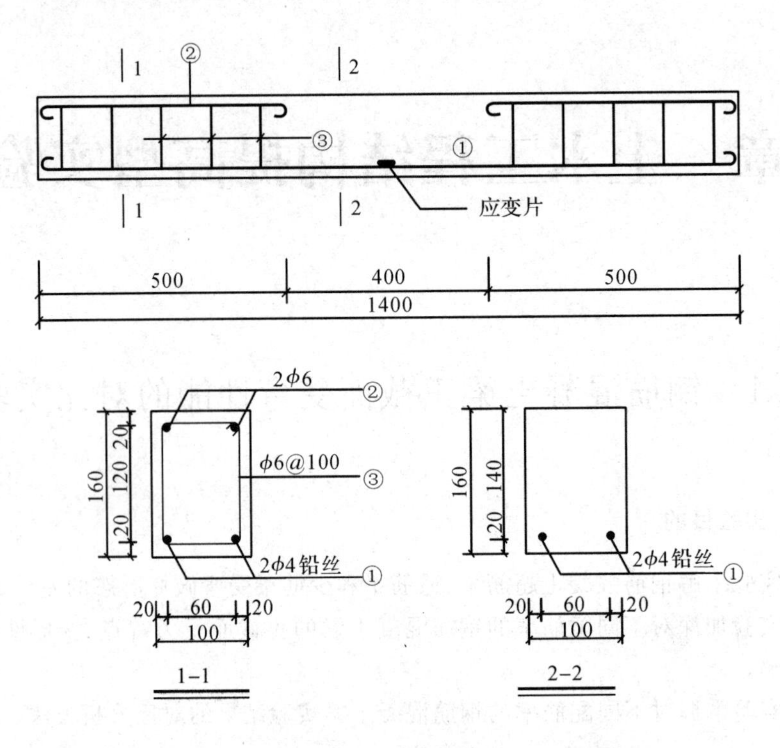

图 6.1　少筋梁配筋图

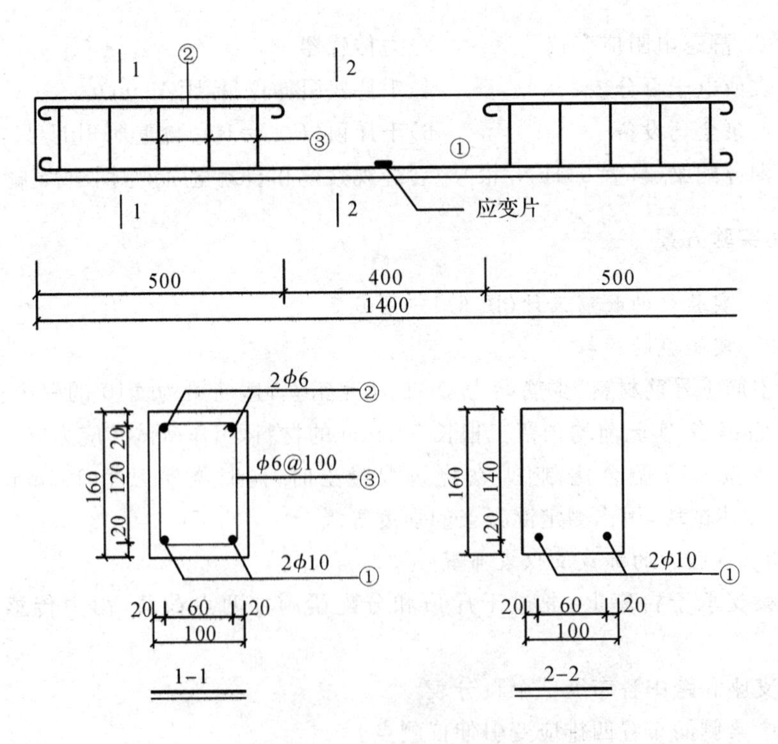

图 6.2　适筋梁配筋图

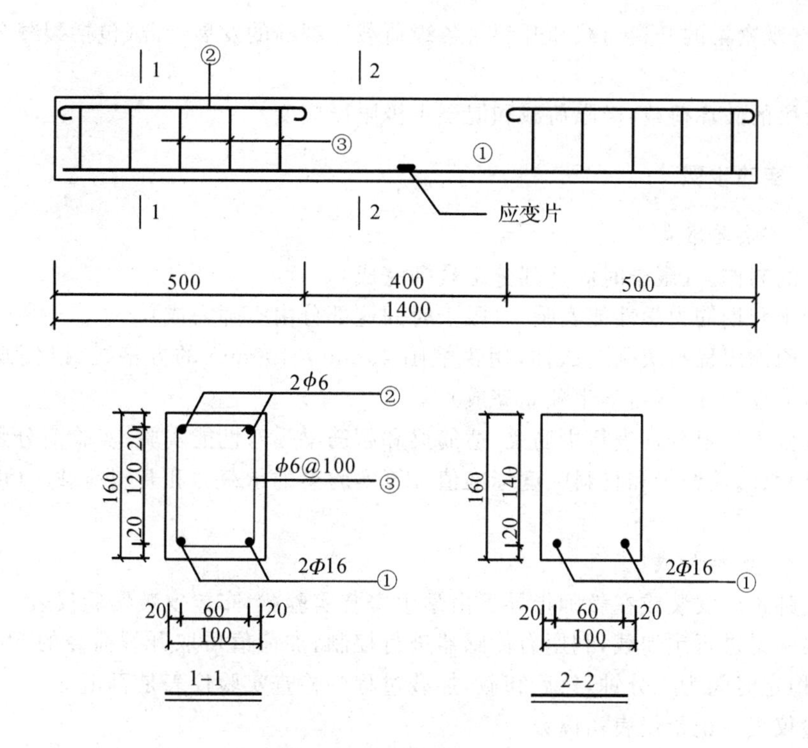

图 6.3　超筋梁配筋图

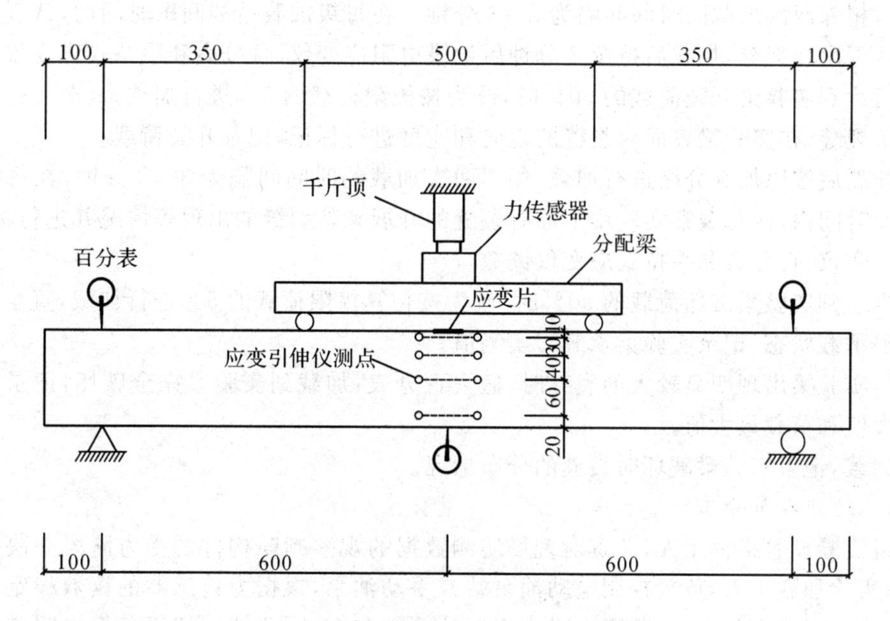

图 6.4　受弯实验梁加载测试方案示意图

6.1.3.4　实验量测数据内容

1)各级荷载下支座沉陷与跨中的位移。

2)各级荷载下主筋跨中的拉应变及混凝土受压边缘的压应变。

3)各级荷载下梁跨中上边纤维,中间纤维,受拉筋处纤维的混凝土应变。

4)记录、观察梁的开裂荷载和开裂后各级荷载下裂缝的发展情况(包括裂缝分布和最大裂缝宽度 W_{max})。

5)记录梁的破坏荷载、极限荷载和混凝土极限压应变。

6.1.4 实验步骤

6.1.4.1 实验准备

1)试件的制作。(限于时间这部分由教师完成)

2)混凝土和钢筋力学性能实验。(限于时间这部分由教师完成)

3)试件两侧用稀石灰刷白试件,用铅笔画 40mm×100mm 的方格线(以便观测裂缝),粘贴应变引伸仪铜柱。(由学生独立完成)

4)实验分为三组分别进行少筋梁、适筋梁和超筋梁受弯性能实验,实验前分别根据实验梁的截面尺寸、配筋数量和材料强度标准值计算实验梁的承载力和开裂荷载。(由学生独立完成)

6.1.4.2 实验加载

1)由教师预先安装或在教师指导下由学生安装实验梁,布置安装实验仪表。

2)对实验梁进行预加载,利用力传感器进行控制,加荷值可取开裂荷载的 50%,分三级加载,每级稳定时间为 1 分钟,然后卸载,加载过程中检查实验仪表是否正常。

3)调整仪表并记录仪表初读数。

4)按估算极限荷载的十分之一左右对实验梁分级加载(第一级应考虑梁自重和分配梁的自重),相邻两次加载的时间间隔为 2~3 分钟。在每级加载后的间歇时间内,认真观察实验梁上是否出现裂缝,加载后持续 2 分钟后记录电阻应变仪、百分表和手持式应变仪读数。

5)当达到实验梁开裂荷载的 90%时,改为按极限荷载的 5%进行加载,直至实验梁上出现第一条裂缝,在实验梁表面对裂缝的走向和宽度进行标记,记录开裂荷载。

6)开裂后按原加载分级进行加载,相邻两次加载的时间间隔为 3~5 分钟,在每级加载后的间歇时间内,认真观察实验梁上原有裂缝的开展和新裂缝的出现等情况并进行标记,记录电阻应变仪、百分表和手持式应变仪读数。

7)当达到实验梁破坏荷载的 90%时,改为按估算极限荷载的 5%进行加载,直至实验梁达到极限承载状态,记录实验梁承载力实测值。

8)当实验梁出现明显较大的裂缝时,撤去百分表,加载到实验梁完全破坏,记录混凝土应变最大值和荷载最大值。

9)卸载,记录实验梁破坏时裂缝的分布情况。

6.1.4.3 人员分工

每组实验设总指挥 1 人,负责对现场实测数据的观察判断构件的受力阶段并决定加载的程序;实验加载 1 人,负责控制电动油泵站或手动油泵,根据力传感器的读数稳定每级加载量;测读电阻应变仪 1 人,负责电阻应变仪的检查和调试,测读并记录各个电阻应变片的读数;测读手持式应变仪 1 人,负责测读并记录手持式应变仪的读数;测读百分表 1 人,负责测读并记录百分表读数;观察裂缝 2 人,负责观测裂缝的开展情况,并对裂缝进行描绘。

6.1.5 数据处理

1)根据实验过程中记录的百分表读数,计算各级荷载作用下实验梁的实测跨中挠度值,作出少筋梁、适筋梁和超筋梁跨中弯矩和挠度的关系 $M-f$ 对比曲线。

2)根据实验过程中记录的受力主筋的应变仪读数,计算实验梁跨中的钢筋应变平均值,作出少筋梁、适筋梁和超筋梁跨中弯矩和主筋应变关系 $M-\varepsilon_s$ 对比曲线。

3)根据实验过程中记录的受压混凝土的应变仪读数,作出少筋梁、适筋梁和超筋梁跨中弯矩和受压混凝土应变关系 $M-\varepsilon_c$ 对比曲线。

4)根据实验过程中记录的手持式应变仪,计算量测标距范围内混凝土的平均应变值,作出少筋梁、适筋梁和超筋梁平均应变沿梁高度的分布图,并进行对比。

5)根据实验中得到实验梁实测的开裂荷载和破坏荷载,计算少筋梁、适筋梁和超筋梁的抗裂校验系数和承载力校验系数。

6)对少筋梁、适筋梁和超筋梁的裂缝分布图进行对比分析。

6.1.6 思考题

1)钢筋混凝土少筋梁、适筋梁和超筋梁的变形规律和破坏形态有何差异,并解释产生这种差异的原因?

2)钢筋混凝土少筋梁、适筋梁和超筋梁的理论计算中平截面假定在是否成立,分析钢筋混凝土梁的配筋对平截面假定的影响?

3)分析钢筋混凝土少筋梁、适筋梁和超筋梁达到极限承载状态的标志是什么,实验结果是否符合预期,并分析原因?

4)根据少筋梁、适筋梁和超筋梁开裂荷载实测值和极限荷载实测值,分析钢筋混凝土梁的配筋对开裂荷载和极限荷载的影响?

6.1.7 实验报告

参考基本型实验报告由学生自行设计完成。

6.2 钢筋混凝土梁斜截面受剪性能的对比实验

6.2.1 实验目的

1)通过实验了解钢筋混凝土梁受斜拉破坏、剪压破坏和斜压破坏的全过程。

2)通过实验加深对不同受剪破坏的钢筋混凝土梁斜截面受力特点、变形性能和斜裂缝开展规律的理解。

3)通过实验掌握对不同受剪破坏形态的钢筋混凝土梁实验结果的对比分析方法。

6.2.2 实验仪器及设备

1)TS3860 静态电阻应变仪　　2)力传感器

3)百分表或电子百分表　　4)手持式引伸仪(标距 10cm)

5)高压油泵全套设备　　6)千斤顶(P_{max}=10t,自重 0.3kN/只,已悬挂)

7)工字钢分配梁(自重 0.1kN/根)8)裂缝观察镜和裂缝宽度量测卡或裂缝观测仪

6.2.3 实验方案

6.2.3.1 实验梁的配筋设计(图 6.5～图 6.7)

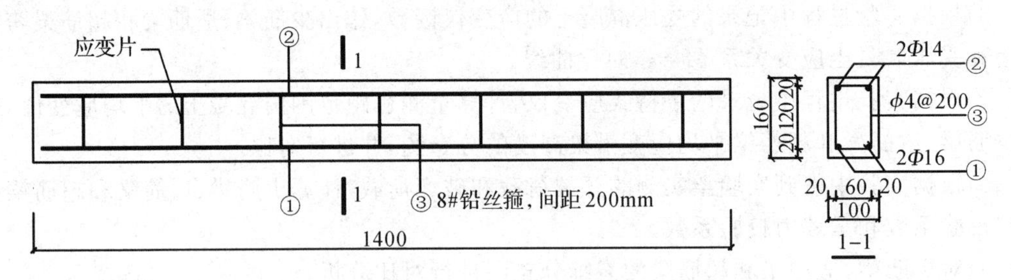

图 6.5 斜拉破坏梁配筋图

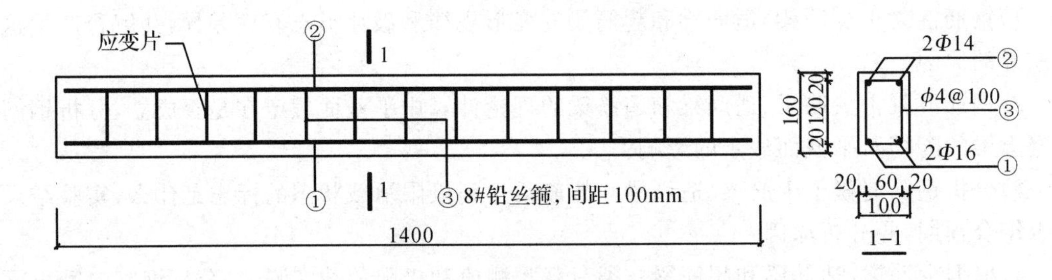

图 6.6 剪压破坏梁配筋图

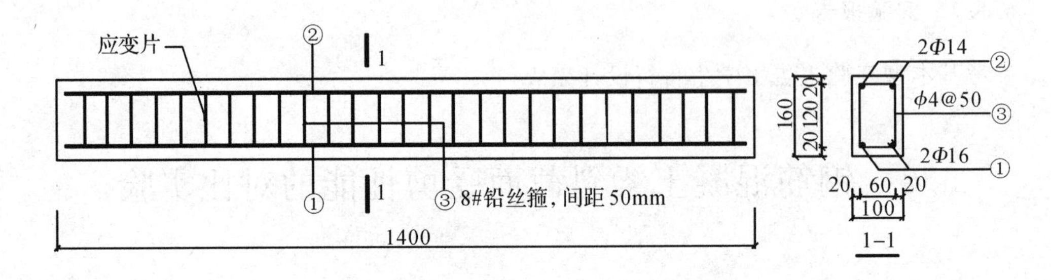

图 6.7 斜压破坏梁配筋图

6.2.3.2 实验梁的材料

1)受剪箍筋③号筋采用 Φ4 的 8＃铅丝箍，实验前预留三根长 500mm 的 8＃铅丝，用作测试其应力应变关系。

2)混凝土按 C20 配合比制作，在浇筑混凝土时，同时浇筑三个 150mm×150mm×150mm 的立方体试块，用作测定混凝土的强度等级。

6.2.3.3 实验梁的加载及仪表布置

1)实验梁支承于台座上，通过千斤顶和分配梁(斜拉破坏：L＝500mm；剪压破坏：L＝350mm；斜压破坏：L＝100mm)施加两点荷载，由力传感器读取荷载读数。

2)在梁支座和跨中各布置一个百分表。

3)在弯剪段梁侧面布置两排斜向应变引伸仪测点。

4)在跨中梁上表面布置一只应变片。

5)在弯剪段箍筋上各布置一只应变片。

6.2.3.4 实验量测数据内容

1)各级荷载下支座沉陷与跨中的位移。

2)各级荷载下箍筋的应变和混凝土受压边缘的压应变。

3)各级荷载下梁弯剪段斜截面混凝土应变。

4)记录、观察梁的开裂荷载和开裂后各级荷载下裂缝的发展情况(包括裂缝分布和最大裂缝宽度 W_{max})。

5)记录梁的破坏荷载、极限荷载和混凝土极限压应变。

6.2.4 实验步骤

6.2.4.1 实验准备

1)试件的制作。(限于时间这部分由教师完成)

2)混凝土和钢筋力学性能实验。(限于时间这部分由教师完成)

3)试件两侧用稀石灰刷白试件,用铅笔画 40mm×100mm 的方格线(以便观测裂缝),粘贴应变引伸仪铜柱。(由学生独立完成)

4)实验分为三组分别进行斜拉破坏梁、剪压破坏梁和斜压破坏梁受剪性能实验,实验前根据实验梁的截面尺寸、配筋数量和材料强度标准值计算实验梁的承载力和开裂荷载。(由学生独立完成)

6.2.4.2 实验加载

1)由教师预先安装或在教师指导下由学生安装实验梁,布置安装实验仪表。

2)对实验梁进行预加载,利用力传感器进行控制,加荷值可取开裂荷载的 50%,分三级加载,每级稳定时间为 1 分钟,然后卸载,加载过程中检查实验仪表是否正常。

3)调整仪表并记录仪表初读数。

4)按估算极限荷载的 10%左右对实验梁分级加载(第一级应考虑梁自重和分配梁的自重),相邻两次加载的时间间隔为 2~3 分钟。在每级加载后的间歇时间内,认真观察实验梁上是否出现裂缝,加载后持续 2 分钟后记录电阻应变仪、百分表和手持式应变仪读数。

5)当达到实验梁开裂荷载的 90%时,改为按估算极限荷载的 5%进行加载,直至实验梁上出现第一条裂缝,在实验梁表面对裂缝的走向和宽度进行标记,记录开裂荷载。

6)开裂后按原加载分级进行加载,相邻两次加载的时间间隔为 3~5 分钟,在每级加载后的间歇时间内,认真观察实验梁上原有裂缝的开展和新裂缝的出现等情况并进行标记,记录电阻应变仪、百分表和手持式应变仪读数。

7)当达到实验梁破坏荷载的 90%时,改为按估算极限荷载的 5%进行加载,直至实验梁达到极限承载状态,记录实验梁承载力实测值。

8)当实验梁出现明显较大的裂缝时,撤去百分表,加载到实验梁完全破坏,记录混凝土应变最大值和荷载最大值。

9)卸载,记录实验梁破坏时裂缝的分布情况。

6.2.4.3 人员分工

每组实验设总指挥 1 人,负责对现场实测数据的观察判断构件的受力阶段并决定加载的程序；实验加载1人，负责控制电动油泵站或手动油泵，根据力传感器的读数稳定每级加载量；测读电阻应变仪1人，负责电阻应变仪的检查和调试，测读并记录各个电阻应变片的读数；测读手持式应变仪1人，负责测读并记录手持式应变仪的读数；测读百分表1人，负责测读并记录百分表读数；观察裂缝2人，负责观测裂缝的开展情况，并对裂缝进行描绘。

6.2.5 数据处理

1)根据实验过程中记录的百分表读数，计算各级荷载作用下实验梁的实测跨中挠度值，作出三种实验梁剪力和跨中挠度关系 $V-f$ 对比曲线。

2)根据实验过程中记录的箍筋的应变仪读数，作出三种实验梁剪力和箍筋应变关系 $V-\varepsilon_{sv}$ 对比曲线。

3)根据实验过程中记录的受压混凝土的应变仪读数，作出三种实验梁剪力和受压混凝土关系 $V-\varepsilon_c$ 对比曲线。

4)根据实验过程中记录的手持式应变仪，计算量测标距范围内混凝土的平均应变值，作出三种实验梁剪力和混凝土斜截面应变关系 $V-\varepsilon_{cv}$ 对比曲线。

5)根据实验中得到实验梁实测的开裂荷载和破坏荷载，计算三种实验梁的抗裂校验系数和承载力校验系数。

6)绘制三种实验梁弯剪段的裂缝分布图。

6.2.6 思考题

1)斜压破坏梁、剪压破坏梁和斜压破坏梁的变形规律和破坏形态有何差异，并解释产生这种差异的原因?

2)分析斜压破坏梁、剪压破坏梁和斜压破坏梁达到极限承载状态的标志是什么，实验结果是否符合预期，并分析原因?

3)根据斜压破坏梁、剪压破坏梁和斜压破坏梁开裂荷载实测值和极限荷载实测值，分析钢筋混凝土梁的配筋对开裂荷载和极限荷载的影响?

4)根据斜压破坏梁、剪压破坏梁和斜压破坏梁开裂荷载实测值和极限荷载实测值，分析剪跨比对开裂荷载和极限荷载的影响?

6.2.6 实验报告

参考基本型实验报告由学生自行设计完成。

6.3 钢筋混凝土短柱偏心受压性能的对比实验

6.3.1 实验目的

1)通过实验掌握钢筋混凝土短柱偏心受压实验的实验方法和操作程序。

2)通过实验了解钢筋混凝土偏心受压柱破坏的全过程。

3)通过实验了解钢筋混凝土偏心受压柱的受力特点，加深对大、小偏心受压柱不同破坏过程和特征的理解。

6.3.2 实验仪器及设备

1)TS3860静态电阻应变仪　　2)力传感器
3)百分表或电子百分表　　4)手持式引伸仪(标距10cm)
5)高压油泵全套设备　　6)千斤顶(P_{max}=30t,自重0.5kN/只,已悬挂)
7)钢筋混凝土实验综合加载装置　　8)裂缝观察镜和裂缝宽度量测卡或裂缝观测仪

6.3.3 实验方案

6.3.3.1 实验柱的配筋设计

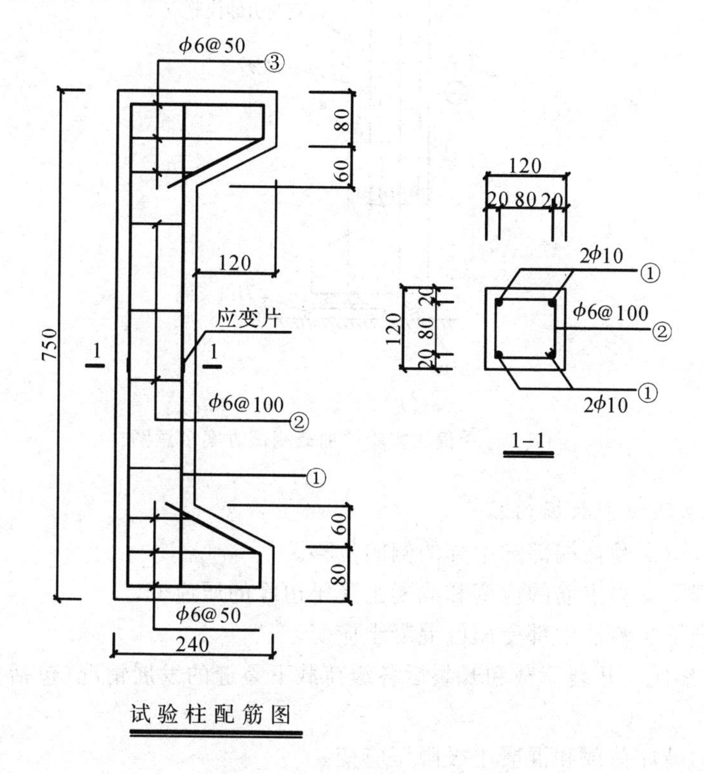

图6.8 受偏压实验柱配筋图

6.3.3.2 实验柱的材料

1)受压主筋①号筋采用Φ10的一级钢筋,实验前预留三根长500mm的①号钢筋,用作测试其应力应变关系。

2)混凝土按C20配合比制作,在浇筑混凝土时,同时浇筑三个150mm×150mm×150mm的立方体试块,用作测定混凝土的强度等级。

6.3.3.3 实验柱的加载及仪表布置

1)实验柱支承于台座上,通过单刀铰支座加载(大偏心受压:l_0=100mm;小偏心受压:l_0=20mm),由力传感器读取荷载读数。

2)在柱两端和中部侧向各布置一个百分表。

3)在柱中部侧面布置三排应变引伸仪测点。

4)在柱中部受压侧布置一只应变片。

5)在柱中部受力主筋上各布置一只应变片,共计四只。

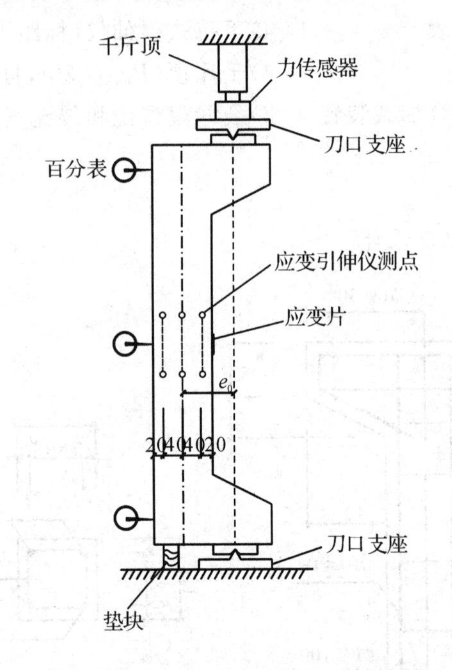

图 6.9　受偏压实验柱加载测试方案示意图

6.3.3.4　实验量测数据内容

1)各级荷载下实验柱端部和中部的侧向位移。

2)各级荷载下受力主筋的应变和混凝土受压边缘的压应变。

3)各级荷载下实验柱中部受压区混凝土应变。

4)记录、观察柱的开裂荷载和开裂后各级荷载下裂缝的发展情况(包括裂缝分布和最大裂缝宽度 W_{max})。

5)记录柱的破坏荷载和混凝土极限压应变。

6.3.4　实验步骤

6.3.4.1　实验准备

1)试件的制作。(限于时间这部分由教师完成)

2)混凝土和钢筋力学性能实验。(限于时间这部分由教师完成)

3)试件两侧用稀石灰刷白试件,用铅笔画 40×100mm 的方格线(以便观测裂缝),粘贴应变引伸仪铜柱。(由学生独立完成)

4)实验分为两组分别进行大偏心受压实验和小偏心受压实验,实验前根据实验柱的截面尺寸、配筋数量和材料强度标准值和偏心距计算实验柱的承载力。(由学生独立完成)

6.3.4.2　实验加载

1)由教师预先安装或在教师指导下由学生安装实验柱,布置安装实验仪表,要求实验柱垂直、稳定、荷载着力点位置正确、接触良好，并作好实验柱的安全保护工作。

2)对实验柱进行预加载，利用力传感器进行控制，加荷值可取破坏荷载的10%，分三级加载，每级稳定时间为1分钟，然后卸载，加载过程中检查实验仪表是否正常。

3)调整仪表并记录仪表初读数。

4)按估算极限荷载值的10%左右对实验柱分级加载(第一级应考虑自重)，相邻两次加载的时间间隔为2～3分钟。在每级加载后的间歇时间内，认真观察实验柱上是否出现裂缝，加载后持续2分钟后记录电阻应变仪、百分表和手持式应变仪读数。

5)当达到实验柱极限荷载的90%时，改为按估算极限荷载的5%进行加载，直至实验柱达到极限承载状态，记录实验柱承载力实测值。

6)当实验柱出现明显较大的裂缝时，撤去百分表，加载到实验柱完全破坏，记录混凝土应变最大值和荷载最大值。

7)卸载，记录实验柱破坏时裂缝的分布情况。

6.3.4.2 人员分工

每组实验设总指挥1人，负责对现场实测数据的观察判断构件的受力阶段并决定加载的程序；实验加载1人，负责控制电动油泵站或手动油泵，根据力传感器的读数稳定每级加载量；测读电阻应变仪1人，负责电阻应变仪的检查和调试，测读并记录各个电阻应变片的读数；测读手持式应变仪1人，负责测读并记录手持式应变仪的读数；测读百分表1人，负责测读并记录百分表读数；观察裂缝2人，负责观测裂缝的开展情况，并对裂缝进行描绘。

6.3.5 数据处理

1)根据实验过程中记录的百分表读数，计算各级荷载作用下实验柱中部的实测挠度值，作出压力和跨中挠度关系 $P-f$ 对比曲线。

2)根据实验过程中记录的受压主筋的应变仪读数，作出压力和主筋应变关系 $P-\varepsilon_s$ 对比曲线。

3)根据实验过程中记录的受压混凝土的应变仪读数，作出压力和受压混凝土应变关系 $P-\varepsilon_c$ 对比曲线。

4)根据实验过程中记录的手持式应变仪，计算量测标距范围内混凝土的平均应变值，作出实验柱平均应变沿侧向高度的分布图，并进行对比。

5)根据实验中记录的数据，计算实验柱的开裂压力和破坏压力，并与相关理论计算结果进行对比。

6)绘制实验柱裂缝分布图。

6.3.6 实验理论计算的参考公式

参照《混凝土结构设计规范(GB50010—2002)》的规定，对于大偏心受压构件，正截面受压承载力计算的基本公式如下：

$$\begin{cases} N_u = \alpha_1 f_{ck} bx + f'_{yk} A'_s - f_{yk} A_s \\ N_u e = \alpha_1 f_{ck} bx \left(h_0 - \dfrac{x}{2}\right) + f'_{yk} A'_s (h_0 - a'_s) \end{cases} \tag{6-1}$$

$$e = e_0 + \frac{h}{2} - a_s \tag{6-2}$$

式中：α_1——系数，当混凝土强度等级不超过C50时，α_1 取为1.0；

f_{ck}——混凝土轴心抗压强度标准值，采用材性实验结果；

b——矩形截面的宽度；

h_0——截面有效高度，纵向受压钢筋合力点至截面受压边缘的距离；

x——混凝土受压区高度；

f_{yk}——受拉主筋抗拉强度标准值，采用材性实验结果；

f'_{yk}——受压主筋抗压强度标准值，可取 $f'_{yk}=f_{yk}$；

A_s——受拉区纵向主筋的截面面积；

A'_s——受压区纵向主筋的截面面积；

a_s——受拉区全部纵向钢筋合力点至截面受压边缘的距离，取 $a_s=20\text{mm}$；

a'_s——受压区全部纵向钢筋合力点至截面受压边缘的距离，取 $a'_s=20\text{mm}$；

e_0——实验柱的偏心距；

对于小偏心受压构件，正截面受压承载力计算的基本公式如下：

$$\begin{cases} N_u=\alpha_1 f_{ck}bx+f'_{yk}A'_s-\sigma_{sk}A_s \\ N_u e=\alpha_1 f_{ck}bx\left(h_0-\dfrac{x}{2}\right)+f'_{yk}A'_s(h_0-a'_s) \end{cases} \tag{6-3}$$

$$e=e_0+\frac{h}{2}-a_s \tag{6-4}$$

$$\sigma_{sk}=f_{yk}\frac{\xi-\beta_1}{\xi_b-\beta_1} \tag{6-5}$$

$$\xi=\frac{x}{h_0},\xi_b=\frac{\beta_1}{1+\dfrac{f_{yk}}{E_s\varepsilon_{cu}}} \tag{6-6}$$

式中：β_1——系数，当混凝土强度等级不超过C50时，β_1 取为0.8；

ξ_b——相对界限受压区高度；

E_s——钢筋弹性模量，对Q235钢材取 $E_s=2.1\times10^5\text{N/mm}^2$；

ε_{cu}——正截面的混凝土极限压应变，当混凝土强度等级不超过C50时取0.0033。

6.3.7 思考题

1）大偏心受压柱和小偏心受压柱的变形规律和破坏形态如何，分析造成两者差异的原因？

2）分析大偏心受压柱和小偏心受压柱达到极限承载状态的标志是什么，实验结果是否符合预期，并分析原因？

3）根据该实验柱的承载力校验系数，分析实验值与理论计算值存在差异的原因，并对实验柱的质量进行评价？

6.3.8 实验报告

参考基本型实验报告由学生自行设计完成。

6.4 钢筋混凝土梁受纯扭性能实验

6.4.1 实验目的

1)通过实验初步掌握钢筋混凝土梁受扭实验的实验方法和操作程序。

2)通过实验了解钢筋混凝土梁受扭破坏的全过程。

3)通过实验加深对钢筋混凝土梁受扭变形性能和裂缝开展规律的理解。

6.4.2 实验仪器及设备

1)TS3860 静态电阻应变仪　　2)力传感器

3)百分表或电子百分表　　4)手持式引伸仪(标距 10cm)

5)高压油泵全套设备　　6)千斤顶(P_{max}=5t,自重 0.3kN/只,已悬挂)

7)裂缝观察镜和裂缝宽度量测卡或裂缝观测仪　　8)DP－360 数显倾角仪

9)扭转臂(自重 0.15kN)　　10)钢筋混凝土实验综合加载装置

6.4.3 实验方案

6.4.3.1 实验梁的配筋设计(图 6.10)

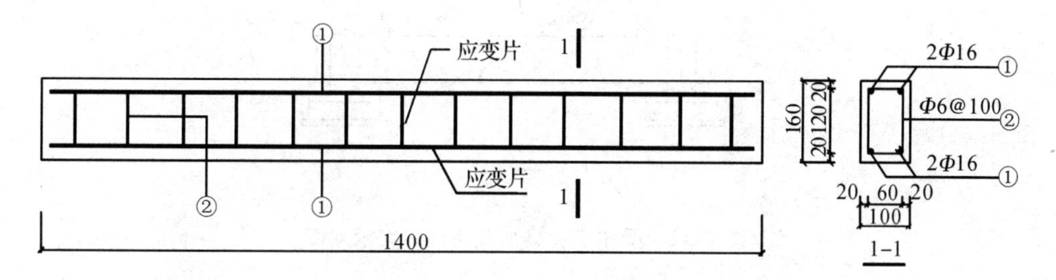

图 6.10 受纯扭实验梁配筋图

6.4.3.2 实验梁的材料

1)受力主筋①号筋采用 Φ16 的二级钢筋,受力箍筋②号筋采用 Φ6 的一级钢筋,实验前均预留三根长 500mm 的钢筋,用作测试其应力应变关系。

2)混凝土按 C30 配合比制作,在浇筑混凝土时,同时浇筑三个 150mm×150mm×150mm 的立方体试块,用作测定混凝土的强度等级。

6.4.3.3 实验梁的加载及仪表布置

1)实验梁支承于台座上,通过扭转臂加载,由力传感器读取荷载读数。

2)在梁两端上表面各布置一只倾角仪。

3)在梁中部箍筋上布置二只应变片。

4)在梁中部受力主筋上各布置一只应变片,共计四只。

5)在梁中部两个侧面布置交叉斜向应变引伸仪测点,共计八只。

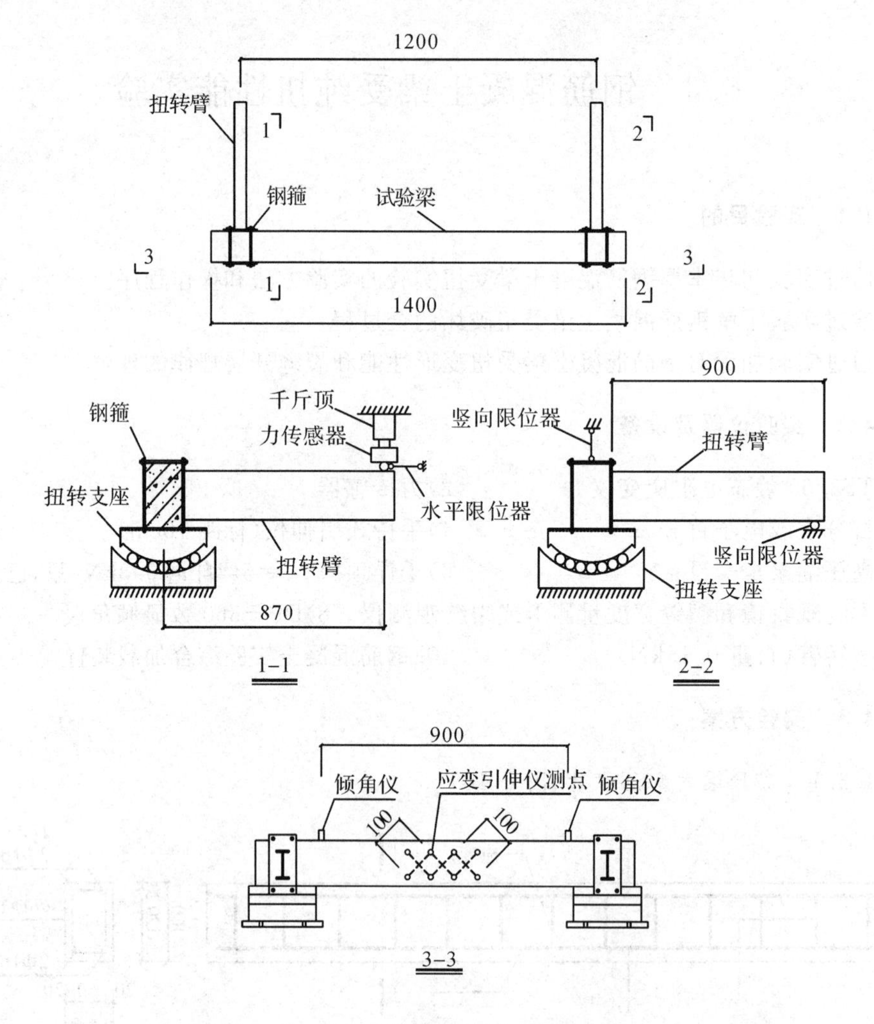

图 6.11 受扭实验梁加载测试方案示意图

6.4.3.4 实验量测数据内容

1)各级荷载下实验梁两端两个倾角仪的读数。

2)各级荷载下受力主筋的应变和箍筋的应变。

3)各级荷载下实验梁侧面的六个斜向混凝土应变。

4)记录、观察梁的开裂荷载和开裂后各级荷载下裂缝的发展情况(包括裂缝分布和最大裂缝宽度 W_{max})。

6.4.4 实验步骤

6.4.4.1 实验准备

1)试件的制作。(限于时间这部分由教师完成)

2)混凝土和钢筋力学性能实验。(限于时间这部分由教师完成)

3)试件两侧用稀石灰刷白试件,用铅笔画 40mm×100mm 的方格线(以便观测裂缝),粘贴应变引伸仪铜柱。(由学生独立完成)

4)根据实验梁的截面尺寸、配筋数量和材料强度标准值计算实验梁的极限扭矩和开裂扭矩。(由学生独立完成)

6.4.4.2　实验加载

1)由教师预先安装或在教师指导下由学生安装实验梁,布置安装实验仪表。

2)对实验梁进行预加载,利用力传感器进行控制,加荷值可取开裂荷载的50%,分三级加载,每级稳定时间为1分钟,然后卸载,加载过程中检查实验仪表是否正常。

3)调整仪表并记录仪表初读数。

4)按估算极限荷载的10%左右对实验梁分级加载(第一级应考虑扭转臂自重),相邻两次加载的时间间隔为2~3分钟。在每级加载后的间歇时间内,认真观察实验梁上是否出现裂缝,加载后持续2分钟后记录电阻应变仪、倾角仪和手持式应变仪读数。

5)当达到实验梁开裂荷载的90%时,改为按估算极限荷载的5%进行加载,直至实验梁上出现第一条裂缝,在实验梁表面对裂缝的走向和宽度进行标记,记录开裂荷载。

6)开裂后按原加载分级进行加载,相邻两次加载的时间间隔为3~5分钟,在每级加载后的间歇时间内,认真观察实验梁上原有裂缝的开展和新裂缝的出现等情况并进行标记,记录电阻应变仪、倾角仪和手持式应变仪读数。

7)当达到实验梁破坏荷载的90%时,改为按估算极限荷载的5%进行加载,直至实验梁达到极限承载状态,记录实验梁承载力实测值。

8)当实验梁出现明显较大的裂缝时撤去倾角仪,加载到实验梁完全破坏,记录扭矩最大值。

9)卸载,记录实验梁破坏时裂缝的分布情况。

6.4.4.3　实验加载

实验设总指挥1人,负责对现场实测数据的观察判断构件的受力阶段并决定加载的程序;实验加载1人,负责控制电动油泵站或手动油泵,根据力传感器的读数稳定每级加载量;测读电阻应变仪1人,负责电阻应变仪的检查和调试,测读并记录各个电阻应变片的读数;测读手持式应变仪1人,负责测读并记录手持式应变仪的读数;测读倾角仪1人,负责测读并记录倾角仪读数;观察裂缝2人,负责观测裂缝的开展情况,并对裂缝进行描绘。

6.4.4.4　实验加载

1)根据实验过程中记录的倾角仪读数,计算各级荷载作用下实验梁的实测转角值,作出扭矩和线扭角关系 $T-\theta$ 曲线。

2)根据实验过程中记录的受力主筋的应变仪读数,作出扭矩和主筋应变关系 $T-\varepsilon_s$ 曲线。

3)根据实验过程中记录的箍筋的应变仪读数,作出扭矩和箍筋应变关系 $T-\varepsilon_{st}$ 曲线。

4)根据实验过程中记录的手持式应变仪读数,作出扭矩和斜向应变关系 $T-\varepsilon_{sv}$ 曲线。

5)根据实验中得到实验梁实测的开裂荷载和破坏荷载,计算实验梁的抗裂校验系数和承载力校验系数。

6)绘制实验梁裂缝分布图。

6.4.5　数据处理

1)根据实验过程中记录的倾角仪读数,计算各级荷载作用下实验梁的实测转角值,作出

扭矩和线扭角关系 $T-\theta$ 曲线。

2)根据实验过程中记录的受力主筋的应变仪读数，作出扭矩和主筋应变关系 $T-\varepsilon_s$ 曲线。

3)根据实验过程中记录的箍筋的应变仪读数，作出扭矩和箍筋应变关系 $T-\varepsilon_{st}$ 曲线。

4)根据实验过程中记录的手持式应变仪读数，作出扭矩和斜向应变关系 $T-\varepsilon_{sv}$ 曲线。

5)根据实验中得到实验梁实测的开裂荷载和破坏荷载，计算实验梁的抗裂校验系数和承载力校验系数。

6)绘制实验梁裂缝分布图。

6.4.6 实验理论计算的参考公式

6.4.6.1 承载力计算

参照《混凝土结构设计规范(GB 50010—2002)》的规定，钢筋混凝土纯扭构件受扭承载力为：

$$T_u=0.35f_{tk}W_t+1.2\sqrt{\zeta}\frac{A_{st1}f_{yvk}}{s}A_{cor} \tag{6-7}$$

$$W_t=\frac{b^2}{6}(3h-b) \tag{6-8}$$

$$A_{cor}=(b-2c)(h-2c) \tag{6-9}$$

$$\zeta=\frac{A_{stl}f_{yk}s}{A_{st1}f_{yvk}u_{cor}} \tag{6-10}$$

$$u_{cor}=2[(b-2c)+(h-2c)] \tag{6-11}$$

式中：f_{tk}——混凝土轴心抗拉强度标准值，采用材性实验结果；

b——矩形截面的宽度；

h——矩形截面的高度；

W_t——矩形截面扭转抵抗矩；

c——混凝土净保护层厚度，取 $c=15\text{mm}$；

ζ——受扭的纵向钢筋与箍筋的配筋强度比值，当 $\zeta>1.7$ 时，取 $\zeta=1.7$，当 $\zeta<0.6$ 时，取 $\zeta=0.6$；

s——沿构件长度方向的箍筋间距；

f_{yvk}——箍筋抗拉强度标准值，采用材性实验结果；

A_{stl}——受扭纵向钢筋的总面积(取对称布置的那部分纵向钢筋的截面面积)；

A_{st1}——单肢箍筋的截面面积；

A_{cor}——混凝土核芯区面积；

u_{cor}——混凝土核芯区周长。

6.4.6.2 开裂荷载计算

参照《混凝土结构设计规范(GB 50010—2002)》的规定，钢筋混凝土纯扭构件开裂扭矩为：

$$T_{cr}=0.7f_{tk}W_t \tag{6-12}$$

6.4.7 思考题

1)纯扭实验梁的变形规律如何，钢筋和混凝土是如何发挥抗扭作用的？

2)该梁的破坏形态,并解释产生这种形态的破坏的原因?

3)根据该实验梁的承载力校验系数和抗裂校验系数,分析实验值与理论计算值存在差异的原因,并对实验梁的质量进行评价?

4)梁达到受扭极限承载状态的标志是什么,实验结果是否符合预期,并分析原因?

6.4.8 实验报告

参考基本型实验报告由学生自行设计。

6.5 后张预应力钢筋混凝土梁受弯性能实验

6.5.1 实验目的

1)通过实验初步掌握预应力钢筋混凝土梁正截面受弯实验的实验方法和操作程序。

2)通过实验了解预应力钢筋混凝土梁受弯破坏的全过程。

3)通过实验加深对预应力钢筋混凝土梁正截面受力特点、变形性能和裂缝开展规律的理解。

6.5.2 实验仪器及设备

1)TS3860 静态电阻应变仪　　2)力传感器

3)百分表或电子百分表　　4)手持式引伸仪(标距 10cm)

5)高压油泵全套设备　　6)千斤顶(P_{max}=10t,自重 0.3kN/只,已悬挂)

7)裂缝观察镜和裂缝宽度量测卡或裂缝观测仪　　8)工字钢分配梁(自重 0.1kN/根)

9)扳手

6.5.3 实验方案

6.5.3.1 实验梁的配筋设计(图 6.12)

实验梁配筋与适筋梁相同,预应力钢筋两端预制螺纹,预应力筋外包波纹管在浇筑混凝土时埋入梁中,待凝固后两端加垫板和螺母,通过扳手旋紧螺母施加预应力。

6.5.3.2 实验梁的材料

1)受拉主筋①号筋和预应力筋④号筋采用 Φ10 的一级钢筋,实验前预留三根长 500mm 的①号钢筋,用作测试其应力应变关系。

2)混凝土按 C30 配合比制作,在浇筑混凝土时,同时浇筑三个 150mm×150mm×150mm

的立方体试块,用作测定混凝土的强度等级。

6.5.3.3 实验梁的加载及仪表布置

1)实验梁支承于台座上,通过千斤顶和分配梁施加两点荷载,由力传感器读取荷载读数。

2)在梁支座和跨中各布置一个百分表。

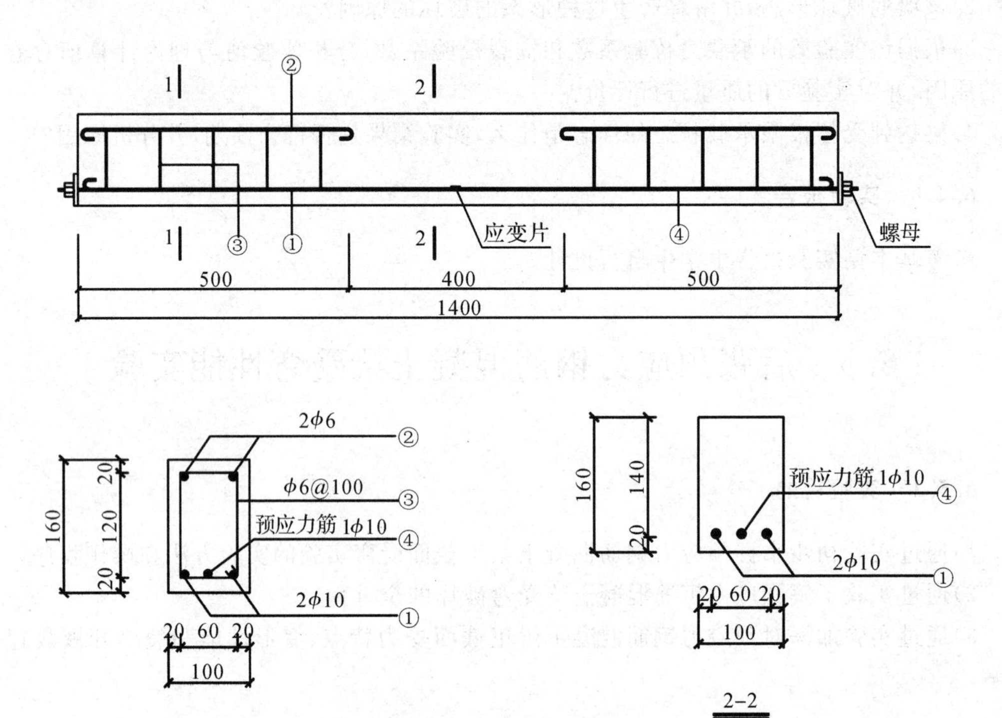

图 6.12　预应力受弯实验梁配筋图

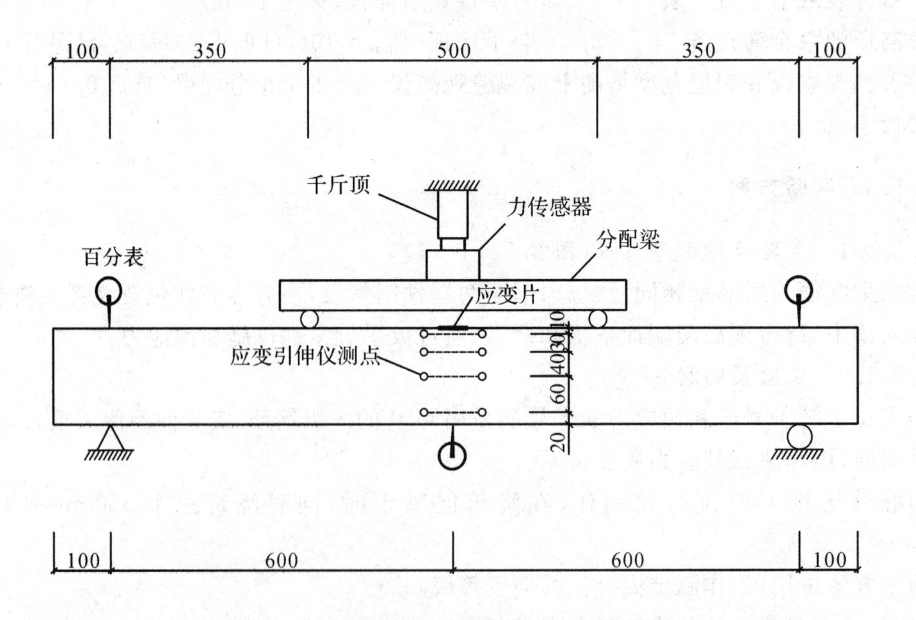

图 6.13　预应力受弯实验梁加载测试方案示意图

3)在跨中梁侧面布置四排应变引伸仪测点。

4)在跨中梁上表面布置一只应变片。

5)在跨中受拉主筋中间位置各预埋一只应变片。

6)在预应力筋中间位置预埋一只应变片。

6.5.3.4 实验量测数据内容

1)各级荷载下支座沉陷与跨中的位移。

2)各级荷载下主筋和预应力筋的拉应变及混凝土受压边缘的压应变。

3)各级荷载下梁跨中上边纤维,中间纤维,受拉筋处纤维的混凝土应变。

4)记录、观察梁的开裂荷载和开裂后各级荷载下裂缝的发展情况(包括裂缝分布和最大裂缝宽度 W_{max})。

5)记录梁的破坏荷载、极限荷载和混凝土极限压应变。

6.5.4 实验步骤

6.5.4.1 实验准备

1)试件的制作。(限于时间这部分由教师完成)

2)混凝土和钢筋力学性能实验。(限于时间这部分由教师完成)

3)试件两侧用稀石灰刷白试件,用铅笔画 40mm×100mm 的方格线(以便观测裂缝),粘贴应变引伸仪测点。(由学生独立完成)

4)根据实验梁的截面尺寸、配筋数量和材料强度标准值计算实验梁的承载力和开裂荷载。(由学生独立完成)

6.5.4.2 实验加载

1)由教师预先安装或在教师指导下由学生安装实验梁,布置安装实验仪表。

2)对实验梁进行预加载,利用力传感器进行控制,加荷值可取开裂荷载的 50%,分三级加载,每级稳定时间为 1 分钟,然后卸载,加载过程中检查实验仪表是否正常。

3)调整仪表并记录仪表初读数。

4)拧紧梁端螺母,分三级加载,每级稳定时间为 1 分钟,直至预应力筋的应变值达到 $600\mu\varepsilon$,记录此时百分表和手持式应变仪读数。

5)按估算极限荷载的 10%左右对实验梁分级加载(第一级应考虑梁自重和分配梁的自重),相邻两次加载的时间间隔为 2~3 分钟。在每级加载后的间歇时间内,认真观察实验梁上是否出现裂缝,加载后持续 2 分钟后记录电阻应变仪、百分表和手持式应变仪读数。

6)当达到实验梁开裂荷载的 90%时,改为按估算极限荷载的 5%进行加载,直至实验梁上出现第一条裂缝,在实验梁表面对裂缝的走向和宽度进行标记,记录开裂荷载。

7)开裂后按原加载分级进行加载,相邻两次加载的时间间隔为 3~5 分钟,在每级加载后的间歇时间内,认真观察实验梁上原有裂缝的开展和新裂缝的出现等情况并进行标记,记录电阻应变仪、百分表和手持式应变仪读数。

8)当达到实验梁破坏荷载的 90%时,改为按估算极限荷载的 5%进行加载,直至实验梁达到极限承载状态,记录实验梁承载力实测值。

9)当实验梁出现明显较大的裂缝时,撤去百分表,加载到实验梁完全破坏,记录混凝土应变最大值和荷载最大值。

10)卸载,记录实验梁破坏时裂缝的分布情况。

6.5.4.3 人员分工

实验设总指挥1人，负责对现场实测数据的观察判断构件的受力阶段并决定加载的程序；实验加载1人，负责控制电动油泵站或手动油泵，根据力传感器的读数稳定每级加载量；测读电阻应变仪1人，负责电阻应变仪的检查和调试，测读并记录各个电阻应变片的读数；测读手持式应变仪1人，负责测读并记录手持式应变仪的读数；测读百分表1人，负责测读并记录百分表读数；观察裂缝2人，负责观测裂缝的开展情况，并对裂缝进行描绘。

6.5.5 数据处理

1)根据实验过程中记录的百分表读数，计算各级荷载作用下实验梁的实测跨中挠度值，作出跨中弯矩和挠度的关系 $M-f$ 曲线。

2)根据实验过程中记录的受力主筋的应变仪读数，计算实验梁跨中的钢筋应变平均值，作出跨中弯矩和主筋应变关系 $M-\varepsilon_s$ 曲线。

3)根据实验过程中记录的预应力筋的应变仪读数，作出跨中弯矩和预应力筋应变关系 $M-\varepsilon_{sp}$ 曲线。

4)根据实验过程中记录的受压混凝土的应变仪读数，作出跨中弯矩和受压混凝土应变关系 $M-\varepsilon_c$ 曲线。

5)根据实验过程中记录的手持式应变仪，计算量测标距范围内混凝土的平均应变值，作出实验梁平均应变沿梁高度的分布图。

6)绘制裂缝分布图。

6.5.6 思考题

1)该梁的变形规律如何，预应力钢筋对梁变形性能有何影响？

2)该梁的破坏形态如何，预应力钢筋对梁极限承载力有何影响？

3)该梁的裂缝开展形态如何，预应力钢筋对提高梁的抗裂性能有何影响？

4)预应力钢筋混凝土梁受弯时是否符合平截面假定？

6.5.7 实验报告

参考基本型实验报告由学生自行设计。

6.6 钻芯法测定混凝土强度实验

6.6.1 实验目的

1)掌握采用钻芯法测试混凝土抗压强度的现场检测技术；

2)掌握混凝土强度推定值的计算方法。

6.6.2 实验仪器和设备

1)hz-15型钻芯机一台；

2)冷却水;

3)钢筋探测仪;

4)游标卡尺一把。

6.6.3 实验原理

钻芯法是在混凝土结构有代表性的部位钻取芯样,经必要加工整理后进行物理、力学和化学的试验测定与分析,主要是抗压强度等试验。该法被认为是一种直接而又可靠,能较好反映材料实际情况的微破损鉴定方法。在服役结构上钻取少量芯样,可供非破损方法进行检测结果对比,提高非破损检测的精确度和可靠性。另外,还可以直接观察混凝土内部各种情况。从某种意义上说,其比预留的混凝土立方体试块更能体现工程的实际情况。我国工程建设标准化委员会已推荐颁发有《钻芯法检测混凝土强度技术规程》(CECS03:88)。

我国规程规定,芯样的直径宜大于或等于混凝土骨料最大粒径的3倍,特殊情况也不应小于2倍;高度为直径的0.95～2.05倍,以直径与高度均为10cm作为标准试件,加工后端面的不平度≤0.1%为合格,不平整的应抹平或用环氧树脂水泥或热硫磺抹平,并与轴线垂直;芯样内不应包含钢筋,若无法避免,只允许含有垂直于轴线而不露出端面、直径不大于10mm的钢筋两支。

钻芯和锯割设备应有水冷却装置,并具有足够的刚度,固定牢靠,不产生任何偏移。设备带水作业,应特别注意有效接地和安全防护。

试验前应对芯样做精确测量和特征描述,诸如各种缺陷、骨料种类和最大粒径、是否含有钢筋及其直径等,以供评定参考。为使芯样抗压试验在与结构或构件的湿度基本一致条件下进行,分为自然干燥状态(试件在室内干燥3天后)试验,潮湿状态(试件在20℃±5℃清水中浸泡40～48h后)试验两种方法。

芯样混凝土强度换算值,按下式计算:

$$f_{cu}^{c} = \alpha \frac{4F}{\pi d^2} \tag{6-13}$$

式中:f_{cu}^{c}——芯样混凝土强度换算值(MPa),精确至0.1MPa;

F——芯样抗压试验测得的最大压力(N);

d——芯样试件平均直径(mm);

α——不同高径比混凝土强度换算系数,其值见表6.1。

钻芯法检测混凝土强度和其他性能,可靠性比较大。

表6.1 不同高径比混凝土强度换算

h/d	1.0	1.1	1.2	1.3	1.4	1.5	1.6	1.7	1.8	1.9	2.0
α	1.00	1.04	1.07	1.10	1.13	1.15	1.17	1.19	1.21	1.22	1.24

6.6.4 实验步骤

1)钢筋位置扫描,确定取芯位置;

2)打膨胀螺栓固定钻芯机;

3)取芯;

4)切割养护；
5)量测尺寸；
6)试件受压试验；
7)数据处理。

6.6.5 思考题

1)取芯位置的选定需要有何原则？
2)影响其精度的因素有哪些？

6.6.6 实验报告

参考基本型实验报告由学生自主设计实验报告。

6.7 砌体抗压强度实验

6.7.1 实验目的

1)通过实验掌握砌体结构的实验方法；
2)通过实验掌握砌体结构抗压强度实验的数据处理方法。

6.7.2 实验仪器和设备

1)500T 压力试验机
2)百分表
3)裂缝测宽仪
4)240mm×370mm×720mm 或高厚比为 3 的标准试件

6.7.3 实验步骤

1)在试件四个侧面上，画出竖向中线。

2)在试件高度的 1/4、1/2 和 3/4 处，应分别测量试件的宽度与厚度，测量精度应为 1mm。测量结果应采用平均值。试件的高度，应以垫板顶面为基准，量至找平层顶面确定。

3)试件的安装，应先将试件吊起，消除粘在垫板下的杂物，然后置于试验机的下压板上。当试验机的上、下压板小于试件截面尺寸时，应加设刚性垫板；当试件承压面与试验机压板的接触不均匀紧密时，尚应垫平。试件就位时，应使试件四个侧面的竖向中线对准试验机的轴线。

4)仪表的安装，当测量试件的轴向变形值时，应在试件两个宽侧面的竖向中线尚，通过粘附于试件表面的表座，安装千分表或其他测量变形的仪表。测点间的距离，宜为试件高度的 1/3，且为一个块体厚加一条灰缝厚的倍数，测点与试件边缘的距离不小于 50mm。

5)对试件施加预估破坏荷载 5%时，应检查仪表的灵敏性和安装的牢固性。

6)加载的步骤，对不需测量变形值的试件，可采用几何对中、分级施加荷载方法。每级的荷载，应为预估破坏荷载值的10%，并应在1～1.5min内均匀加完；恒载1～2min后施加下一级荷载。施加荷载时，不得冲击试件。加载至预估破坏荷载值的80%后，应按原定加载速度连续加载，直至试件破坏。当试件裂缝急剧扩展和增多，试验机的测力计指针明显回退时，应定为该试件失去承载能力而达到破坏状态。其最大荷载读数应为该试件的破坏荷载值。

7)试验过程中，应观察和注意第一条受力的发丝裂缝，并记录初裂荷载值。对安装有变形测量仪表的试件，应观察变形值突然增大时可能出现的裂缝。荷载逐级增加时，应观察和描绘裂缝发展情况。试件破坏后，应立即绘制裂缝图和记录破坏特征。

6.7.4 实验数据处理

单个试件的抗压强度为：

$$f_{c,m}=\frac{N}{A} \tag{6-14}$$

式中：$f_{c,m}$——试件的抗压强度(N/mm^2)；

N——试件的抗压破坏试验值(N)；

A——试件截面面积(mm^2)。

6.7.5 实验报告

参考基本型实验报告由学生自主设计实验报告。

6.8 动态应变测量实验

6.8.1 实验目的

1)掌握动态电阻应变仪的使用方法；

2)了解动态应变测量的全过程；

3)掌握动态应变测量结果的定量计算和分析。

6.8.2 实验仪器和设备

1)YD-21型动态电阻应变仪一台；

2)动态应变发生装置(悬臂梁)一个；

3)CRAS型数据采集器和分析系统一套。

6.8.3 实验原理

在悬臂梁上某点的上下面各贴一片应变片，组成惠斯顿测量电桥的外半桥，以半桥测量方式接入动态电阻应变仪的电桥盒，与电桥盒内的内半桥(标准电阻)组成惠斯顿型测量电桥，电桥盒接入动态电阻应变仪主机，主机输出端接入CRAS型数据采集器，以上仪器组成动态应变测量系统；在外力作用下，当悬臂梁上下振动时，悬臂梁上测点处的应变信号被所贴的应变片所接收，通过测量电桥的转换，把被测动态应变转换成具有相同时间历程的电信号，该电信号经过动态电阻应变仪主机放大、检波和滤波后，被 CRAS 型数据采集器记录下来；为了给被测动态应变信号定量，必须有一个标准的应变信号对动态应变测量系统进行标定，该标定信号由 YD-21 型动态电阻应变仪内部的标定电桥发出，也记录在 CRAS 型数据采集器中，以便与动态应变信号进行比较，从而对动态应变信号进行定量分析。

6.8.4 实验内容

1)测量悬臂梁上测点处的动态应变信号；

2)计算动态应变信号中的正、负方向最大应变值；

3)利用 CRAS 型数据采集和分析系统，分析动态应变信号的频率成分。

6.8.4 实验步骤

1)安装好惠斯顿型测量电桥(半桥测量)，按各仪器的说明书连接好整个测量系统，接通各仪器电源，把测量电桥的电阻和电容调节平衡，对 CRAS 型数据采集器的量程、采样频率等参数进行设置；

2)点击 CRAS 的采集开关；

3)发出标定信号并由 CRAS 采集记录之；

4)发出动态应变信号并由 CRAS 采集记录之；

5)再次发出标定信号并由 CRAS 采集记录之；

6)测量结果的计算和被测量的修正。

注：被测量的修正方法如下

a)当 $K \neq 2.00$ 时，被测量 ε' 按下式修正

$$\varepsilon' = 2.00\varepsilon / K \tag{6-15}$$

式中，K——实际使用的应变片的灵敏系数。

b)当所用的应变片的电阻 $R \neq 120.0\Omega$ 时，按动态电阻应变仪出厂时的修正曲线修正。

c)当加长应变片至电桥盒之间的引线时，按所用电缆特定的修正曲线修正。

6.8.5 思考题

1)如悬臂梁为等截面，能用应变片测试频率吗？如能用，其适用条件是什么？

2)能否直接在波形图上点取两个波峰，求阻尼比？为什么？

6.8.6 实验报告

学生自主设计实验报告，要求给出频谱图和波形图，并求得第一阶频率的阻尼比。

6.9 结构实验模态分析和振形动画实验

6.9.1 实验目的

1)了解结构实验模态分析和振形动画的测量方法；

2)掌握结构实验模态分析和振形动画测量的全过程。

6.9.2 实验仪器和设备

1)压电加速度计一只；

2)力锤一个；

3)电荷放大器二台；

4)CRAS型数据采集分析系统一套；

5)三层钢结构厂房模型、或桥梁模型一个。

6.9.3 实验原理

将结构物简化为由许多结点和连线构成的几何模型，在静止状态下，用力锤分别敲击各结点，同时测量各结点激振力和响应测量点的振动响应，并进行双通道 FFT 分析，得到激励点和测量点之间的机械导纳函数(频响函数)，用模态分析理论通过对导纳函数的曲线拟合，识别出结构物各阶的模态参数和残数矩阵，从而建立起结构物的模态模型，得到各阶模态振形(振形动画)，通过各阶模态的振形动画，形象地显示出结构的各阶振动模态。

本实验采用瞬态激励、单输入单输出方式及双通道采样和 FFT 分析的方法。测试系统仪器框图如下所示。

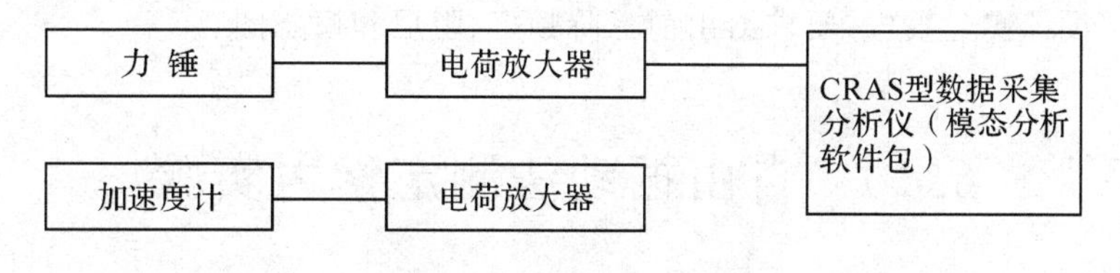

图 6.14 测试系统仪器框图

6.9.4 实验内容

测量结构物模型的 1、2、3、4、5、6 阶模态参数和振型。

6.9.5 实验步骤

1)安装好传感器，连接好整个测量系统，接通各仪器电源；

2)正确选择电荷放大器和 CRAS 型数据采集分析仪的各参数；

3)几何设置：a)根据结构的特点，离散化为若干结点(与测点对应)和连线；b).选择几何坐标(直角、柱或球坐标);c)输入各结点坐标、连线序列(结点对);d).获得透视图形。

4)测量设置:a)根据结构特点,确定一维或三维分析;b)输入测量信息:即某一结点的某一方向是否测量,测量正方向还是负方向;c)填写约束方程,以便对某些不测量的结点通过约束方程获得其模态振形。

5)导纳测量:通过 CRAS 型数据采集分析仪,根据“测量设置”所产生的索引文件,自动进行一系列频响函数的测量(即采用锤击法采集力和响应信号,经 FFT 分析得到频响函数,以数据文件形式存于微机的硬盘内)。

6)频响函数集总平均:将所有测量的频响函数的幅频数据进行集总平均,得到参数识别的初始估计频率。

7)参数识别:a)选择数学模型(实模态或复模态);b)选择拟合方法(单测量、自动拟合或整体拟合);c)参与拟合的频响函数选取方法(光标线或光标带;d)根据频响函数集总平均曲线的峰值选取模态频率的初始估计值;e)进行自动拟合和参数识别,结果存盘;f)对比各结点上实验的与拟合的频响函数曲线,判断拟合效果。

8)模态综合:a)处理测量方向和约束方程,填满残数矩阵;b)残数矩阵归一化为振形矩阵。

9)振形动画:根据结构的几何设置以及参数识别的结果,进行三维动画式振形显示(可在同一屏幕上显示两阶振形,振动大小、速度可以任意改变)。

6.9.6 思考题

1)量测简支梁前三阶模态时,加速度传感器的摆放位置有何要求?

2)为何用磁铁把加速度传感器固定?如为混凝土结构如何固定传感器?

3)试验模态法和有限元分析有何不同?

6.9.7 实验报告

学生自主设计实验报告,要求给出前三阶频率、阻尼和模态图。

6.10 自由振动法测定索力实验

6.10.1 实验目的

1)测定在随机激励下斜拉索的振动频率。

2)根据频率法计算出斜拉索的索力。

3)熟悉电测知识掌握结构动力学的实验方法。

6.10.2 实验仪器和设备

1)低频压电加速度传感器

2)信号放大器

3)多通道信号采集仪

4)动态信号模态分析软件

6.10.3 实验原理

根据结构动力学的基本原理,斜拉索的振动频率与索力之间存在着一定的关系。对于某一根给定的拉索,只要测出拉索的振动频率,便可求得该拉索的索力。根据测定拉索振动频率的不同方法,频率法又可分为共振法和随机振动法。采用共振法测量拉索振动频率时,要用人工激振的方法,使拉索作单一的基频振动,然后用频率计测出拉索的基频。共振法测拉索振动频率的缺点是测量结果的准确性与操作者的经验有关,经验丰富的测试人员能在较短的时间里激出拉索的纯基频振动,而一般人往往激不出纯基频振动,当然也就测不出拉索的基频。用随机振动法测量拉索振动频率时,不用对拉索进行人工激振,而是利用风,桥面振动等环境随机激振源对拉索的激励。在环境随机振源的激励下,拉索的振动也是一种随机振动,可利用频谱分析仪对拉索的随机信号进行频谱分析,一般可以得到拉索前几阶的振动频率。利用环境随机振动法测量拉索的振动频率具有不需要对拉索进行人工激振,测得拉索振动频率准确可靠等优点。斜拉索的索力计算公式为:

$$T=\frac{4ml^2 f_n^2}{n^2}-\frac{n^2\pi^2 EI}{l^2} \tag{6-16}$$

式中:f_n——为拉索第 n 阶有固振动频率;

m——为拉索的单位长度质量;

l——为斜拉索的长度;

EI——为拉索的截面抗弯刚度。

6.10.4 实验步骤

1)安装低频压电加速度传感器;

2)连接通讯电缆;

3)启动动态信号模态分析软件,设置好采样频率,调整放大系数,进行示波;

4)进行采集;

5)进行数据分析,得出拉索的振动频率;

6)重复实验不少于两次,并取其算术平均值或用最小二乘法处理数据。

6.10.5 思考题

1)测索频率时,加速度传感器如何固定?

2)自由振动法测定索力是根据什么力学原理实现的?

6.10.6 实验报告

参考基本型实验报告由学生自行设计实验报告。

第7章　土木工程结构自主创新型实验指导

7.1　概　述

自主创新型实验是为训练和提高大学生综合运用所学专业知识的能力、从实际生活中观察和发现问题的能力、组织合理团队使用实验手段解决问题的能力而设置的设计综合性实验。土木工程结构实验课在通过基本型实验、提高型实验的实践后，使学生对实验的基本技能和土木工程结构力学性能有了深刻的认识，自主创新型实验则在此基础上对学生的自主创新实践能力提出了更高的要求。

自主创新型实验在浙江大学的具体实施有三种形式：其一是课堂教学，浙江大学建筑工程学院开设了选修课《土木工程自主创新实验》，该课程是为训练和提高高年级学生综合运用所学专业知识的能力、从实际生活中观察和发现问题的能力、组织合理团队使用实验手段解决问题的能力而设置的设计综合性实验类课程，学生在完成专业课程的理论学习和掌握基本实验技术的基础上，在教师的指导下，自主设计实验项目、制订实施方案、购置实验材料、制作实验模型，经教师认可后在实验室技术人员的帮助下自主进行实验，实验不论结果优劣，重在培养自主创新的精神和技能；其二是浙江大学大学生科技训练计划(SRTP)，大学生科技训练计划从1998年开始每年组织一期，学校每年设立SRTP研究专项经费，用于资助SRTP项目研究与开发，浙江大学本科生组织实施SRTP主要目的在于给本科生提供科研训练机会，以期学生尽早进入该专业科研领域，接触和了解学科的前沿，明晰学科的发展动态，培养学生理论联系实际，科研创新实践能力和独立工作能力，加强师生团队合作精神和交流表达能力，SRTP项目可根据教师现有的教学、科研、生产和管理中的研究课题，并符合本科生科研训练的实际能力，再细化为SRTP子项目，也可以根据学生自定的科研项目或研究课题转化为SRTP项目，结构工程专业的本科生在开展SRTP项目时，可以自行设计与研究课题相关的实验项目，开展相关研究；其三是大学生结构设计竞赛，浙江大学大学生结构设计竞赛从2000年开始每年组织一届，学校建立了工程结构设计实践基地，专门用于开展学生的竞赛实践活动，大学生结构设计竞赛是培养大学生创新意识和合作精神，扩大大学生的科学视野，提高大学生的创新设计能力、综合科技能力和工程实践能力的一项专业学科竞赛。结构设计竞赛也是一项公益性的大学生科技活动，是促进高等学校教学改革，加强教育与产业之间联系，推进科学技术转化为生产力的一项学科创新的示范性科技活动。

本章第二节介绍了自主创新实验的配套设备，首先介绍了一台电子万能试验机的性能和使用方法，该试验机为自主创新实验材料力学性能实验提供了很好的平台，其次介绍了一台自主研发的工程结构综合实验装置，该装置为开展自主创新实验提供了加载的基础平台。本章第三节介绍了自主创新实验的实施思路，主要是针对 SRTP 以及自主创新实验课而言，第四节和第五节接着介绍了自主创新实验的具体实例和参考项目。本章第六章专门介绍了大学生结构设计竞赛的实施步骤和注意事项，为参赛学生提供结构设计竞赛的初步影响，为更快更好地融入结构设计竞赛提供前期准备。

7.2 自主创新型实验的配套设备

7.2.1 微机控制电子万能材料试验机

在开展自主创新型实验时，对材料性能的了解是进行结构实验的前提，特别是对于取材很广的大学生结构设计竞赛，显得尤为重要。为此，浙江大学工程结构设计实践基地购置了一台 2 吨级微机控制电子万能试验机，专门用于自主创新型实验材料力学性能的测试。以下将详细介绍该试验机的使用方法和注意事项。

7.2.1.1 试验机总体介绍

CMT4204 型微机控制电子万能试验机采用高强度光杠固定上横梁和工作台面，使之构成高刚性的结构框架。采用伺服电机驱动，伺服电机通过传动机构带动移动横梁上下移动，实现试验机工作。试验机的整体外观如图所示。

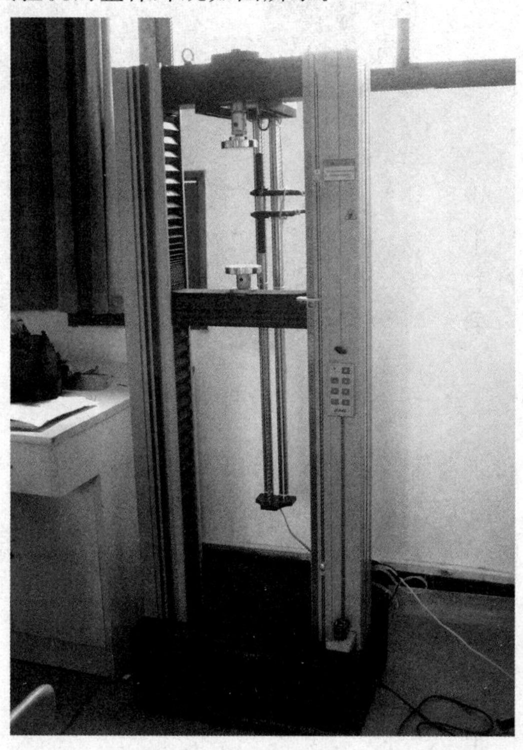

图 7.1 CMT4204 型微机控制电子万能材料试验机

7.2.1.2 试验机夹具

(1)楔形拉伸夹具(图 7.2)

此夹具适用于金属和非金属板材、棒材等试样的拉伸试验，最大试验力为 20kN，对板材的使用范围为 0～6mm、6～12mm 两种，对棒材的使用范围为 ϕ4～ϕ9mm、ϕ9～ϕ14mm 两种，试验硬度小于 HRC24。使用该夹具时的操作步骤如下：

1)分别将上、下夹具装到试验机的上、下接头上，插上插销，旋紧锁紧螺母；

2)先搬动上夹具的上搬把，使钳口张开适当的宽度，大于所装试样的厚度即可；

3)将试验一端放入夹具钳口之间，并使试样位于钳口之间，并使试验使于钳口的中央，松开上搬把，将试样上端夹紧；

4)将力值清零；

5)搬动下夹具的下搬把，并调整移动横梁高度。将试样插入夹具的钳口，然后松开下搬把，使下夹具的钳口夹紧试验；

6)按试样保护按钮；

7)设好试验方案值，检查无误后开始试验。

(2)压缩试验装置(图 7.3)

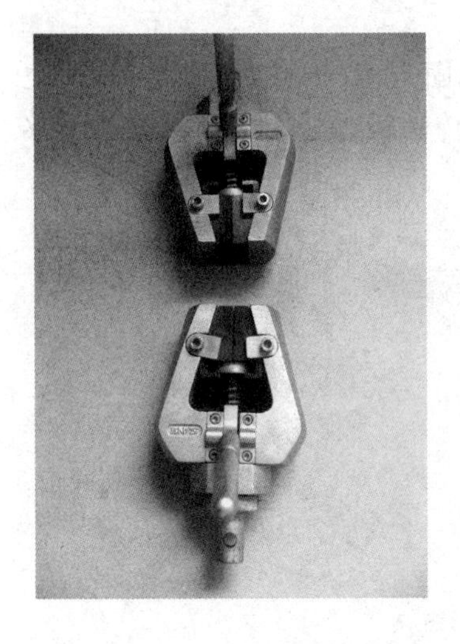

图 7.2 楔形拉伸夹具

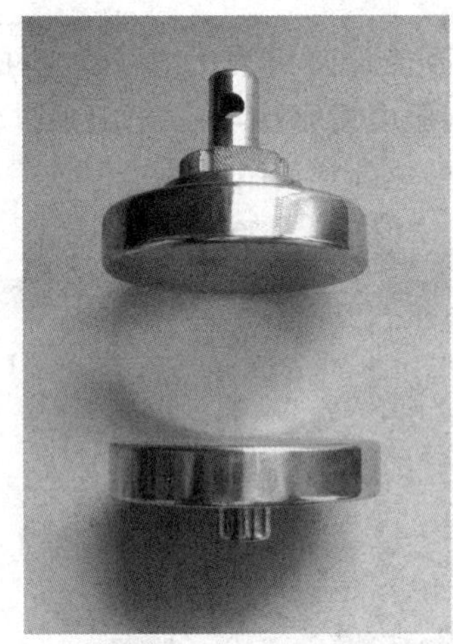

图 7.3 压缩试验装置

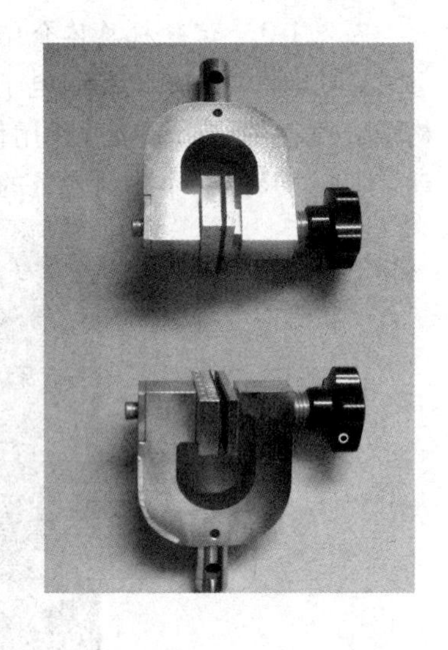

图 7.4 对夹夹具

此装置适用于金属和非金属试样的压缩试验，盘面硬度高，安装简单，最大试验力为 20kN，盘径为 ϕ100mm。使用该装置时的操作步骤如下：

1)将装有锁紧螺母的上压盘装到试验机上接头上，插上插销，旋转锁紧螺母将上压盘锁紧；

2)将下压盘放到试验机夹具座上；

3)将试样放到下压盘上；

4)将力值清零；

5)开始试验。

(3)对夹夹具(图 7.4)

此夹具适用于塑料薄膜、毛纺布、薄纸等试样的拉伸性能测试试验,最大试验力为200N,试样最大宽度为65mm,试样最大厚度为5mm。使用该夹具的操作步骤如下:

1)把上、下夹具分别与上夹具座、下夹具座连接;

2)通过搬把打开上、下夹具的钳口;

3)把试样放于上夹具钳口内,通过搬把把试样在上夹具钳口内夹紧;

4)将力值清零;

5)移动横梁调节上、下夹具间的距离,把在下夹具钳口内夹好;

6)设好试验方案,检查无误后开始试验。

(4)三点弯曲试验装置(图 7.5)

此装置适用于金属和非金属试验的弯曲试验,最大试验力为20kN,弯心半径为5mm,支棍半径为2mm,最大跨距为200mm,试样最大宽度为45mm。使用该装置的操作步骤如下:

1)将压头插入十字接头,插入插销,然后将锁紧螺母向上锁紧;

2)将底座装到试验机夹具座上,插上插销,然后将小螺钉向下锁紧;

3)对准刻度线,根据下跨距要求分别调整两个下支座的位置,并用螺钉锁紧;

4)将试样平放到两个下支座的支辊上;

5)将力值清零;

6)开始试验。

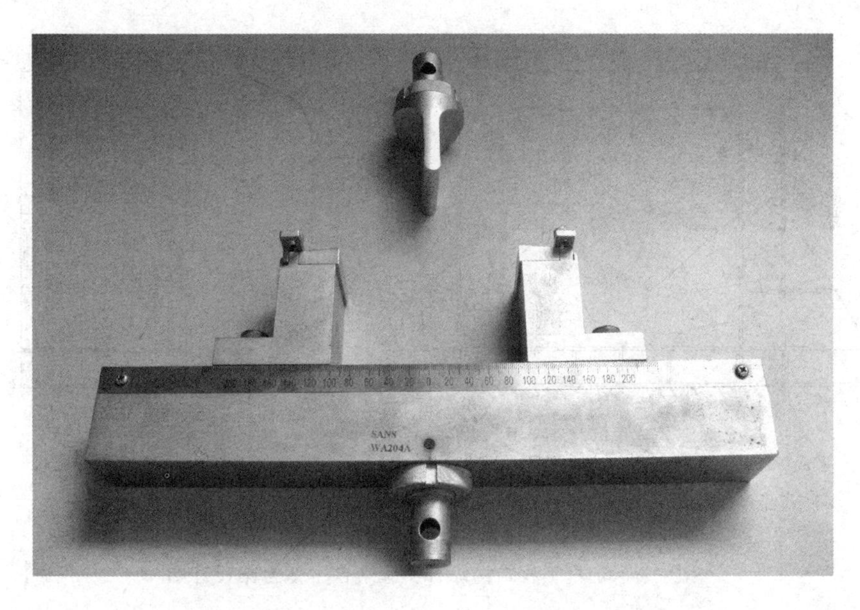

图 7.5　三点弯曲试验装置

7.2.1.3　试验方法

1)打开试验机主机电源;

2)按软件启动方式进入软件,选择正确的传感器进行联机;

3)在输入用户参数窗口选择欲做试验方案;

4)输入存盘文件名,或采用默认文件名;

5)测量试样尺寸;

6)输入试样尺寸、试样标距及相关试验参数,可以一次输一根试样的尺寸,也可以一次输入所有试样尺寸;

7)安装夹具及装夹试样;

8)开始试验,软件自动切换到试验界面;

9)观察试验过程;

10)试验结束,在试验结果栏中,程序将自动计算出的结果显示在其中,如果想清楚观看结果,可双击试验结果区,试验结果区将放大到半屏,再次双击,试验结果区大小复原。如果想分析曲线,双击曲线区,曲线区将放大到半屏,再次双击,曲线区大小复原。

11)输入断后标距,断后面积;

12)打印试验报告;

13)试验完成,并闭软件;

14)关闭试验机主机电源。

7.2.2 自主创新型实验的综合实验装置

土木工程结构综合实验平台是浙江大学土木水利实验教学中心自主研发的多功能实验装置(专利号:ZL 200720111767.7),是进行土木工程结构自主创新实验的加载平台。该装置的主体台架采用四立柱自平衡的结构形式,整体台架的设计方案如图 7.6 所示。该装置

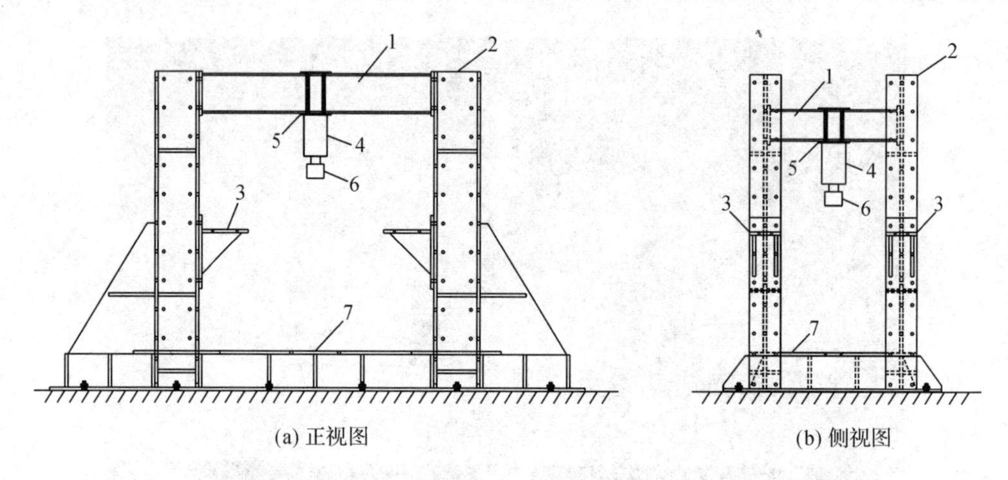

1. 工字型反力梁　2. 工字型立柱　3. 承台　4. 液压千斤顶　5. 可移动连接装置　6. 荷载传感器　7. 加载平台

图 7.6　土木工程结构综合实验平台主体台架设计图

以长 3.5m 宽 1.4m 厚 2cm 的钢板作为基础底板,底板通过地脚螺栓与地槽相连以固定台架,以四根高 2m 的焊接工字形钢作为立柱与底板焊接,立柱的腹板和翼缘均预留两排圆孔,通过 M16 螺栓来连接承台及反力梁,承台及反力梁的位置可根据圆孔的位置上下调节,以适应不同的加载要求。为保证装置的横向刚度,在四根钢柱侧面焊接四片加劲板,加劲板、底板及立柱之间均焊接了若干三角肋板以增强整体稳定性,各立柱自身也增加方形肋板

增加其刚度。除此之外，四立柱之间分别搭建了高 20cm 的加载平台，平台面板采用螺栓与其下焊接于底板的肋板相连接，整体台架的实物照片如图 7.7 所示。

图 7.7　土木工程结构综合实验平台主体台架照片

从上述综合实验台架的设计方案，不难发现本综合实验装置在以下两方面体现了明显的优越性：(1)整体台架采用四立柱结构型式，将传统平面式加载模式扩展为立体式加载模式，大大扩展了实验装置的应用范围。由于台架增加了抗侧力劲板，钢筋混凝土剪力墙、钢筋混凝土门式框架结构、钢筋混凝土梁柱节点、钢筋混凝土楼板等复合结构的多方位加载试验均可在该装置上实现，只需增加连接附件即可，可见空间立体的构架为综合实验装置的功能可扩展性提供了保障。(2)综合实验装置采用了自平衡结构体系。由于立柱的截面积较大，台架的加载能力只取决于焊缝及螺栓的承载能力，在试验台的应用时仅需根据螺栓的抗剪承载力方便地估算试验台的加载能力，简化实验项目的设计进程。

土木工程结构综合实验平台在结构类自主创新实验中发挥了重要的作用，图 7.8 为钢筋混凝土梁受弯、剪试验及柱受偏压试验，图 7.9 为钢筋混凝土梁受扭试验，图 7.10 为第七届浙江省大学生结构设计竞赛塔吊模型静载试验，图 7.11 为第二届全国大学生结构设计竞赛双跨双车道桥梁车载试验，这些试验均在土木工程结构综合实验平台上实现，可以预见，综合实验平台在开展自主创新实验中将发挥越来越重要的作用。

图 7.8　钢筋混凝土梁受弯、剪试验及柱受偏压试验

图 7.9　钢筋混凝土梁受扭试验

图 7.10　塔吊模型静载试验

图 7.11　双跨双车道桥梁模型加载试验

7.3 自主创新型实验实施思路

土木工程结构自主创新型实验从本质上讲是将结构实验项目的开发这一复杂工程全部由学生自主来承担，从实验项目的自主选题、实验方案的制订、现场加载到实验结果的分析都可以体现出自主创新元素，这对学生各方面综合能力的提升是非常有益的。

7.3.1 实验项目的自主选题

在自主创新实验项目的选择上首先体现了自主创新性。传统的实验往往以验证性实验为主，实验项目由课程大纲确定，学生只需按实验要求开展实验，发挥的余地极为狭小，事实上关于土木工程结构类的实验项目极为广泛，在理论课堂上学到的知识都可以通过实验的形式加以重现，不仅仅是对理论的验证，更主要的在于探索。比如与钢筋混凝土结构相关的实验项目就相当丰富，基本构件形式有梁、板、柱，基本受力形式有压、弯、拉、剪、扭，还有构件的组合形式和受力组合形式、预应力结构形式、碳纤维等加劲形式等，可见实际上实验选择的范围相当广，项目的多元化自然为其他环节提出了更高的要求，从而为自主创新元素的介入提供了先决条件。

7.3.2 实验对象的创新设计

实验对象是结构实验的标的物，是整个实验项目的核心体现，实验对象的设计往往最能体现设计者的创新能力，也是最有可能迸出新想法的因素。如钢筋混凝土结构或构件的配筋设计，钢结构杆件的优化设计，砌体结构的砌筑方式设计以及木结构的节点连接设计等等，除了可以借鉴实际工程完全可以有更宽广的想象空间，因此实验对象的创新设计不仅能加强学生对所学知识的灵活应用，在一定程度上还能对工程应用起到指导作用。

7.3.3 加载方案的创新设计

由于实验项目和实验对象的多样性，对加载装置提出了很高的要求，加载方案的设计也是自主创新实验中不可或缺的创新内容，因此鼓励学生自行设计加载装置是对学生解决实际问题的极大锻炼。由于制作一套加载装置的经费投入很高，因此上节中介绍的“土木工程结构综合实验平台”为加载装置的设计提供了很好的平台，由于该平台采用四立柱空间立体架构，台座和立柱上预留大量孔洞，因此只要增添相应连接附件，便可以实现特定的加载功能，在此基础上进行加载装置的设计，不仅减少了投入，而且对学生的创造性思维也是极好的锻炼。

7.3.4 测试方案的创新设计

土木工程结构实验的测试方案对于静载试验无外乎整体变形测试、局部变形测试和裂缝观测，整体变形一般采用位移计、局部变形采用应变计或应变引伸仪、裂缝采用裂缝对比卡或裂缝观测仪观测，对于动载试验无外乎动位移测试、加速度测试、动应变测试等等，然而，随着实验项目的多样化，具体的测试方案会发生很大的变化，怎样使得测试内容和测点布置最能体现实验的研究目的，是一个值得探索的问题，因此，让学生自行设计测试方案，也是开展自主创新实验的关键因素之一。

7.3.5 实验结果分析的创新

对实验结果的分析也应体现诸多创新因素，传统的实验报告格式固定、数据处理方式固定、结果分析内容固定，已不能满足自主创新实验的要求，因此对于自主创新实验的结果分析完全采取自主的方式，让学生充分发挥主观能动性，同时鼓励学生自行学习主流的结构分析软件对实验结果进行有针对性的对比分析，提高学生对研究课题的整体把握能力。

7.3.6 实验全过程训练

自主创新型实验不仅仅只是提高学生的创新设计能力，而且还要锻炼学生的动手能力和解决实际问题的能力，尽管实验室技术人员会给予技术上的支持，但开展自主创新能力在各个实验环节都需要学生自己动手，比如实验对象的制作、实验加载装置的组装、实验测试仪器的安装和调试以及实验加载测试全过程等等，因此需要学生全身心的投入。

7.4 自主创新型实验实例——钢筋混凝土梁抗扭性能的对比实验

背景资料：在结构的受力体系中，受扭是一种基本的受力形式，在实际钢筋混凝土结构的工程应用中，结构或构件在很多情况下处于受扭的状态，如框架边梁、承载不对称的托梁、挑梁、桥梁结构中的受弯箱梁、悬挑楼梯和阳台的托梁等都是承受扭矩的构件。由于混凝土是一种非均质的非线性弹塑性材料，其内力分布非常复杂，随材料性能研究的进展，高强材料的大量应用，其破坏形态、破坏机理和开裂承载能力、极限承载能力还没有理想的方法予以解决。因此，对钢筋混凝土梁抗扭性能的工程应用研究就显得十分的必要。

任务书：设计三种不同配筋的钢筋混凝土梁，梁长为1400mm，梁宽为100mm，梁高为160mm，以工程结构综合实验平台为基础，设计施加纯扭矩的加载附件，自行设计加载程序，自行制作实验构件，结合有限元计算对钢筋混凝土梁受扭的力学特性进行实验研究，对怎样提高钢筋混凝土梁抵抗纯扭荷载的能力提出建议。

自主创新实验过程：本次自主创新实验结合大学生科技项目开展，参加学生为四名05级土木工程专业的本科生，本次自主创新实验的实施主要分为查阅文献、实验方案的设计、构件制作实践、加载试验、有限元分析以及撰写报告六个部分，以下分别进行介绍。

（一）查阅文献

查阅与梁扭转相关的计算理论研究、试验研究和有限元分析资料，为开展自主创新型实验作出前期准备。

（二）实验方案的设计

实验方案包括实验构件设计、加载方案设计、测试方案设计等三部分内容。

1)在实验构件的设计中，学生设计了三种不同配筋的受扭梁，其中两种梁的箍筋间距不同，另一种梁的箍筋间设计了斜筋，这是实验构件设计中的创新。

2)在加载方案的设计中，充分利用了工程结构综合实验平台，采用两个钢箍将受扭梁固定于扭转支座上，钢箍上各连接一根扭转臂，其中一根扭转臂的端部架在一个竖向限位器上，与该扭转臂相连的钢箍上方也连接一个竖向限位器，另一根扭转臂端部作为液压加载点，且加载点上安装水平限位器，以保证扭转力臂不随扭转臂的转动而变化，千斤顶的荷载通过力传感器进行测量，扭矩即为千斤顶荷载与力臂长度的乘积，该设计方案产生后形成具体施工图由机械加工厂进行加工，加载附件成品如图 7.12 所示。该设计方案巧妙地利用了综合实验平台的四个立柱，使得纯扭液压加载方案得以实现，该方案已成功地应用于钢筋混凝土梁抗扭实验教学中。

(1)竖向限位器

(2)水平限位器

(3)固定扭转支座

(4)可动扭转支座

图 7.12 扭转支座与扭转臂

3)在测试方案的设计中，学生在了解纯扭构件受力特性的前提下，将常规的测试方式运用到纯扭构件的整体变形和局部变形测试中，目前该测试方案也已成功地应用于钢筋混凝土梁抗扭实验教学中。

(三)构件制作实践

在本次自主创新实验中，学生参与了钢筋混凝土构件制作的全过程，包括钢筋的下料(如图 7.13)、斜筋的制作(如图 7.14)、钢筋应变片的粘贴(如图 7.15)、应变片防潮处理(如图 7.16)、钢筋的绑扎(如图 7.17)、混凝土的浇筑(如图 7.18)等等，在实践过程中遇到了许多实际问题，并进行解决，综合能力得到了很大的锻炼。

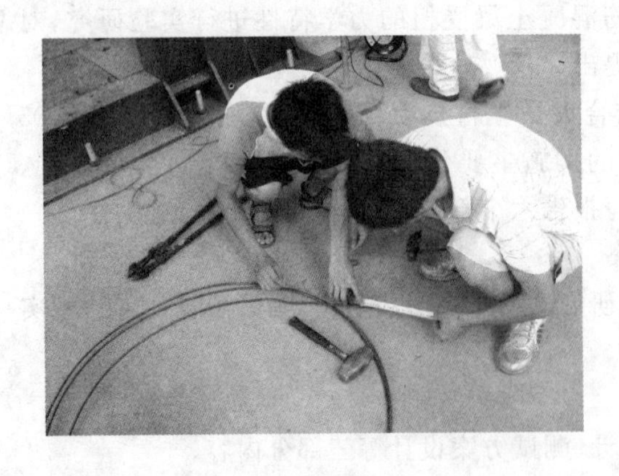

图 7.13 钢筋的下料

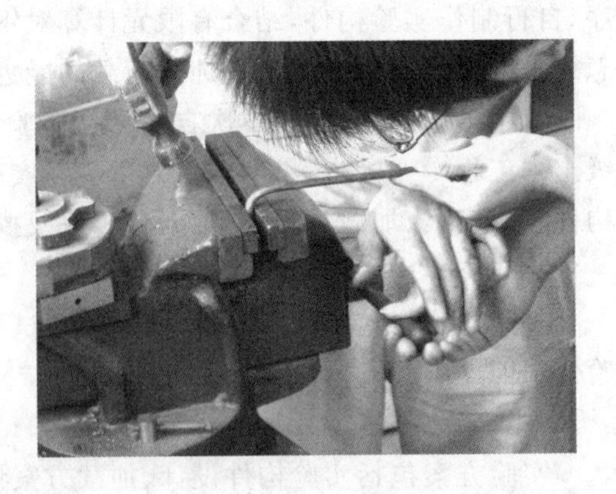

图 7.14 斜筋的制作

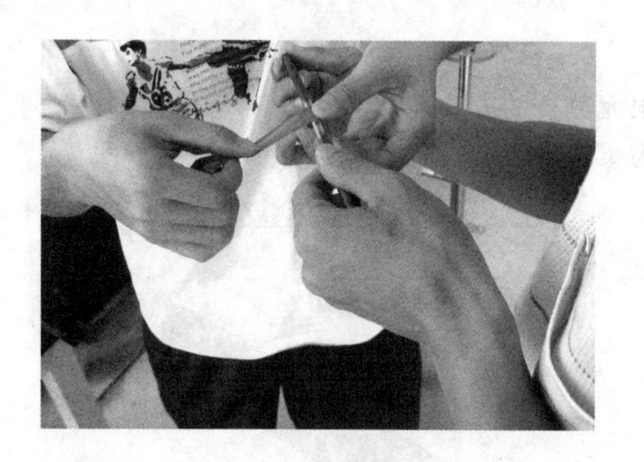

图 7.15　粘贴应变片

图 7.16　应变片防潮处理

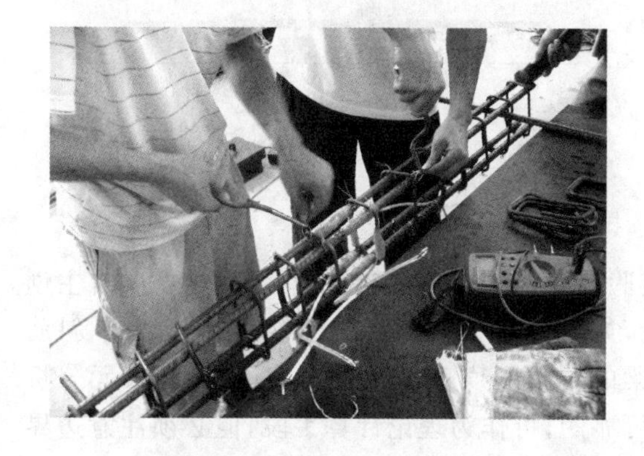

图 7.17　绑扎钢筋

图 7.18　浇筑混凝土

(四)加载试验

在本次自主创新实验中,学生不仅参与的加载试验全过程,更重要是在于设计了加载的程序,同时参与了加载装置和测试仪器的安装工作,图 7.19 为采用手持式应变仪测试梁侧混凝土应变,图 7.20 为采用裂缝观测仪观侧梁侧裂缝。

图 7.19　手持式应变仪测试混凝土应变

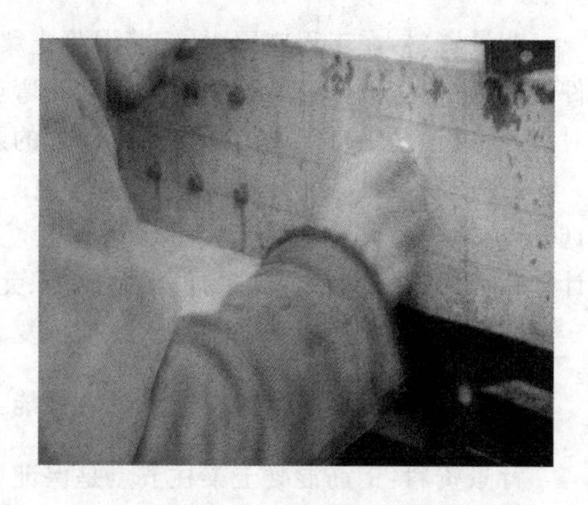

图 7.20　裂缝观测

（五）有限元分析与实验结果对比分析

在本次自主创新实验中，首次采用了有限元分析的方法，对梁受扭的力学性能进行了理论分析，并与实验进行了对比分析，图 7.21 为梁位移云图，图 7.22 为梁的主应变云图。

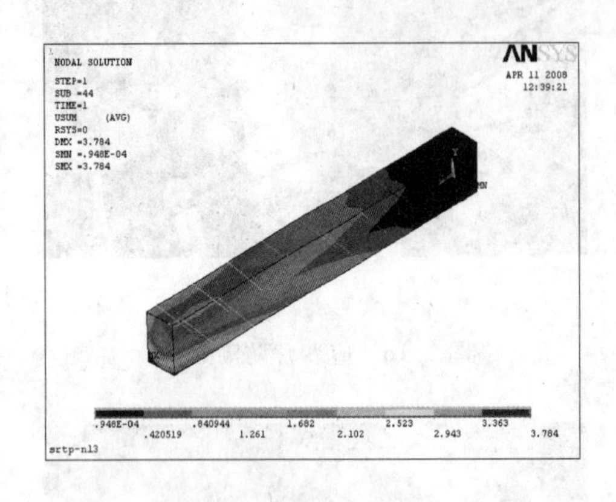

图 7.21　受扭梁位移云图

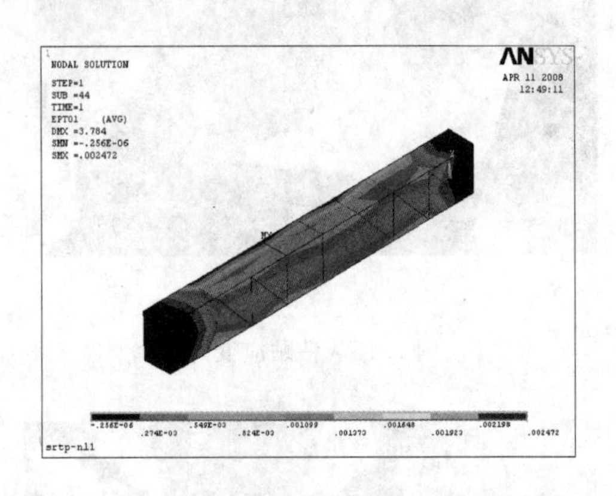

图 7.22　受扭梁主应变云图

（六）报告的撰写

最后一个环节是报告的撰写，自主创新实验报告与一般的实验报告不同，过本次自主创新实验的全过程，得出了一系列有价值的结论，如改变了钢筋固有的配放方式，增加了斜筋的使用，钢筋的受扭承载力大大的提高，同时梁的抗扭刚度也得到了改善；再如有限元分析方法在钢筋混凝土构件受力分析中的应用是可靠的，可作为理论计算手段，但必须注意边界条件的一致性和材料参数的准确性，得出结论后对整个自主创新实验撰写了实验报告。

7.5　自主创新型实验参考实验项目及任务书

7.5.1　钢筋混凝土梁受弯剪扭性能实验

背景资料：在工程应用中，钢筋混凝土梁很少承受单纯的一种受力形式，如受纯扭的构件是极为少见，更多的是钢筋混凝土梁受弯剪扭共同作用，梁所受的弯矩、剪力和扭矩的相对大小，对钢筋混凝土梁的承载力有很大的影响。

任务书：设计三种不同配筋的钢筋混凝土梁，梁长为 1400mm，梁宽为 100mm，梁高为 160mm，以工程结构综合实验平台为基础，设计施加弯矩、剪力和扭矩的加载附件，自行设计加载程序，自行制作实验构件，结合有限元计算对钢筋混凝土梁受弯剪扭的力学特性进行实验研究，对怎样提高钢筋混凝土梁抵抗复合荷载的能力提出建议。

7.5.2　钢筋混凝土梁柱节点受力性能实验

背景资料：钢筋混凝土梁柱节点是保证梁柱承载能力的关键部位，梁柱节点的破坏往往导致结构的整体失效，钢筋混凝土梁柱节点的配筋也是结构设计的重点考虑因素，如何提高梁柱节点的承载能力是工程设计研究的方向。

任务书:设计三种钢筋混凝土梁柱节点,包括十字型节点、T字型节点和倒L型节点,自行设计配筋方案,以工程结构综合实验平台为基础,设计施加节点竖向力、水平力和弯矩的加载附件,自行设计加载程序,自行制作梁柱节点,结合有限元计算对钢筋混凝土梁柱节点的力学特性进行研究,对提高钢筋混凝土梁柱节点的承载能力提出建议。

7.5.3 钢筋混凝土深梁受弯性能实验

背景资料:跨高比小于2的简支单跨混凝土梁和跨高比小于2.5的简支多跨混凝土梁被称为深梁。深梁与普通梁的内力特点不同,不能按照普通梁来计算。

任务书:设计两种跨高比小于2的简支单跨钢筋混凝土梁,自行设计配筋方案,以工程结构综合实验平台为基础,设计加载附件,自行设计加载程序,自行制作实验构件,结合有限元计算对钢筋混凝土深梁的受弯性能进行实验研究,了解钢筋混凝土深梁受弯破坏的形态,与普通钢筋混凝土梁进行对比。

7.5.5 钢筋混凝土叠合梁受弯性能实验

背景资料:叠合梁是分两次浇捣混凝土的梁,第一次在预制场做成预制梁;第二次在施工现场进行,当预制梁吊装安放完成后、再浇捣上部的混凝土使其连成整体。叠合梁按受力性能又可分为“一阶段受力叠合梁”和“二阶段受力叠合梁”两类。

任务书:设计两种钢筋混凝土叠合梁,分别模拟施工阶段有可靠支撑和无可靠支撑两种情形,自行设计配筋方案,以工程结构综合实验平台为基础,设计加载附件,自行设计加载程序,自行制作实验构件,结合有限元计算对钢筋混凝土叠合梁的受力特性进行实验研究,比较两种叠合梁受力特性有何不同。

7.5.6 预应力多孔板结构受力性能实验

背景资料:预应力多孔板是采用先张法在预制场制作完成,然后在施工现场进行现场装配,由于采用了先张预应力结构形式,预应力多孔板刚度较大,受力特性较为理想,是一种应用很广的预制构件。

任务书:已知预应力多孔板长3510mm($L_0=3400$mm),板宽1180mm;板自重7.8kN,装修重(抹面和灌浆)0.5kN/m^2,活荷载4.0kN/m^2。实配低碳冷拔钢丝16φ^b5,混凝土等级C30。荷载短期效应组合下按实配钢筋计算的板底混凝土拉应力$\sigma_{sc}=2.5$N/m^2,预压应力计算值$\sigma_{pc}=3.0$N/m^2,计算挠度值为5.8mm。裂缝控制等级二级。根据以上资料设计均布加载和三分点加载的加载方案和加载程序,进行经验性试验并对结构性能做出评价。

7.5.7 可拆卸式网架静载实验

背景资料:网架结构由多根金属杆件按照一定的网格形式通过节点连结而成的空间结构。网架结构具有空间受力、重量轻、刚度大、抗震性能好等优点;广泛用作体育馆、展览馆、俱乐部、影剧院、食堂、会议室、候车厅、飞机库、车间等的屋盖结构。由于网架本身具有工业化程度高、自重轻、稳定性好、外形美观的特点。工程中所使用的网架钢结构有下列三种节点形式:焊接球节点、螺栓球节点、钢板节点三种。网架的构成的基本元素有三角锥、三棱体、正方体、截头四角锥等，由这些基本单元可组合成平面形状的三边形、四边形、六边形、圆形或其他任何形体。

任务书：运用创新思维能力，设计几种可伸缩的杆件和连接方向可调的节点，自行搭建三种不同类型的网架。根据自行搭建的网架，自行设计加载和测试方案，以工程结构综合实验平台为基础，设计加载附件，自行设计加载程序，结合有限元计算对网架的受力特性进行对比分析，提出网架优化设计的建议。

7.5 大学生结构设计竞赛

大学生结构设计竞赛是一项针对在校大学生的集创造性和趣味性于一体的科技竞赛，该项赛事旨在通过对材料力学、结构力学、建筑结构设计、桥梁工程等知识的综合运用，多方面培养大学生的创新思维和实际动手能力，加强同学之间的合作与交流，增强团队意识，丰富校园文化和学术氛围，自从上世纪末发端于清华大学以来，在全国范围内迅速成为大学生科技竞赛的重大项目，2005 年在浙江大学举办的全国首届大学生结构设计竞赛吸引了全国 27 所高校的 51 支代表队参加，盛况空前。2007 年教育部和财政部联合批准大学生结构设计竞赛为全国 9 个大学生竞赛资助项目之一，并将竞赛秘书处设在浙江大学，至此大学生结构设计竞赛已成为国家积极倡导的大学生课余科技活动，正吸引越来越多的学子竞相参与。

结构设计竞赛本质上是结构优化设计竞赛，即要求学生利用尽可能少的规定材料设计制作能承受尽可能大荷载的模型。由于结构优化设计方法在理论上还有许多问题尚未解决，在给定的设计条件下，目前还难以给出一个理论上的最优化设计，这也正好给参加结构设计竞赛的大学生提供了一个发挥想象的广阔空间。除此之外，结构设计竞赛的材料取材广泛，有白卡纸、黄皮纸、易拉罐、塑料纸、腊线、铅发丝、乳胶等，结构的制作难度大，特别是结点连接、基础连接的处理问题给参赛学生以极大的挑战。本节将简要介绍结构设计竞赛的设计流程和注意事项，为参赛学生提供感性上的初步认识。

7.5.1 材料与构件制作

7.5.1.1 材料力学性能

模型的合理设计需要建立在对材料充分认识的基础上，因此正确认识材料性能是做好模型的关键。结构设计竞赛采用的材料可以分为三种，第一种是柔性材料，主要有腊线、铅发丝等，这类材料有较大的抗拉强度，但是抗拉刚度小，没有抗压能力，可以模拟实际结构中的拉杆、索等构件，由于抗拉刚度小，往往变形较大，可以在使用前进行预张拉，消除部分永久变形，在使用到结构上后还可以进行后张拉以提高其抗拉刚度；第二种是刚性材料，主要有白卡纸、黄皮纸、易拉罐、塑料纸等，这类材料具有较强的抗拉和抗压强度，采用这类材料制作薄壁杆件（包括圆杆和方杆）是结构的主要受压和受弯构件，采用这类材料可以做成带状用来承受拉力相比柔性材料来说有较大的刚度，也可以做成片状作为张力膜使用；第三种是粘结材料，主要有乳胶、双面胶、万能胶等，粘结材料在模型制作中极为重要，不但在构件与构件之间相互连接时起关键作用，而且能大幅提高材料的强度与刚度。

7.5.1.2　构件性能参数

结构的破坏除整体失稳外，主要表现在构件中杆件的屈服、结点的失效和变形过大等，这就需要参考材料的性能对结构进行一定的计算分析，但是由于比赛材料一般没有具体的力学性能指标，而且在与粘结材料结合后，力学性能发生了很大变化，因此在进行内力计算前，有必要通过实验对构件的参数进行测定。

对于受拉构件和轴心受压构件，主要的性能参数是拉伸或压缩刚度即弹性模量与截面面积的乘积 EA，该参数可以通过材料试验机进行测定，首先取一段构件，对于受拉构件，应取得稍长一些，对于受压构件，应取得稍短一些，一般长度与构件截面尺寸的比值不超过5，以避免产生失稳破坏而产生误差。试件准备好后测定其初始长度为 L，然后开始加载试验，得到力—位移曲线，图7.23为某塑料薄壁方管轴心受压时的力—位移曲线，显然该构件变形达到0.4mm之前基本上为弹性工作阶段，从图中取出一段如图中箭头中间段，得到力的增量 ΔP 和位移增量 ΔL，则该构件的压缩刚度为：

$$EA=\frac{\Delta P}{\Delta L}L \tag{7-1}$$

拉伸刚度可以采取同样的方法得到。在测得构件截面面积之后，便可得到经过加工的材料弹性模量，用于理论计算。对于受弯构件以及需要计算临界失稳内力的轴心受压构件，主要的性能参数是抗弯刚度即弹性模量与截面惯性矩的乘积 EI，该参数同样可以通过材料试验机测定力—位移曲线，图7.24为某塑料薄壁方管受弯时的力—位移曲线，显然该构件变形达到0.8mm之前基本上为弹性工作阶段，同理在曲线的弹性工作阶段得到力的增量 ΔP 和位移增量 ΔL，则该构件的抗弯刚度为：

$$EI=\frac{\Delta P}{48\Delta L}L^3 \tag{7-2}$$

得到构件压拉刚度和抗弯刚度后，就为理论计算提供了最可靠的数据，当构件截面面积为确定值，还能因此得到弹性模量，为精确选择构件截面、优化结构设计提供了实验保障。

7.5.1.3　构件制作与连接

构件的制作是最为重要的环节之一，构件制作时要求下料精确、手工细腻、构件沿长度方向无明显缺陷，必要时可采取局部加强的措施，提高构件的局部承载能力。

构件纸杆与线的连接主要通过缠绕的方式固定，受力时杆件易产生应力集中，因此应增大缠绕的面积，同时杆件截面的壁厚不宜过小。纸杆与纸条或纸片主要通过胶水进行粘结，在连接时施加一定的预应力可消除节点内的间隙。纸杆与纸杆的连接可以参考钢结构中的一些构造。对于铰节点，两杆之间轴心受力，允许有一定转动，不传递弯矩，杆件方向正交时可通过搭接，并施加一定压力，通过一些构造措施保证力的传递；对于刚节点，要求能够传递剪力与弯矩，需要通过大量材料的重复粘贴使节点的刚度远大于杆件的刚度。

7.5.2　结构选型

不同的比赛规则对结构的受力要求各不相同，比如高层建筑、桥梁、屋盖等，结构体系需视具体情况分析选择。对结构体系的选择也是结构设计竞赛中最能体现创新的地方，可以充分发挥同学的想象力。同时，结构形式的选择也体现了作者对结构体系的理解和力学分析的能力。帮助结构选型的主要方法有定性分析、理论计算。

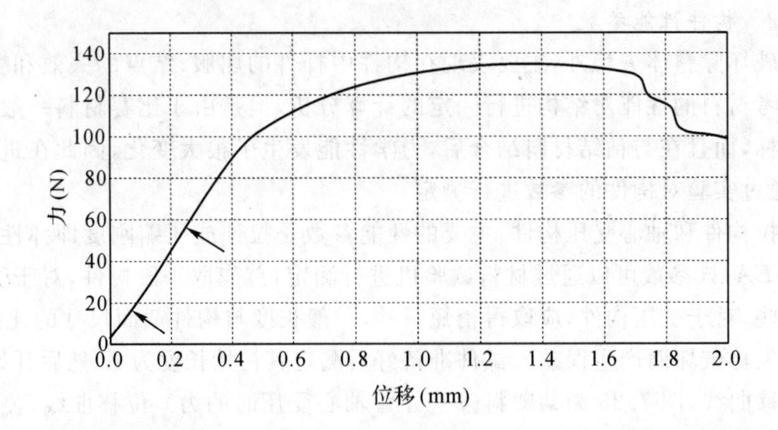

图 7.23　某塑料薄壁方管受压的力—位移曲线

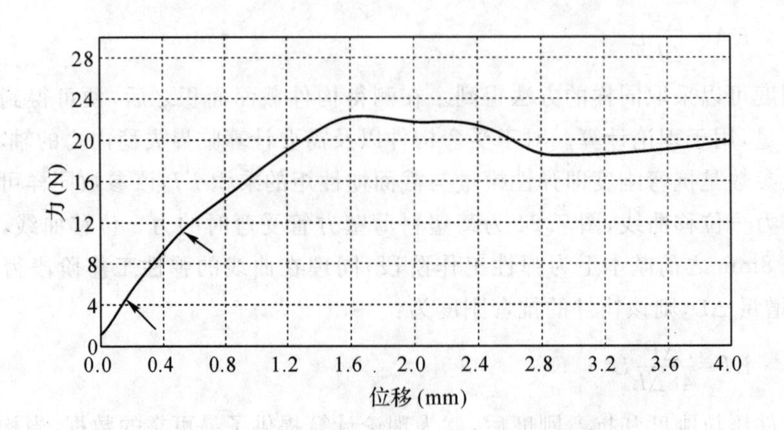

图 7.24　某塑料薄壁方管受弯的力—位移曲线

7.5.2.1　定性分析

定性分析主要是针对结构的选型,初步设计和优化。需要针对比赛要求,对比各种结构体系,选择合适的结构体系进一步分析,在此需要明确各种结构体系的受力特点、传力途径,之后通过不断的比较最终选择出合适的结构体系。然后根据其受力特点初步设计杆件截面,通过理论计算和模型实验进行进一步的优化。

7.5.2.2　理论计算

对于一般简单结构的内力和位移,在了解结构力学参数的情况下完全可以通过手算得到,对于复杂的超静定结构体系,需要借助于一些有限元计算软件的帮助,但在计算时要注意结合实验合理选择参数。通过这一部分的计算,可以得到理想受力状态下的结构内力和应力,据此,可以合理设计杆件截面,合理分配材料的使用,减少材料的使用量,提高结构整体的经济性。但是,由于难以模拟实际的制作情况,理论计算只能是对模型的辅助校核算和优化,对结构承载能力的准确评估还要通过加载实验来确定。

7.5.3 加载试验

加载试验是对模型设计与制作成果的完整检验，试验装置可根据竞赛要求制作，务求与竞赛现场加载装置完全一致，在加载试验的过程中，首先观察结构设计与制作上的薄弱环节，并制定改进措施，其次观察结构的破坏形态，加深对结构的理解和把握，最后对结构承载能力进行评估，以便竞赛现场加载时合理选择加载程序。图 7.25 是学生进行现场加载试验的情景。

图 7.25 学生在进行塔吊模型静载现场试验

参考文献

[1] 湖南大学等合编.建筑结构实验(第二版).北京:中国建筑工业出版社,1998
[2] 姚谦峰,陈平编,土木工程结构实验.北京:中国建筑工业出版社,2003
[3] 周明华主编.土木工程结构实验与检测.南京:东南大学出版社,2002
[4] 朱伯龙主编.结构抗震实验.北京:地震出版社,1989
[5] 袁海军,姜红主编.建筑结构检测鉴定与加固手册.北京:中国建筑工业出版社,2003
[6] 杨学山编.工程振动测量仪器和测试技术.北京:中国计量出版社,2001
[7] 林圣华编.结构实验.南京:南京工学院出版社,1987
[8] 宋彧,李丽娟等编.建筑结构实验.重庆:重庆大学出版社,2001
[9] 王伯雄主编.测试技术基础.北京:清华大学出版社,2003
[10] 易成,谢和平等编.钢纤混凝土疲劳断裂性能与工程应用.北京:科学出版社,2003
[11] 傅志方,华宏星编.模态分析理论与应用.上海:上海交通大学出版社,2000
[12] 易伟建.钢筋混凝土简支方板强度与变形研究[硕士学位论文].长沙:湖南大学,1984
[13] 杨晓.贺龙体育场大型现代空间结构设计与研究[硕士学位论文].长沙:湖南大学,2002
[14] 孔德仁,朱蕴璞等编.工程测试技术.北京:科学出版社,2004
[15] 王济川编.建筑结构实验指导.长沙:湖南大学出版社,1992
[16] 余红发编.混凝土非破损测强技术研究.北京:中国建材工业出版社,1999
[17] [美]H. G. 哈里斯编,朱世杰译.混凝土结构动力模型.北京:中国建材工业出版社 1999
[18] 李忠献编.工程结构实验理论与技术.天津:天津大学出版社,2004
[19] 吴慧敏编.结构混凝土现场检测技术.天津:湖南大学出版社,1988
[20] 曹树谦,张文德等编.振动结构模态分析.天津:天津大学出版社,2002
[21] [英]J. H. 邦奇著,王怀彬译.结构混凝土实验.北京:中国建筑工业出版社,1987
[22] 王娴明编.建筑机构实验.北京:清华大学出版社,1988
[23] [日]臼井支朗编.信号分析北.京:科学出版社,2001
[24] 王天稳主编.土木工程结构实验.武汉:武汉理工大学出版社,2003
[25] 邱法维,钱稼茹等编.结构抗震实验方法.北京:科学出版社 2000
[26] 姚振纲,刘祖华编.建筑结构实验.上海:同济大学出版社 1998
[27] 中华人民共和国行业标准.建筑抗震实验方法规程 JGJ101—96.北京:中国建筑工业出版社,1997

[28] 中华人民共和国行业标准.钢结构检测评定及加固技术规程 YB9257—96.北京:冶金工业出版社,1999
[29] 中华人民共和国行业标准.砌体结构现场检测技术标准 GB/T50315—2000.北京:中国建筑工业出版社,2000
[30] 中华人民共和国行业标准.混凝土结构实验方法标准 GB50152—92.北京:中国建筑工业出版社,1992
[31] 中华人民共和国行业标准.回弹法检测混凝土抗压强度技术规程 JGJ/T23—2001.北京:中国建筑工业出版社,2001
[32] 李德寅,王邦楣等编.结构模型实验.北京:科学出版社,1996
[33] 马永欣,郑山锁编.结构实验.北京:科学出版社,2001
[34] 蔡中民,混凝土结构试验与检测技术.北京:机械工业出版社,2005.
[35] 王柏生,秦建堂编.结构试验与检测.杭州:浙江大学出版社,2007.
[36] 刘永淼,王柏生,沈旭凯,环孔法测试混凝土工作应力实验研究,建筑结构学报,第27卷增刊,776－778,782
[37] 余世策,刘承斌,赏星云等.钢筋混凝土综合实验装置的开发与应用.实验室研究与探索,2008,27(4):36－38.
[38] 余世策,钱匡亮,刘承斌等.钢筋混凝土实验集约分层式教学模式.实验技术与管理,2008,25(8):132－135.
[39] 余世策,刘承斌,赏星云等.钢筋混凝土构件受扭试验的教学实践.高等建筑教育,2008,21(8):139－141.
[40] 于洋,姜峰,司炳君等.关于结构设计竞赛中模型的设计与制作方法.科技资讯,2007,18:201－202.
[41] 周克民.结构的优化设计分析.福建建筑,2006,4:28－30.

附录 数据修约规则

——中华人民共和国国家标准 GB8170－87

本标准适用于科学技术与生产活动中试验测定和计算得出的各种数值。需要修约时，除另有规定者外，应按本标准给出的规则进行。

1 术语

1.1 修约间隔

系确定修约保留位数的一种方式。修约间隔的数值一经确定，修约值即应为该数值的整数倍。

例 1：如指定修约间隔为 0.1，修约值即应在 0.1 的整数倍中选取，相当于将数值修约到一位小数。

例 2：如指定修约间隔为 100，修约值即应在 100 的整数倍中选取，相当于将数值修约到“百”数位。

1.2 有效位数

对没有小数位且以若干个零结尾的数值，从非零数字最左一位向右数得到的位数减去无效零(即仅为定位用的零)的个数，对其他十进位数，从非零数字最左一位向右数而得到的位数，就是有效位数。

例 1：35000，若有两个无效零，则为三位有效位数，应写成 350×10^2；若有三个无效零，则为两位有效位数，应写为 35×10^3。

例 2：3.2，0.32，0.032，0.0032 均为两位有效位数；0.0320 为三位有效位数。

例 3：12.490 为五位有效位数；10.00 为四位有效位数。

1.3 0.5 单位修约(半个单位修约)

指修约间隔为指定数位的 0.5 个单位，即修约到指定数位的 0.5 个单位。

例如，将 60.28 修约到个数位的 0.5 单位，得 60.5(修约方法见本规则 5.1)

1.4 0.2 单位修约

指修约间隔为指定数位的 0.2 单位，即修约到指定数位的 0.2 单位。

例如，将 832 修约到“百”数位的 0.2 单位，得 840(修约方法见本规则 5.2)。

2 确定修约位数的表达方式

2.1 指定位数

a. 指定修约间隔为 10^{-n}(n 为正整数)，或指明将数值修约到 n 位小数；

b. 指定修约间隔为 1，或指明将数值修约到个位数；

c. 指定修约间隔为 10^n，或指明将数值修约到 10^n 数位(n 为正整数)，或指明将数值修约到“十”，“百”，“千”……数位。

2.2 指定将数值修约成 n 位有效位数。

3　进舍规则

3.1 拟舍弃数字的最左一位数字小于 5 时，则舍去，即保留的各位数字不变。

例 1：将 12.1498 修约到一位小数，得 12.1。

例 2：将 12.1498 修约成两位有效位数，得 12。

3.2 拟舍弃数字的最左一位数字大于 5；或者是 5，而其后跟有并非全部为 0 的数字时，则进一，即保留的末位数字加 1。

例 1：将 1268 修约到“百”数位，得 13×10^2（特定时可写为 1300）。

例 2：将 1268 修约成三位有效位数，得 127×10（特定时可写为 1270）。

例 3：将 10.502 修约到个数位，得 11。

注：本标准示例中，“特定时”的涵义系指修约间隔或有效位数明确时。

3.3 拟舍弃数字的最左一位数字为 5，而右而无数字或皆为 0 时，若所保留的末位数字为奇数(1,2,5,7,9)则进一，为偶数(2,4,6,8,0)则舍弃。

例 1：修约间隔为 0.1（或 10^{-1}）

拟修约数值	修约值
1.050	1.0
0.350	0.4

例 2：修约间隔为 1000（或 10^3）

拟修约数值	修约值
2500	2×10^3（特定时可写为 2000）
3500	4×10^3（特定时可写为 4000）

例 3：将下列数字修约成两位有效位数

拟修约数值	修约值
0.0325	0.032
32500	32×10^3（特定时可写为 32000）

3.4 负数修约时，先将它的绝对值按上述 3.1～3.3 规定进行修约，然后在修约值前面加负号。

例 1：将下列数字修约到“十”数位

拟修约数值	修约值
－355	-36×10（特定时可写为－360）
－325	-32×10（特定时可写为－320）

例 2：将下列数字修约成两位有效位数

拟修约数值	修约值
－365	-36×10（特定时可写为－360）
－0.0365	－0.036

4　不许连续修约

4.1 拟修约数字应在确定修约位数后一次修约获得结果，而不得多次按第 3 章规则连续修约。

例如：修约 15.4546，修约间隔为 1

正确的做法：

15.4546→15

不正确的做法：

15.4546→15.455→15.46→15.5→16

4.2 在具体实施中，有时测试与计算部门先将获得数值按指定的修约位数多一位或几位报出，而后由其他部门判定。为避免产生连续修约的错误，应按下述步骤进行。

4.2.1 报出数值最右的非零数字为5时，应在数值后面加“(＋)”或“(－)”或不加符号，以分别表明已进行过舍，进或未舍未进。

例如：16.50(＋)表示实际值大于16.50，经修约舍弃成为16.50；16.50(－)表示实际值小于16.50，经修约进一成为16.50。

4.2.2 如果判定报出值需要进行修约，当拟舍弃数字的最左一位数字为5而后面无数字或皆为零时，数值后面有(＋)号者进一，数值后面有(－)号者舍去，其他仍按第3章规则进行。

例如：将下列数字修约到个数位后进行判定(报出值多留一位到一位小数)

实测值	报出值	修约值
15.4546	15.5(－)	15
16.5203	16.5(＋)	17
17.5000	17.5	18
－15.4546	－(15.5(－))	－15

5 0.5单位修约与0.2单位修约

必要时，可采用0.5单位修约和0.2单位修约。

5.1 0.5单位修约

将拟修约数值乘以2，按指定数位依第3章规则修约，所得数值再除以2。

例如：将下列数字修约到个数位的0.5单位(或修约间隔为0.5)

拟修约数值 (A)	乘2 (2A)	2A修约值 (修约间隔为1)	A修约值 (修约间隔为0.5)
60.25	120.50	120	60.0
60.38	120.76	121	60.5
－60.75	－121.50	－122	－61.0

5.2 0.2单位修约

将拟修约数值乘以5，按指定数位依第3章规则修约，所得数值再除以5。

例如：将下列数字修约到“百”数位的0.2单位(或修约间隔为20)

拟修约数值 (A)	乘5 (5A)	5A修约值 (修约间隔为100)	A修约值 (修约间隔为20)
830	4150	4200	840
842	4210	4200	840
－930	－4650	－4600	－920